建筑施工技术人员上岗必修课系列

测量员上岗必修课

主编　胡保刚
参编　胡伦坚　职晓云

机 械 工 业 出 版 社

本书以建筑工程现场实际操作为主线编写，共分两篇10章。第一篇为测量基本知识，系统地介绍了建筑工程测量基本知识。第二篇为工程测量工作实务，讲述了建筑工程测量技术和测量方案的编制。本书除了系统地介绍了传统测量仪器的构造外，还介绍了全站仪、卫星定位系统等现代测绘仪器在工程施工中的具体应用。

本书可作为现场测量员的工作参考用书，也可作为相关专业在校师生的教学参考用书。

图书在版编目（CIP）数据

测量员上岗必修课/胡保刚主编. —北京：机械工业出版社，2019.4
建筑施工技术人员上岗必修课系列
ISBN 978-7-111-62514-8

Ⅰ.①测…　Ⅱ.①胡…　Ⅲ.①建筑测量-岗位培训-教材　Ⅳ.①TU198

中国版本图书馆CIP数据核字（2019）第070501号

机械工业出版社（北京市百万庄大街22号　邮政编码100037）
策划编辑：闫云霞　责任编辑：闫云霞
责任校对：陈　越　封面设计：鞠　杨
责任印制：郜　敏
河北宝昌佳彩印刷有限公司印刷
2019年7月第1版第1次印刷
184mm×260mm · 14印张 · 342千字
标准书号：ISBN 978-7-111-62514-8
定价：45.00元

电话服务
客服电话：010-88361066
010-88379833
010-68326294

网络服务
机　工　官　网：www.cmpbook.com
机　工　官　博：weibo.com/cmp1952
金　书　网：www.golden-book.com
机工教育服务网：www.cmpedu.com

前言

工程测量是建设工程在规划设计、施工建设和运营管理阶段必不可少的工作。要保证工程测量的准确性，就需要有合格的测量员。为了满足测量员工作中的技术知识需要，本书以建筑工程现场实际操作为主线，分为测量基本知识和工程测量工作实务两部分进行编写，内容由浅入深，讲述了测量员在现场应知应会的基本概念、施工技术及管理知识，是测量员上岗的必修课程。

本书第一篇测量基本知识部分，注重建筑工程测量学知识的系统性介绍，以便测量员需要基础知识时参阅；第二篇工程测量工作实务部分，以指令式语言，强调建筑工程测量技术的具体应用，以便测量员在编制测量方案时借鉴使用。本书改变了传统测量图书重“测定”轻“测设”的倾向，在讲述建筑工程测量学基本理论的基础上，加强了测量技术在建设工程施工过程中应用过程的介绍。

本书在编写过程中力求跟踪现代测量技术的发展，除系统介绍传统的工程测量基本知识和测量仪器构造外，还介绍了全站仪、卫星定位系统等现代测绘仪器在工程施工中的具体应用。

由于工程测量学是一门实践性强、涉及面广、技术发展快的应用科学，加之编者的水平所限，本书可能存在不妥之处，恳请读者批评指正，以便今后修订时加以改进、充实和完善。

本书编写过程中参考、引用了大量相关资料，并得到多方支持帮助，在此对相关人员一并表示衷心感谢。

编　者

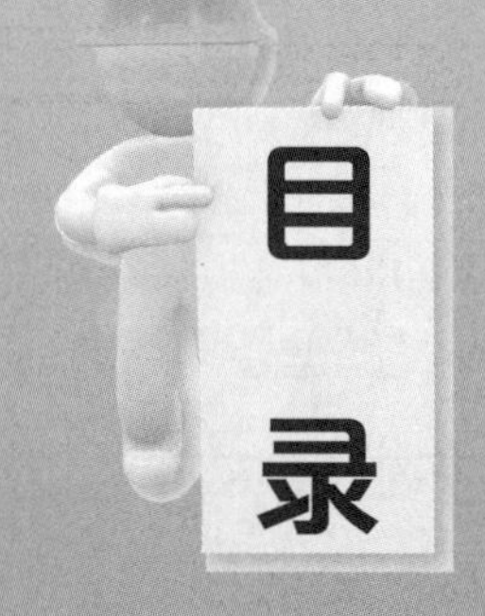
目
录

1

第一篇　测量基本知识

Chapter 01

建筑工程测量概述

1.1 工程测量的概念

工程测量学是研究各类工程在规划设计、施工建设和运营管理阶段所进行的各种测量工作的学科。工程测量学是一门应用科学，它是在数学、物理学、电子电工学等相关学科的基础上应用各种测量技术和手段解决工程建设中有关测量问题的学科。

随着现代科学技术的发展，激光技术、光电测距技术、工程摄影测量技术、GPS 定位技术在工程测量中得到广泛应用，工程测量学服务的领域越来越广，特别是在现代大型高精度工程建设中的应用，极大地促进了工程测量学的发展。从工程测量学的历史沿革可以看出，它经历了从简单到复杂、从手工操作到测量的自动化、从一般测量到精密测量的发展过程，当然，工程测量的发展始终与当时的科学发展水平同步，并且能够满足人们在工程建设中对测量的需求。

1.2 工程测量的原则

在实际测量工作中，为了避免误差的积累和传播，提高测量精度，要遵循的基本原则是，在测量布局方面要“从整体到局部”；在工作程序方面要“先控制后碎部”；在精度控制方面要“由高级到低级”。施工测量首先应对施测场地布设整体控制网，用较高的精度控制整个区域，在其控制测量的基础上再进行各局部碎部点的测量与测设工作。这种方法不但可以减少碎部点测量误差的积累，而且可以同时在各个控制点上进行碎部测量，从而提高工作效率。

另外，对测量工作的每个工序，都必须坚持“处处检核”的原则，以确保测量成果精确可靠。在测量工作中随时都有可能发生错误，小错误影响成果质量，大错误则会造成返工浪费，甚至可能导致无可挽回的损失，因而在实际操作和计算中均应步步设防，采取处处检核的手段，检查已进行的工作有无错误，从而找出错误并加以改正，保证各个工作环节准确可靠，确保工程质量。

1.3 工程测量的内容

1. 工程测量学的内容划分

（1）按施工建设阶段划分：规划设计、施工建设、运营管理三个阶段。

(2) 按服务对象划分：建设工程测量、水利工程测量、线路工程测量、桥隧工程测量、地下工程测量、海洋工程测量、军事工程测量、三维工业测量、矿山测量、城市测量。

2. 工程测量设计、施工、运营各阶段的主要内容

(1) 规划设计阶段。主要是提供各种比例尺的地形图，另外还要为工程地质勘探、水文地质勘探以及水文测验等进行测量，对于重要的工程或地质条件不良的地区进行建设，则还要对地层的稳定性进行观测。

(2) 建设施工阶段。首先要定线放样，作为实地修建的依据，定线放样的基础是建立不同形式的施工控制网。此外，还要进行施工质量控制，作为施工质量的监督，进行工程质量监理。

(3) 运营管理阶段。主要是变形观测，对于大型工业设备，还要经常性地检测和调校，以保证其按设计安全运行。为了对工程进行有效的管理维护，还应建立工程信息系统。

3. 工程测量的工作内容

(1) 工程测量中的地形图测绘。

(2) 工程控制网布设及优化设计。

(3) 施工放样技术和方法。

(4) 工程的变形检测分析和预报。

(5) 工程测量的通用和专用仪器。

1.4 工程测量的任务

工程测量按其对象分为工业建设工程测量、城市建设工程测量、公路铁路工程测量、桥梁工程测量、隧道与地下工程测量、水利水电工程测量、管线工程测量等。在工程建设过程中，工程项目一般分规划与勘测设计、施工、营运管理三个阶段，测量工作贯穿于工程项目建设的全过程，根据不同的施测对象和阶段，工程测量学具有以下任务。

1. 测图

应用各种测绘仪器和工具，在地球表面局部区域内，测定地物（如房屋、道路、桥梁、河流、湖泊）和地貌（如平原、洼地、丘陵、山地）的特征点或棱角点的三维坐标，根据局部区域地图投影理论，将测量资料按比例绘制成图或制作成电子图。既能表示地物平面位置又能表现地貌变化的图称为地形图；仅能表示地物平面位置的图称为地物图。工程竣工后，为了便于工程验收和运营管理、维修，还需测绘竣工图；为了满足与工程建设有关的土地规划与管理、用地界定等的需要，需要测绘各种平面图（如地籍图、宗地图）；对于道路、管线和特殊建（构）筑物的设计，还需测绘带状地形图和沿某方向表示地面起伏变化的断面图等。

2. 用图

用图是利用成图的基本原理，如构图方法、坐标系统、表达方式等，在图上进行量测，以获得所需要的资料（如地面点的三维坐标、两点间的距离、地块面积、地面坡度、断面形状），或将图上量测的数据反算成实地相应的测量数据，以解决设计和施工中的实际问题。例如利用有利的地形来选择建筑物的布局、形式、位置和尺寸，在地形图上进行方案比较、土方量估算、施工场地布置与平整等。用图是成图的逆反过程。

工程建设项目的规划设计方案力求经济、合理、实用、美观。这就要求在规划设计中，充分利用地形、合理使用土地，正确处理建设项目与环境的关系，做到规划设计与自然美的结合，使建筑物与自然地形形成协调统一的整体。因而，用图贯穿于工程规划设计的全过程。同时在工程项目改（扩）建、施工阶段、运营管理阶段也需要用图。

3. 测设

测设也称施工放样，是根据设计图提供的数据，按照设计精度要求，通过测量手段将建（构）筑物的特征点、线、面等标定到实地工作面上，为施工提供正确位置，指导施工。施工测设是测图的逆反过程。施工测设贯穿于施工阶段的全过程。同时，在施工过程中，还需利用测量的手段监测建（构）筑物的三维坐标、构件与设备的安装定位等，以保证工程施工质量。

4. 变形测量

在大型建筑物的施工过程中和竣工之后，为了确保建筑物在各种荷载或外力作用下，施工和运营的安全性和稳定性，或验证其设计理论和检查施工质量，需要对其进行位移和变形监测，这种监测称为变形测量。它是在建筑物上设置若干观测点，按测量观测程序和相应周期，测定观测点在荷载或外力作用下，随时间延续三维坐标的变化值，以分析判断建筑物的安全性和稳定性。变形观测包括位移观测、倾斜观测和裂缝观测等。

Chapter 02

水准测量

2.1 水准测量原理

水准测量利用水平视线来求得两点的高差。如图 2-1 所示，为了求出 A、B 两点的高差 h_{AB}，先在两个点上分别竖立带有刻度的标尺——水准尺，再在两点之间安置可提供水平视线的仪器——水准仪。当视线水平时，在 A、B 两点的标尺上分别读得后视读数 a 和前视读数 b，则 A、B 两点的高差等于两个标尺读数之差，即

$$h_{AB}=a-b \tag{2-1}$$

如果 A 为已知高程的点，B 为待求高程的点，则 B 点的高程为

$$H_B=H_A+h_{AB} \tag{2-2}$$

读数 a 是在已知高程点上的水准尺读数，称为“后视读数”；b 是在待求高程点上的水准尺读数，称为“前视读数”。高差必须是后视读数减去前视读数。利用高差计算高程的方法，称为高差法。高差 h_{AB} 可能为正值，也可能为负值，正值表示待求点 B 高于已知点 A，负值表示待求点 B 低于已知点 A。此外，高差的正负号还与测量进行的方向有关，如图 2-1 中测量由 A 向 B 进行，高差用 h_{AB} 表示，其值为正；反之由 B 向 A 进行，则高差用 h_{AB} 表示，其值为负。因此说明高差时必须标明高差的正负号，同时要说明测量进行的方向。

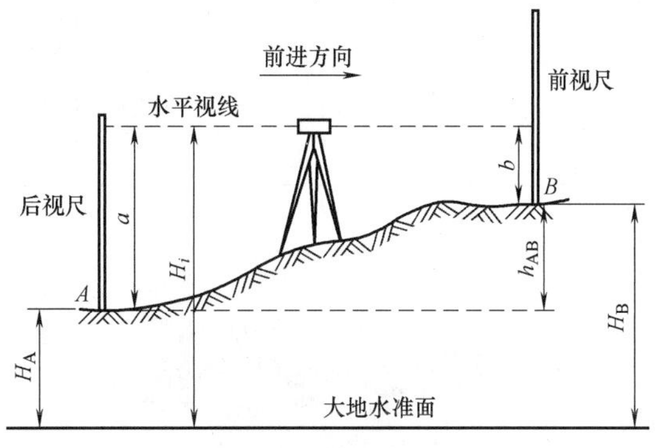

图 2-1　水准测量原理示意图

令 $H_A+a=H_i$，H_i 称为仪器视线高程，简称视线高，此时有

$$H_B=H_i-b \tag{2-3}$$

利用视线高度计算高程的方法，称为视线高法。此方法用于在一个测站上需要观测多个前视读数时较为方便。

由此可见，水准测量的基本原理是利用水准仪提供的一条水平视线，借助前后两把水准尺测得两点的高差，进而由已知点的高程推算未知点的高程。

2.2　水准测量的仪器和工具

在水准测量中，提供水平视线的仪器称为水准仪，目前常用的水准仪有三种：

(1) 利用水准管来获得水平视线的水准仪，称为微倾式水准仪。

(2) 利用补偿器来获得水平视线的自动安平水准仪。

(3) 配合条码尺并利用数字化图像处理的方法可自动显示高程和距离的电子水准仪。

2.2.1　微倾式水准仪的构造

水准仪按精度可分为 DS05、DS1、DS3、DS10 等不同等级，其主要技术参数见表 2-1。“D”和“S”分别为“大地测量”和“水准仪”汉语拼音的第一个字母，数字代表仪器的测量精度，即每千米往返测高差中数的偶然中误差分别为 ±0.5mm，±1mm，±3mm，±10mm。DS05 和 DS1 为精密水准仪，在土木工程测量中，最常用的是 DS3 微倾式水准仪。

图 2-2 为国产 DS3 微倾式水准仪。它主要由望远镜、水准器和基座三部分组成。

表 2-1　水准仪系列的分级及主要技术参数

水准仪系列型号		DS05	DS1	DS3	DS10
每千米往返测高差中数的偶然中误差/mm		≤±0.5	≤±1	≤±3	≤±10
望远镜	物镜有效孔径/mm　≥	42	38	28	20
	放大倍数/倍　≥	55	47	38	28
水准管分划值		10″/2 mm	10″/2 mm	20″/2 mm	10″/2 mm
主要用途		国家一等水准测量及地震监测	国家二等水准测量及其他精密水准测量	国家三、四等水准测量及一般工程水准测量	一般工程水准测量

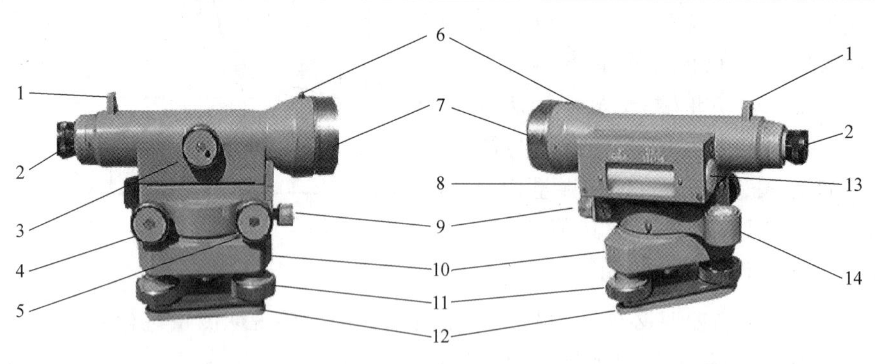

图 2-2　DS3 微倾式水准仪

1—照门　2—目镜及目镜调焦螺旋　3—物镜调焦螺旋　4—望远镜微倾螺旋　5—水平微动螺旋　6—准星　7—物镜　8—符合水准器　9—制动螺旋　10—轴座　11—脚螺旋　12—连接板　13—气泡观察窗　14—圆水准器

1. 望远镜

望远镜用来照准远处竖立的水准尺并读取水准尺上的读数，要求望远镜能看清水准尺上的分划和注记并有读数标志。根据在目镜端观察到的物体成像情况，望远镜可以分为正像望远镜和倒像望远镜。图 2-3a 为倒像望远镜的结构图，它由物镜、调焦透镜、十字丝分划板和目镜组成。

十字丝分划板的结构如图 2-3b 所示。它是在一直径约为 10mm 的光学玻璃圆片上刻出三根横丝和一根垂直于横丝的竖丝，中间的长横丝称为中丝，用于读取水准尺上分划的读数，上、下两根较短的横丝称为上丝和下丝，上、下丝总称为视距丝，用来测定水准仪至水准尺的距离。

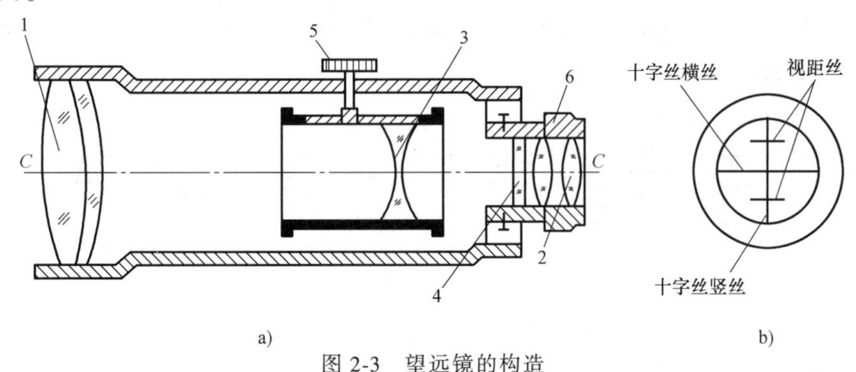

图 2-3　望远镜的构造

1—物镜　2—目镜　3—物镜调焦透镜　4—十字丝分划板　5—物镜调焦螺旋　6—目镜调焦螺旋

十字丝分划板安装在一金属圆环上，用四颗校正螺钉固定在望远镜筒上。望远镜物镜光心与十字丝交点的连线称为望远镜的视准轴，通常用 *CC* 表示。望远镜物镜光心的位置是固定的，调整固定十字丝分划板的四颗校正螺钉，在较小的范围内移动十字丝分划板可以调整望远镜的视准轴。

物镜与十字丝分划板之间的距离是固定不变的，而望远镜所瞄准的目标有远有近。目标发出的光线通过物镜后，在望远镜内所成实像的位置随着目标的远近而改变，要旋转物镜调焦螺旋使目标像与十字丝分划板平面重合才可以读数。此时，观测者的眼睛在目镜端上下微微移动时，目标像与十字丝没有相对移动，如图 2-4a 所示。如果目标像与十字丝分划板平面不重合，观测者的眼睛在目镜端上下微微移动时，目标像与十字丝之间就会有相对移动，这种现象称为视差，如图 2-4b 所示。

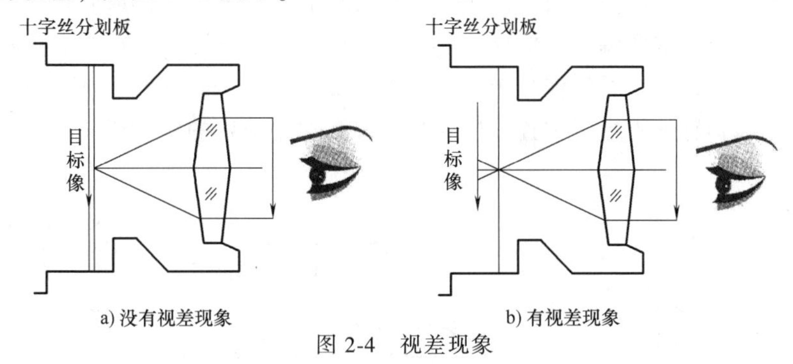

图 2-4　视差现象

视差会影响读数的正确性，读数之前必须消除它。消除视差的方法是：旋转目镜调焦螺旋，使十字丝十分清晰，再旋转物镜调焦螺旋使目标像十分清晰。

2. 水准器

水准器是一种整平装置，水准器有管状水准器和圆水准器两种。

（1）管状水准器

管状水准器也叫水准管，是一个两端封闭而纵向内壁磨成半径为7~80m圆弧的玻璃管，管内注满酒精和乙醚的混合液，加热密封，冷却后在管内形成气泡，如图2-5a所示。水准管顶面圆弧的中心点0称为水准管零点。通过零点0的纵向切线LL称为水准管轴。安装时水准管轴与望远镜视准轴平行。当气泡的中心点和零点重合即气泡被零点平分时，称为气泡居中，此时，水准管轴成水平位置，视准轴也同时水平。为了便于判断气泡是否严格居中，一般在零点两侧每隔2mm刻一分划线，水准管上每2mm弧长所对应的圆心角称为水准管的分划值，如图2-5b所示。

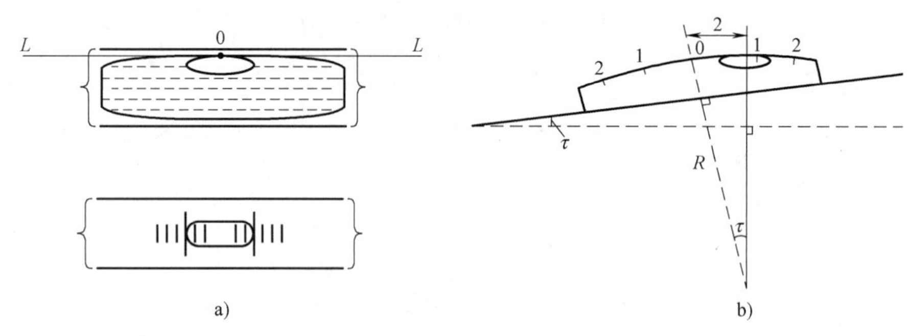

图2-5　水准管

根据图2-5b所示图形关系：

$$\tau=\frac{2}{R}\rho \tag{2-4}$$

式中　τ——2mm所对的圆心角，单位为（″）；

ρ——206 265″；

R——水准管圆弧半径，单位为mm。

根据式（2-4）可知，水准管圆弧半径越大，分划值就越小，则水准管灵敏度就越高，也就是仪器置平的精度越高。DS3水准仪的水准管分划值要求不大于20″。

为了提高水准管气泡居中的精度，DS3微倾式水准仪多采用符合水准管系统，通过符合棱镜的反射作用，使气泡两端的影像反映在望远镜旁的符合气泡观察窗中。由观察窗看气泡两端的半像吻合与否，来判断气泡是否居中，如图2-6所示。若两半气泡影像吻合，说明气泡居中，此时水准管轴处于水平位置。这种具有提高居中精度的棱镜组装的水准管称为符合水准器。

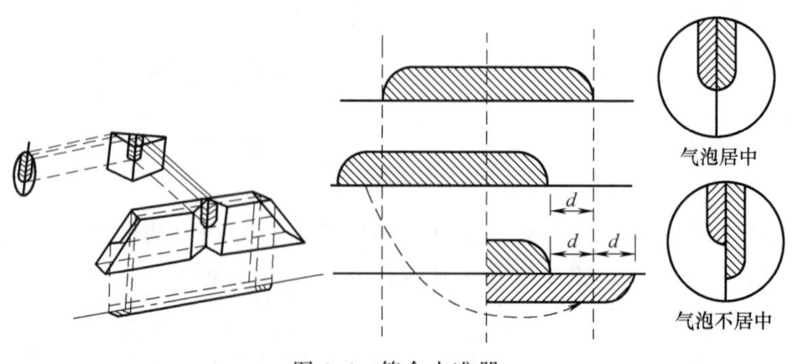

图2-6　符合水准器

（2）圆水准器

圆水准器是一个顶面内壁磨成半径 0.5~1.0m 的圆球面的玻璃圆盒，盒内注满酒精和乙醚的混合液，加热密封，冷却后在盒内形成气泡，如图 2-7 所示。它固定在仪器的托板上。玻璃球面的中央刻一圆圈，圆圈的中心称为圆水准器的零点，过圆水准器零点的法线称为圆水准器轴。圆水准盒安装时，圆水准器轴和仪器的竖直轴平行。当气泡中心与圆圈中心重合时，表示气泡居中，此时圆水准器轴处于铅垂位置，仪器竖直轴铅垂，仪器就处于概略水平状态。

过零点各方向上 2mm 弧长所对应的圆心角称为圆水准器的分划值，由于圆水准器顶面半径短，分划值大，其整平精度低，所以在水准仪上圆水准器只做概略整平。DS3 型水准仪圆水准器的分划值一般为 8′~10′。

3. 基座

基座主要由轴座、脚螺旋和三角形的连接板组成。

基座起支撑仪器上部并与三脚架连接在一起的作用。仪器的竖轴套在轴座内，可使仪器上部绕竖轴在水平面内旋转。调节三个脚螺旋，可使圆水准器气泡居中，使仪器概略水平。通过以上介绍，如图 2-8 所示，望远镜与水准管固定在一起，且望远镜的视准轴应与水准管轴相互平行。当转动微倾螺旋时，顶尖随之做上、下运动，这时水准管与望远镜一起以微倾连接片为支点进行微小的仰、俯运行，当水准管气泡居中时，水准管轴水平，视线（视准轴）也就水平了，即可利用十字丝横丝在水准尺上进行读数。仪器的竖直轴与圆水准器连接在一起，且圆水准器轴应与竖直轴相互平行。当圆气泡居中时，圆水准器就铅垂，竖直轴也处于铅垂，仪器就概略水平。由于微倾装置中的顶尖上、下运动量较小，只有仪器概略水平时，才能利用微倾螺旋，将水准管气泡居中，使视线水平。因此，在进行水准测量时，每测站先调节脚螺旋，使圆气泡在望远镜转到任何位置时都居中，然后方可开始观测。

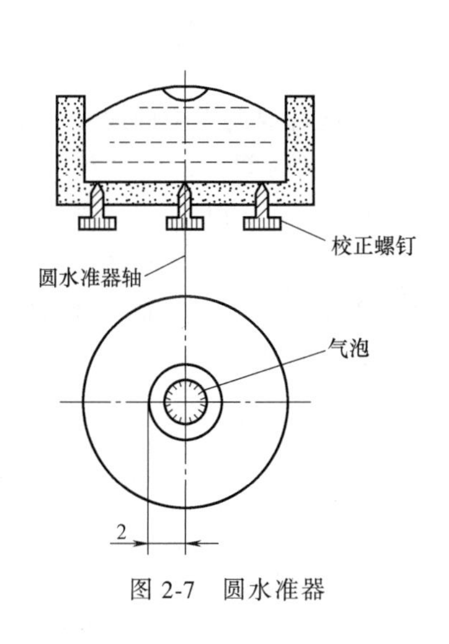

图 2-7　圆水准器

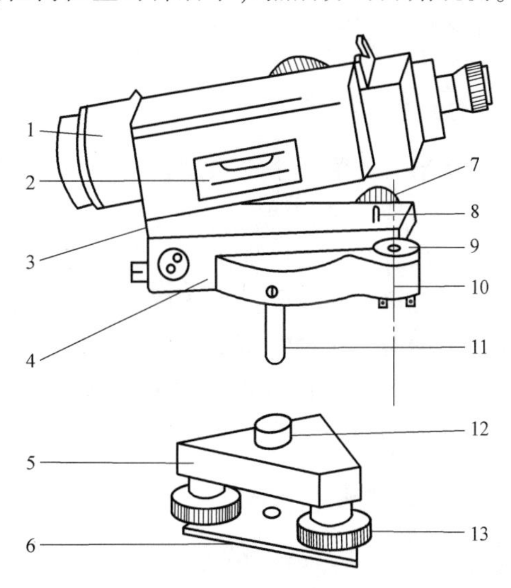

图 2-8　DS3 微倾式水准仪

1—望远镜　2—水准管　3—微倾连接片　4—托板　5—基座　6—连接　7—微倾螺旋　8—顶尖　9—圆水准器　10—圆水准器轴　11—竖直轴　12 —轴套　13 —脚螺旋

2.2.2 水准尺和尺垫

水准尺是水准测量中用于读数的标尺。常用的水准尺有塔尺和双面水准尺两种。通常，双面水准尺用干燥的优质木材制成；塔尺用铝合金或玻璃钢材料制成。

塔尺如图 2-9a 所示，由两节或三节套接而成，可以伸缩，长度有 3m 和 5m 两种。塔尺一般为双面刻划，尺底为零刻划，尺面刻划为黑白格相间，每格宽度为 1cm 或 0.5cm，分米处有数字注记，数字上方加红点表示米数。由于塔尺接头处存在误差，因此，塔尺仅用于等外水准测量和一般工程施工测量。

双面水准尺如图 2-9b 所示，长度为 2m 或 3m，双面均有刻划，分划值为 1cm，分米处有数字注记。其中一面为黑白格相间刻划（称为黑面尺），尺底为零刻划；另一面为红白相间（称为红面尺），尺底不为零、而是一常数。双面尺一般成对生产和使用，一根尺常数为 4.687m，另一根尺常数为 4.787m。利用红黑面尺的零点差可对水准测量中的读数进行检核。双面水准尺常用于三、四等水准测量。

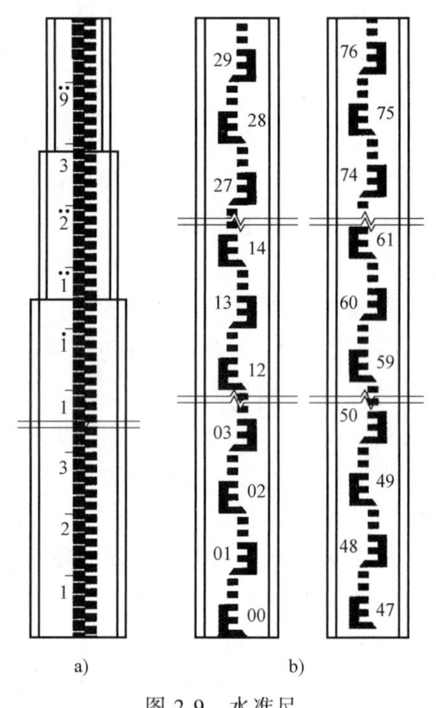

图 2-9 水准尺

尺垫由生铁铸造而成，一般为三角形，上部中央有一凸起的半圆球体，下部有三个支脚，如图 2-10 所示。尺垫在转点处立尺时使用，且只用于转点处。使用时，将尺垫踩实，水准尺立于半球顶上，以保证尺底高度不变。

2.2.3 自动安平水准仪

使用由水准管气泡居中来实现视线水平的水准仪，每次读数前都要调节微倾螺旋，使符合气泡吻合，这样就会影响水准测量的作业速度。此外，由于观测时间长，外界条件的变化，如温度、尺垫和仪器的下沉等，会影响测量成果的精度。人们在长期的工作实践中，根据光的折反射定律和物体受重力作用的平衡原理，创造出一种新的安平部件——补偿器，来替代古老的水准器。这种补偿器安装在望远镜中，能使视准轴快速、准确、可靠、自动地处于水平位置。因此，现代各等级的水准仪，大多数采用自动安平补偿器。图 2-11 为苏-光 NAL124 自动安平水准仪。

2.2.4 电子水准仪

1. 电子水准仪的原理和使用

电子水准仪又称数字水准仪，是在自动安平水准仪的基础上发展起来的。它是以自动安平水准仪为基础，在望远镜光路中增加了分光镜和探测器（CCD），并采用条形码标尺和图像处理电子系统而构成的光机电测一体化的高科技产品。它采用条形码标尺，各厂家标尺编码的条形码图案不相同，不能互换使用。人工完成照准和调焦之后，标尺条形码一方面被成像在望远镜分划板上，供目视观测，另一方面通过望远镜的分光镜，标尺条码又被成像在光电传感器（又称探测器）上，即线阵 CCD 器件上，供电子读数。因此，如果使用普通水准标尺（条形码标尺反面为普通标尺刻划），电子水准仪又可以像普通自动安平水准仪一样使用，不过这时的测量精度低于电子测量的精度。特别是精密电子水准仪，由于没有光学测微器，当成普通自动安平水准仪使用时，其精度更低。

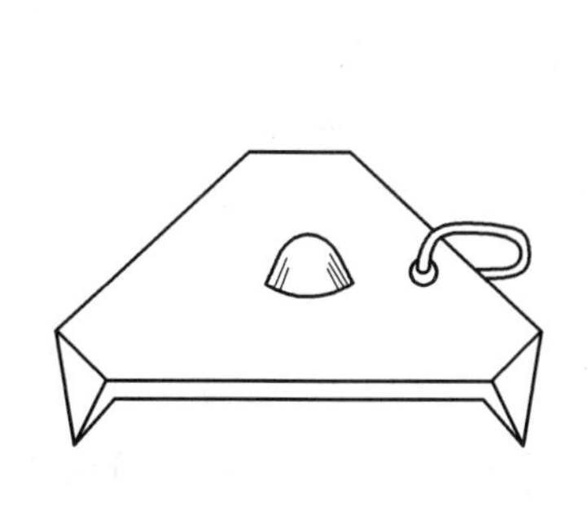

图 2-10　尺垫

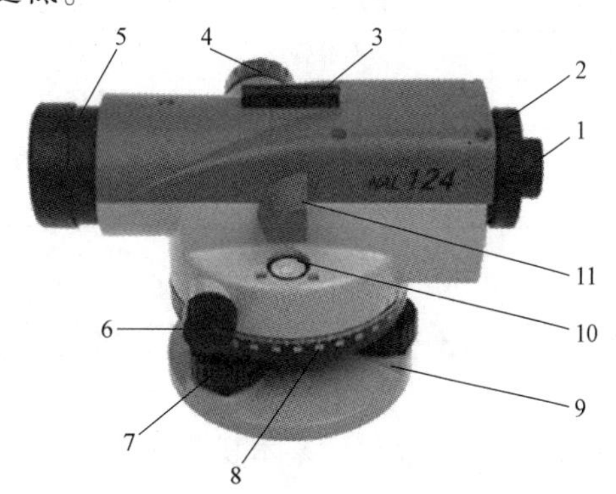

图 2-11　苏-光 NAL124 自动安平水准仪

1—目镜　2—目镜调焦螺旋　3—粗瞄器　4—调焦螺旋　5—物镜　6—水平微动螺旋　7—脚螺旋　8—刻度盘　9—基座　10—圆水准器　11—反光镜

电子水准仪主要由以下几个部分组成：望远镜（包括目镜、物镜、物镜对光螺旋等）、整平装置（包括圆水准器、脚螺旋等）、显示窗、操作键盘（包括数字键和各种功能键）、串行接口和提手等。

电子水准仪的操作非常方便，只要将望远镜瞄准标尺并调焦后，按测量键，几秒后即显示中丝读数；再按测距键则马上显示视距；按存储键可把数据存入内存储器，仪器自动进行检核和高差计算。观测时，不需要精确照准标尺分划，也不用在测微器上读数，可直接由电子手簿（PC-MCIA 卡）记录。图 2-12 是一种电子水准仪，由基座、水准器、望远镜、操作面板和数据处理系统组成。其功能键及其功能见表 2-2。

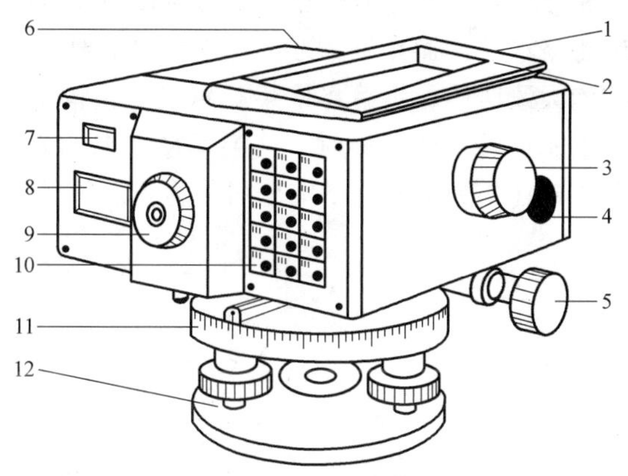

图 2-12　电子水准仪

1—物镜　2—提环　3—物镜调焦螺旋　4—测量按钮　5—微动螺旋　6—RS 接口　7—圆水准器观察窗　8—显示器　9—目镜　10—操作面板　11—带度盘的轴座　12—连接板

2. 条形码标尺

电子水准仪所使用的条形码标尺采用三种独立、互相嵌套在一起的编码尺，这三种独立信息为参考码 R、信息码 A 和信息码 B。参考码 R 为三道等宽的黑色码条，以中间码条的中线为准，每隔 3cm 就有一组 R 码。信息码 A 与信息码 B 位于 R 码的上、下两边，下边 10mm 处为 B 码，上边 10mm 处为 A 码。A 码与 B 码宽度按正弦规律改变，其信号波长分别为 33cm 和 30cm，最窄的码条宽度不到 1mm，上述三种信号的频率和相位可以通过快速傅里叶变换（FFT）获得。当标尺影像通过望远镜成像在十字丝平面上，经过处理器译释、对比、数字化后，在显示屏上显示中丝在标尺上的读数或视距。

表 2-2　拓普康 DL-103 电子水准仪功能键及其功能

键符	键名	功　　能
Power	电源开关键	仪器开机与关机
Meas	测量键	用来进行测量
HDif	测高差	测量模式与高差模式的切换测高差,参考高度被取消
D/R	距离/标尺	距离和标尺读数切换键
LCD	显示屏背光灯	显示屏背光灯亮 10s

2.3　DS3 微倾式水准仪的使用

DS3 微倾式水准仪的基本操作步骤为：安置仪器→粗略整平→瞄准水准尺→精确整平和读数。

1. 安置仪器

根据水准测量的要求，应选择合适的地方安置仪器。首先，松开三脚架腿的伸缩螺旋，将架头提升到合适的高度，然后拧紧伸缩螺旋。再张开三脚架，目估使架头大致放平，最后用中心螺旋将水准仪安置在三脚架头上。安置时应用手握住仪器基座，以防仪器从架头上滑落。

2. 粗略整平

粗略整平是通过调节脚螺旋的高低使圆水准器气泡居中，从而使仪器竖轴大致铅垂，视准轴粗略水平。操作方法是：先固定两个架腿，略提起另一个架腿左右摆动和前后移动，使圆气泡大致居中，然后将该架腿踩实。再调节脚螺旋使圆气泡准确居中，其调节方法如图 2-13 所示。转动脚螺旋时，气泡运动方向与左手大拇指运动方向一致。反复整平，直到水准仪转到任何方向气泡都完全居中为止。

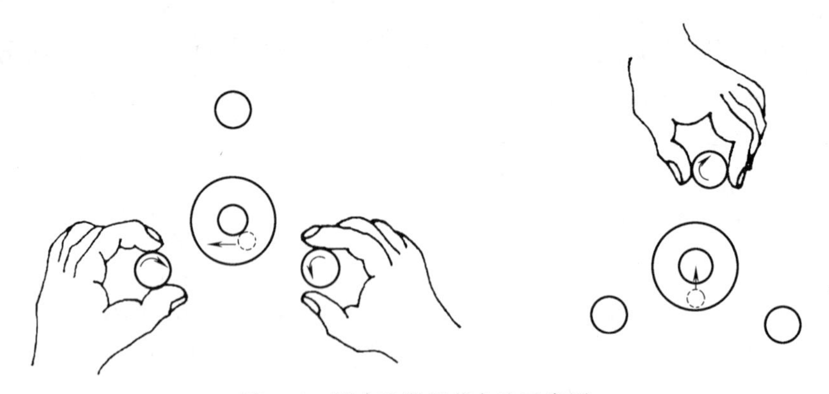

图 2-13　圆水准器调节方法示意图

3. 瞄准水准尺

（1）目镜调焦

将望远镜对着明亮的背景或物镜调焦至无穷远，旋转目镜调焦螺旋，使十字丝成像清晰。

（2）粗略瞄准

转动望远镜，使照门和准星的连线对准水准尺，旋紧制动螺旋。

（3）精确瞄准

在目镜前观察目标，同时旋转物镜调焦螺旋，使水准尺成像清晰。然后转动水平微动螺旋，使十字丝纵丝对准水准尺中央或稍偏一点。

（4）消除视差

精确瞄准后，眼睛在目镜前上下微动，若发现十字丝横丝在水准尺上的位置也随之移动，则这种现象称为视差。产生视差的原因是水准尺通过物镜组所成的影像与十字丝平面不重合。视差的存在将会影响读数的准确性，应予以消除。消除视差的方法是再仔细地进行物镜调焦、目镜调焦，直到眼睛上下移动时读数不变为止。

4. 精确整平和读数

通过望远镜左边的符合水准器观察窗观察气泡影像（若看不到影像，则说明气泡偏差较大），同时用右手转动微倾螺旋，使符合气泡吻合。一旦吻合，则立刻从望远镜内读取中丝在水准尺上的读数。米、分米和厘米可直接读出，但一定要弄清注记与刻划的对应关系，否则会出现读数错误；毫米为估读值。如图 2-14 所示，十字丝中丝读数为 1.536。

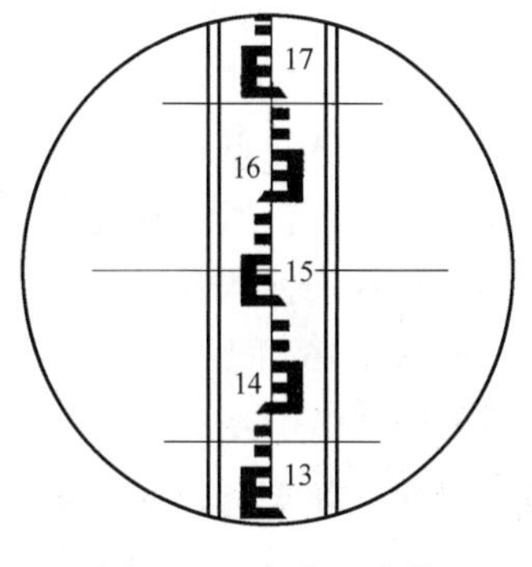

图 2-14 水准尺读数

2.4 水准测量的方法

2.4.1 水准测量的施测过程

1. 水准点

水准测量工作主要是依据已知高程点来引测其他待定点的高程。事先埋设标志在地面上，用水准测量方法建立的高程控制点称为水准点（Bench-Mark），常以 BM 表示。水准点的高程是由测绘部门采用国家统一高程系统，依据国家等级水准测量规范的要求测定的，国家水准点按精度分为一、二、三、四等水准点，与之相应的水准测量分为一、二、三、四等水准测量，一、二等水准测量为精密水准测量，三、四等水准测量为普通水准测量。

根据水准点的等级要求和不同用途，水准点可分为永久性和临时性两种。永久性水准点是需要长期保存的水准点（国家等级水准点），一般用混凝土或石头制成标石，中间嵌半球型金属标志，埋设在冰冻线以下 0.5m 左右的坚硬土基中，并设防护井保护，如图 2-15a 所示。亦可埋设在岩石或永久建筑物上，如图 2-15b 所示。使用时间较短的，称临时水准点，一般用混凝土标石埋在地面，如图 2-15c 所示，或用大木桩顶面加一帽钉打入地下，并用混凝土固定，如图 2-15d 所示，亦可在岩石或建筑物上用红漆标记。

2. 水准路线

在实际测量工作中，往往需要由已知高程点测定若干个待测高程点的高程。为了进一步检核在观测、记录及计算中是否存在错误，同时避免测量误差的积累，保证测量成果的精

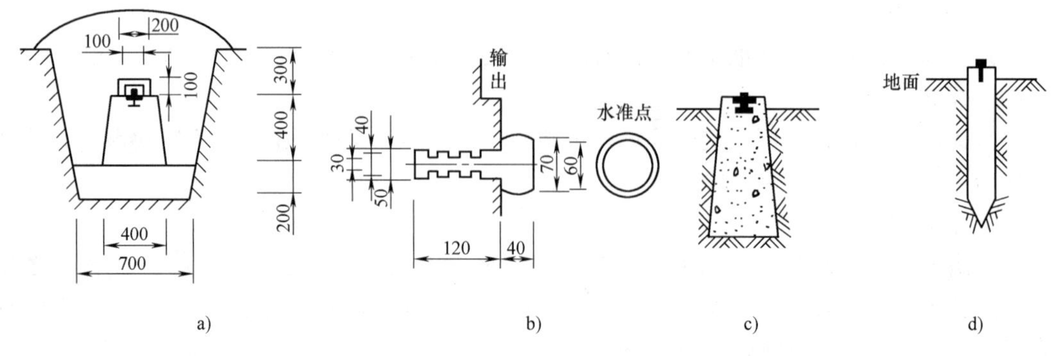

图 2-15　水准点的埋设

度，必须将已知点和待定点组成某种形式的水准路线，利用一定的检核条件来检核测量成果的准确性。在普通水准测量中，水准路线有以下三种形式。

（1）闭合水准路线

如图 2-16a 所示，从一已知水准点 BM.*A* 出发，沿待测点 *B*、*C*、*D*、*E* 进行水准测量，最后测回到 BM.*A*，这种形式称为闭合水准路线。相邻两待测点称为一个测段。各测段高差的代数和应等于零，即理论值为零。但在测量过程中，不可避免地存在误差，使得实测高差之和往往不为零，从而产生高差闭合差。所谓闭合差，就是测量值与理论值（或已知值）之差，用 f_h 表示。因此，闭合水准路线的高差闭合差为

$$f_h = \Sigma h_{测} - \Sigma h_{理} = \Sigma h_{测} \tag{2-5}$$

（2）附合水准路线

如图 2-16b 所示，从一已知水准点 BM.*A* 出发，沿待定点 1、2、3 进行水准测量，最后测到另一个已知水准点 BM.*B*，这种形式称为附合水准路线。各测段高差的代数和应等于两个已知点之间的高差（已知值）。则附合水准路线的高差闭合差为

$$f_h = \Sigma h_{测} - \Sigma h_{已知} = \Sigma h_{测} - (H_{终} - H_{始}) \tag{2-6}$$

（3）支水准路线

如图 2-16c 所示，从一已知水准点 BM.*A* 出发，沿待定点进行水准测量，这样既不闭合又不附合的水准路线，称为支水准路线。支水准路线必须进行往返测量。往测高差总和与返测高差总和应大小相等，符号相反。则支水准路线的高差闭合差为

$$f_h = \Sigma h_{往} + \Sigma h_{返} \tag{2-7}$$

3. 普通水准测量方法

如图 2-17 所示，已知水准点 *A* 的高程为 54.206m，现欲测定点 *B* 的高程，其施测步骤如下：

（1）外业观测程序

水准测量一般由 4 人组成一个测量小组，观测员、记录员各 1 人，扶尺员 2 人。首先，一扶尺员在水准点 *A* 上竖立水准尺（后视尺），观测员沿测量方向选择一合适的地方安置仪器，同时另一扶尺员在适当的位置选择转点 TP.1，放置尺垫并踩实，然后在尺垫上竖立水准尺（前视尺）。要求仪器至前、后视尺的水平距离（分别称为前视距和后视距）要尽可能

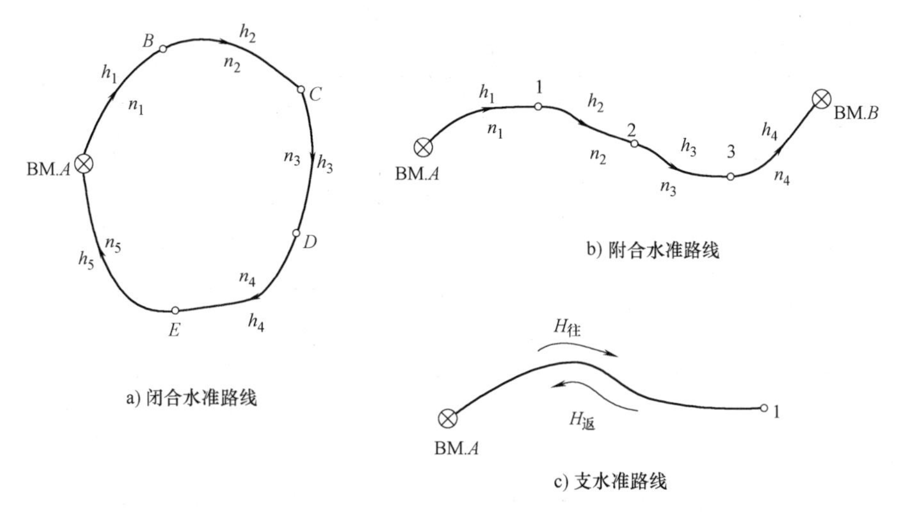

图 2-16　水准路线布设形式

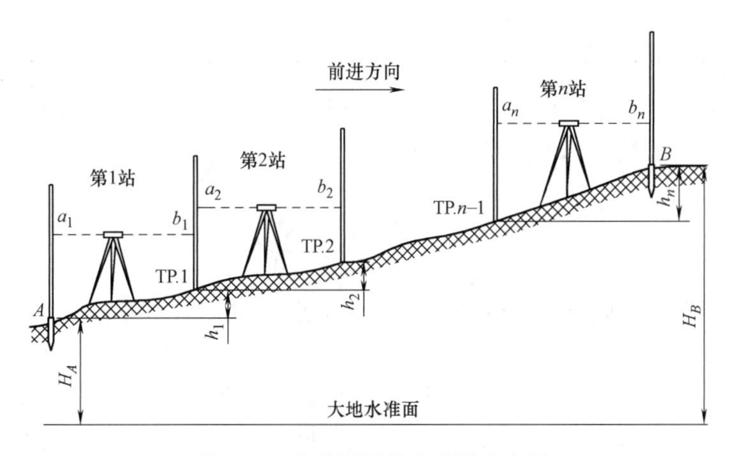

图 2-17　水准测量外业观测示意图

相等，但并不一定在一条直线上，且不得超过 100m。

观测员安置好水准仪后，概略整平，照准后视尺并消除视差，精确整平后立刻读取中丝读数，记录员将此读数记录于如表 2-3 所示的水准测量记录手簿相应位置。然后观测员转动水准仪照准前视尺并消除视差，精确整平后立刻读取中丝读数，记录员将此读数记录于表 2-3 相应位置，至此一个测站的观测完成。

当第一测站的工作完成后，转点 TP. 1 上水准尺不移动，将尺面转向第二测站，作为第二测站的后视尺，仪器则移至第二站处，点 A 的水准尺移至转点 TP. 2 上作为前视尺，同法进行第二测站的观测，依次进行直至终点 B。

则 A、B 两点的高差为

$$h_{AB} = \sum_{i=1}^{n} h_i$$

点 B 的高程为

$$H_B = H_A + h_{AB}$$

表 2-3 水准测量记录手簿

复核______ 观测员______ 记录员______ 日期______ 天气______ 仪器______

测站	点号	后视读数/mm	前视读数/mm	高差/m	高程/m	
1	A	1928		1.099	$H_A=54.206$	已知点
	TP.1		0829			
2	TP.1	2372		1.693		
	TP.2		0679			
3	TP.2	2268		1.150		
	TP.3		1118			
4	TP.3	1437		-0.895		
	TP.4		2332			
5	TP.4	1435		-0.973	$H_B=56.280$	待测点
	B		2408			
	Σ	9.440	7.366	2.074		
		$\sum a-\sum b=9.440-7.366=2.074$				

为了保证高差计算的正确性，必须按下式进行计算检核（注意：此检核只能检核高差计算的正确性，不能检核野外测量是否正确）：

$$\sum_{i=1}^{n} h_i = \sum_{i=1}^{n} a_i - \sum_{i=1}^{n} b_i$$

如表 2-3 中，$\sum a-\sum b=9.440-7.366=2.074=\sum h$。说明计算正确。

（2）测站检核

如图 2-17 所示，从一已知高程的水准点 A 出发，一般要用连续水准测量的方法，才能测算出另一待定水准点 B 的高程。在进行连续水准测量时，如果任何一测站的后视读数或前视读数有错误，都将影响所测高差的正确性。因此在每一测站的水准测量中，为了能及时发现观测中的错误，通常采用双仪器高法或双面尺法进行观测，以检核高差测量中可能发生的错误，这种检核称测站检核。

① 双仪器高法。在每一测站上，用两次不同仪器高度的水平视线（改变仪器高度应在 10cm 以上）来测定相邻两点间的高差，理论上两次测得的高差应相等。如果两次高差观测值不相等，对图根水准测量而言，其差的绝对值应小于 6mm，否则应重测，表 2-4 给出了一段水准路线用双仪器高法进行水准测量的记录格式，表中圆括号内的数值为两次高差之差。

② 双面尺法。用双面尺法进行水准测量就是同时读取每一把水准尺的黑面和红面分划读数，然后由前、后视尺的黑面读数计算出一个高差，前、后视尺的红面读数计算出另一个高差，以这两个高差之差是否小于某一限值来进行检核。由于在每一测站上仪器高度不变，这样可加快观测的速度。立尺点和水准仪的安置同两次仪器高法。在每一测站上，仪器经过粗平后，其观测程序为：

瞄准后视点水准尺黑面分划—精平—读数；

瞄准后视点水准尺红面分划—精平—读数；

表 2-4 水准测量记录手簿（双仪器高法）

测站	点号	水准尺读数/mm		高差/m	平均高差/m	高程/m	备注
		后视	前视				
1	BM. *A*	1134				56.020	
		1011					
	TP. 1		1677	−0.543	(0.000)		
			1554	−0.543	−0.543		
2	TP. 1	1444					
		1624					
	TP. 2		1324	+0.120	(+0.004)		
			1508	+0.116	+0.118		
3	TP. 2	1822					
		1710					
	TP. 3		0876	+0.946	(0.000)		
			0764	+0.946	+0.946		
4	TP. 4	1422					
		1604					
	BM. *B*		1308	+0.114	(+0.002)	56.656	
			1488	+0.116	+0.11.5		
计算检核	Σ	11.771	10.499	1.272	0.636		

瞄准前视点水准尺黑面分划—精平—读数；

瞄准前视点水准尺红面分划—精平—读数。

其观测顺序简称为“后—后—前—前”，对于尺面分划来说，顺序为“黑—红—黑—红”。表 2-5 给出了一段水准路线用双面尺法进行水准测量的记录计算格式。表中圆括号内的数值为红、黑面所测高差之差。

表 2-5 水准测量记录手簿（双面尺法）

测站	点号	水准尺读数/mm		高差/m	平均高差/m	高程/m	备注
		后视	前视				
1	BM. *A*	1211				1000.000	
		5998					
	TP. 1		0586	+0.625	(0.000)		
			5273	+0.725	+0.625		
2	TP. 1	1554					
		6241					
	TP. 2		0311	+1.243	(+0.001)		
			5079	+1.144	+1.2435		

（续）

测站	点号	水准尺读数/mm		高差/m	平均高差/m	高程/m	备注
		后视	前视				
3	TP. 2	0938					
		5186					
	TP. 3		1523	-1. 125	(+0. 001)		
			6210	-1. 024	-1. 1245		
4	TP. 4	1708					
		6395					
	BM. *B*		0574	+1. 134	(0. 000)	1001. 878	
			5361	+1. 034	+1. 134		
计算检核	Σ	28. 691	24. 935	+3. 756	+0. 878		

由于在一对双面水准尺中，两把尺子的红面零点注记分别为 4687 和 4787，零点差为 100mm，所以如表 2-5 所示的每站观测高差的计算中，当 4787 水准尺位于后视点而 4687 水准尺位于前视点时，采用红面尺读数计算出的高差比采用黑面尺读数计算出的高差大 100mm；当 4687 水准尺位于后视点而 4787 水准尺位于前视点时，采用红面尺读数计算出的高差比采用黑面尺读数计算出的高差小 100mm。因此，每站高差计算中，要先将红面尺读数计算出的高差加或减 100mm 后才能与黑面尺读数计算出的高差取平均。

2. 4. 2　水准测量的成果计算

通过对外业原始记录、测站检核和高差计算数据的严格检查，并经水准线路的检核，外业测量成果已满足了有关规范的精度要求，但高差闭合差仍存在。所以，在计算各待求点高程时，必须首先按一定的原则把高差闭合差分配到各实测高差中去，确保经改正后的高差严格满足检核条件，最后用改正后高差值计算各待求点高程。上述工作称为水准测量的内业。

高差闭合差的容许值视水准测量的精度等级而定。对于普通水准测量而言，高差闭合差的容许值（单位为 mm）为

$$\text{山地：} f_{h容} = \pm 12\sqrt{n}$$

$$\text{平地：} f_{h容} = \pm 40\sqrt{L} \quad (2\text{-}8)$$

式中　L——水准路线长度，单位为 km；

n——测站数。

1. 闭合水准路线成果计算

图 2-18 为闭合水准路线成果计算略图，图中观测数据是根据水准测量手簿整理而得，已知水准点 BM. *A* 的高程为 50. 674m，*B*、*C*、*D* 为待测水准点。表 2-6 为闭合水准路线成果计算表。

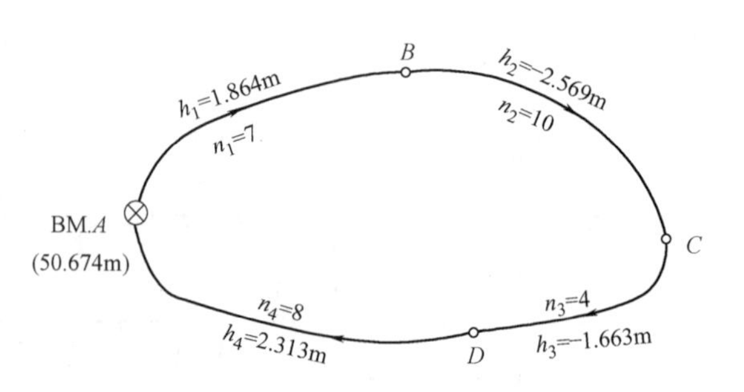

图 2-18　闭合水准路线成果计算略图

（1）填写已知数据和观测数据

按计算路线依次将点名、测站数、实测高差和已知高程填入表 2-6 中。

表 2-6　闭合水准路线成果计算表

点名	测站数	实测高差/m	改正数/mm	改正后高差/m	高程/m	点名	备注
BM. A					50.674	BM. A	已知点
	7	1.864	13	1.877			
B					52.551	B	
	10	-2.569	19	-2.550			
C					50.001	C	
	4	-1.663	8	-1.655			
D					48.346	D	
	8	2.313	15	2.328			
BM. A					50.674	BM. A	
Σ	29	-0.005	55	0			
计算检核	$f_h=\sum h=-0.055\text{m}=-55\text{mm}$ $f_{h容}=\pm12\sqrt{29}\text{mm}=\pm65\text{mm}$ $\lvert f_h\rvert<\lvert f_{h容}\rvert$，符合普通水准测量的要求						

（2）计算高差闭合差及其容许值

按式（2-5）计算高差闭合差：

$$f_h=\sum h_{测}=-0.055\text{m}=-55\text{mm}$$

按式（2-8）计算得

$$f_{h容}=\pm12\sqrt{29}\text{mm}=\pm65\text{mm}$$

$\lvert f_h\rvert<\lvert f_{h容}\rvert$，满足规范要求，则可进行下一步计算；若超限，则需检查原因，甚至重测。

（3）高差闭合差的调整

高差闭合差的调整原则是将高差闭合差反符号按照与边长或测站数成正比例分配到各测段的实测高差中，即高差改正数的计算公式为

$$v_i=-\frac{f_h}{n}\cdot n_i \quad 或 \quad v_i=-\frac{f_h}{L}\cdot L_i \tag{2-9}$$

式中　n——测站总数；

n_i——第 i 测段的测站数；

L——路线长度；

L_i——第 i 测段的路线长度。

例如，A—B 测段的高差改正数为

$$v_1=-\frac{-55}{29}\times7\text{mm}=+13\text{mm}$$

其余测段的高差改正数按式（2-9）计算，并将其填入表 2-6 中。然后将各段改正数求和，其总和应与闭合差大小相等，符号相反。各测段实测高差加相应的改正数即可得改正后高差，改正后高差的代数和应等于零。

（4）计算各点高程

从已知点 BM. A 高程开始，依次加各测段的改正后高差，即可得各待测点高程。最后推算出已知点的高程，若与已知点高程相等，则说明计算正确，计算完毕。

2. 附合水准路线成果计算

图 2-19 为一附合水准路线成果计算略图，已知 BM. A 的高程为 58.863m，BM. B 的高程为 59.485m，点 1、2、3 为待测高程点，图中观测数据是根据水准测量手簿整理而得，其计算步骤与闭合水准路线的计算步骤基本一样，成果计算结果见表 2-7。

附合水准路线的高差闭合差按式（2-6）计算：

$$f_h = \Sigma h_{测} - (H_{终} - H_{始}) = 0.657\text{m} - (59.485\text{m} - 58.863\text{m}) = 0.035\text{m} = 35\text{mm}$$

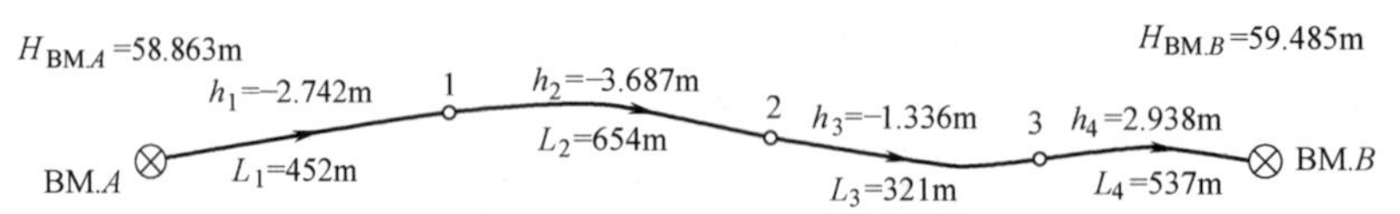

图 2-19　附合水准路线成果计算略图

表 2-7　附合水准路线成果计算表

点名	长度/m	实测高差/m	改正数/mm	改正后高差/m	高程/m	点名	备注
BM. A					58.863	BM. A	已知点
	452	2.742	−8	2.734			
1					61.597	1	
	654	−3.687	−12	−3.699			
2					57.898	2	
	321	−1.336	−6	−1.342			
3					56.556	3	
	537	2.938	−9	2.929			
BM. B					59.485	BM. B	已知点
Σ	1964	0.657	−35	0.622			
计算检核	$f_h = \Sigma h_{测} - (H_{终} - H_{始}) = 0.657\text{m} - (59.485\text{m} - 58.863\text{m}) = 0.035\text{m} = 35\text{mm}$ $f_{h容} = \pm 40\sqrt{1.964}\,\text{mm} = \pm 56\text{mm}$ $\lvert f_h \rvert < \lvert f_{h容} \rvert$，符合图根水准测量的要求						

闭合差的容许值按式（2-8）计算，高差闭合差的调整、各点的高程计算与闭合水准路线相同。

3. 支水准路线成果计算

首先按式（2-7）和式（2-8）计算高差闭合差和容许值。若满足要求，则取各测段往返测高差的平均值（返测高差反符号）作为该测段的观测结果，最后依次计算各点高程。

2.5 水准测量的误差分析

水准测量的误差来源有多种因素，但主要来自仪器及使用工具的误差、观测误差和外界因素的影响三个方面。

2.5.1 仪器及使用工具的误差

1. 仪器校正后的残余误差

在水准仪的检验与校正中已得到检验和校正，但不可能将水准管轴和视准轴不完全平行引起的 i 角误差完全消除，还会有残余的误差。观测时，虽然尽量使前后视距相等，尽可能地减小 i 角对读数的影响，但也难以完全消除。所以，观测中还要避免阳光直射仪器，以防止引起 i 角的变化。精度要求高时，利用不同时间段进行往返观测，以消除因 i 角变化引起的误差。

2. 水准尺误差

水准尺刻划不均匀、不准确、尺身变形等都会引起读数误差，因此对水准尺要进行检定。对于刻划不准确和尺身变形的尺子，不能使用。对于尺底的零点差，采用在每测段设置偶数站的方法来消除。

2.5.2 观测误差

1. 气泡不居中引起的误差

水准仪观测时视线必须水平，水平视线是依据水准管气泡是否居中来判断的，为消除此项误差，每次在读数之前，一定要使水准管气泡严格居中。

2. 标尺不垂直引起的读数误差

标尺不垂直，读数总是偏大，特别是观测路线总是上坡或下坡时，其误差是系统性的，为了消除此项误差，可在水准标尺上安置经过校正的圆水准器，当气泡居中时，标尺即垂直。

3. 读数误差

读数误差一是来源于视差的影响；二是读取中丝毫米数时的估读不准确的影响。为了消除这两方面的误差，可采用重新调焦来消除视差和按规范要求设置测站与标尺的距离，不要使仪器离标尺太远，造成尺子影像和刻划在望远镜中太小，以致读毫米数时估读误差过大。

2.5.3 外界因素的影响

1. 温度影响

外界温度的变化引起 i 角的变化，造成读数误差。为消除此项误差，可在安置好仪器后等一段时间，使仪器和外界温度相对稳定后再进行观测。如阳光过强时，可打伞遮阳，迁站时用白布罩套在仪器上。

2. 仪器和标尺的沉降误差

读完后视读数未读前视读数时，由于尺垫没有踩实或土质松软，致使仪器和标尺下沉，造成读数误差。消除此误差的办法有两种：一是操作读数要准确而迅速；二是选择坚实地面设站和立尺，并踩实三脚架和尺垫。

3. 大气折光的影响

由于大气的垂直折光作用，引起了观测时的视线弯曲，造成读数误差。消减此项误差的办法有三种：

1）选择有利时间来观测，尽量减小折光的影响。

2）视线距地面不能太近，要有一定的高度，一般视线高度离地面要在 0.3m 以上。

3）使前、后视距相等。

4. 地球曲率的影响

由于在水准测量中相当于是用水平面取代了水准面，也就是忽略了地球曲率的影响，在绪论中已经说明用水平面取代水准面对高差是有影响的，当前、后视距相等时，通过高差计算可消除该误差对高差的影响。

上述各项误差的来源和消除方法，都是采用单独影响的原则进行分析的，而实际作业时是综合性的影响，只要在作业中注意上述的消除方法，特别是迅速、准确地读数，会使各项误差大大减弱，达到满意的精度要求。如有条件可使用自动安平水准仪，它可自行地提供水平视线，不需要手动微倾螺旋整平、居中气泡，使观测速度大大提高，有效地消减了一些误差，保证了水准路线的测量精度。

2.6 水准仪的检验和校正

只有水准仪处于理想状态，才能提供一条水平视线。仪器经过长途运输或反复使用后，受到振动或碰撞，仪器的轴线之间的几何关系会发生变化。因此，为了保证测量工作能得出正确的成果，工作前必须对所使用的仪器进行检验和校正。

2.6.1 微倾式水准仪的主要轴线和应满足的几何条件

如图 2-20 所示，水准仪主要轴线之间应满足以下几何条件：

1）圆水准器轴应平行于仪器的竖轴。

2）十字丝的横丝应垂直于仪器的竖轴。

3）水准管轴应平行于视准轴。

当圆水准气泡居中时，表示仪器粗平，即圆水准器轴处于铅垂，若满足关系，则竖轴也铅垂；横丝垂直于竖轴，则中丝处于水平位置，便于读数；水准管气泡居中，表示管水准器轴水平。如果满足第三个几何条件，才能保证视线水平，因为这是仪器应满足的主要几何条件。

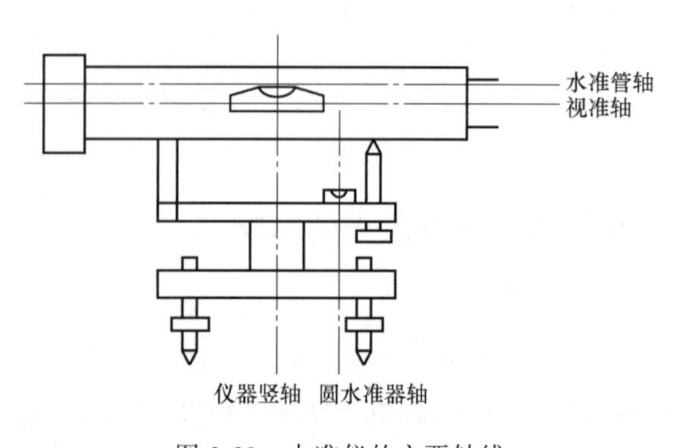

图 2-20 水准仪的主要轴线

2.6.2　水准仪的检验与校正

水准仪的检验与校正应按下列顺序进行，以保证前面检验的项目不受后面检验项目的影响。

1. 圆水准器的检验和校正

1）目的。使圆水准器轴平行于仪器竖轴，圆水准器气泡居中时，竖轴便位于铅垂位置。

2）检验方法。安置仪器后，旋转脚螺旋使圆水准器气泡居中，粗略整平仪器，然后将仪器上部在水平方向上绕仪器竖轴旋转 180°。若气泡仍居中，则表示圆水准器轴已平行于竖轴；若气泡偏离零点，则需进行校正。

3）校正方法。调节脚螺旋使气泡向中央方向移动偏离量的一半。然后拨圆水准器的校正螺旋使气泡居中。由于一次拨动不易使圆水准器校正得很完善，所以需重复上述的检验和校正，使仪器上部旋转到任何位置气泡都能居中为止。

圆水准器校正装置的构造常见的有两种：一种构造是在圆水准器盒底部安装 3 个校正螺旋（图 2-21a），盒底中央有一球面突出物顶着圆水准器的底板，3 个校正螺旋则旋入底板拉住圆水准器。当旋紧校正螺旋时，可使水准器相应端降低，松动时则可使该端上升。另一种构造，在盒底可见到 4 个螺旋（图 2-21b），中间一个较大的螺旋用于连接圆水准器和盒底，另外 3 个为校正螺旋，它们顶住圆水准器底板。当旋紧某一校正螺旋时，水准器相应端升高，旋松时则该端下降，其移动方向与第一种相反。校正时，无论是哪一种构造，当需要旋紧某个校正螺旋时，必须先旋松另外两个螺旋；校正完毕，必须使 3 个校正螺旋都处于旋紧状态。

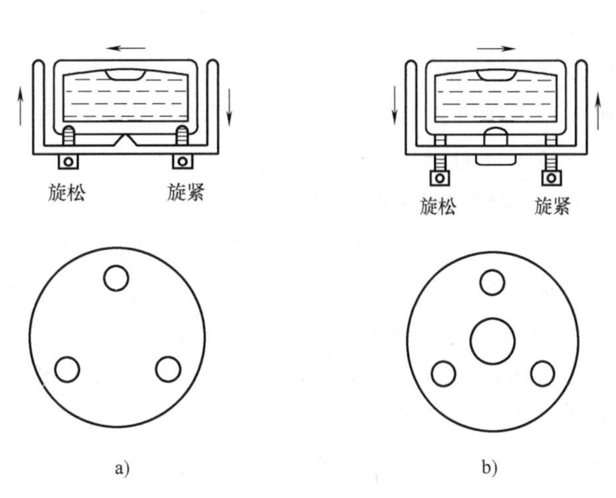

图 2-21　圆水准气泡调节

4）检校原理：若圆水准器轴与竖轴没有平行，构成一 α 角。当圆水准器的气泡居中时，竖轴与铅垂线成 α 角（图 2-22a）。若仪器上部绕竖轴旋转 180°，因竖轴位置不变，故圆水准器轴与铅垂线成 2α 角，（图 2-22b）。当调节脚螺旋使气泡向零点移回偏离量的一半，则竖轴将变动 α 角而处于铅垂方向，而圆水准器轴与竖轴仍保持 α 角（图 2-22c）。此时，拨圆水准器的校正螺旋使圆水准器气泡居中，则圆水准器轴也处于铅垂方向，从而使其平行于竖轴（图 2-22d）。

当圆水准器的误差过大，即 α 角过大时，气泡的移动不能反映出 α 角的变化。当圆水准器气泡居中后，仪器上部平转 180°，若气泡移至水准器边缘，再按照使气泡向中央移动的方向旋转脚螺旋 1~2 周，若未见气泡移动，这就属于 α 角偏大的情况，此时不能按上述正常的情况用改正气泡偏离量一半的方法来进行校正。此时，首先应以每次相等的量转动脚

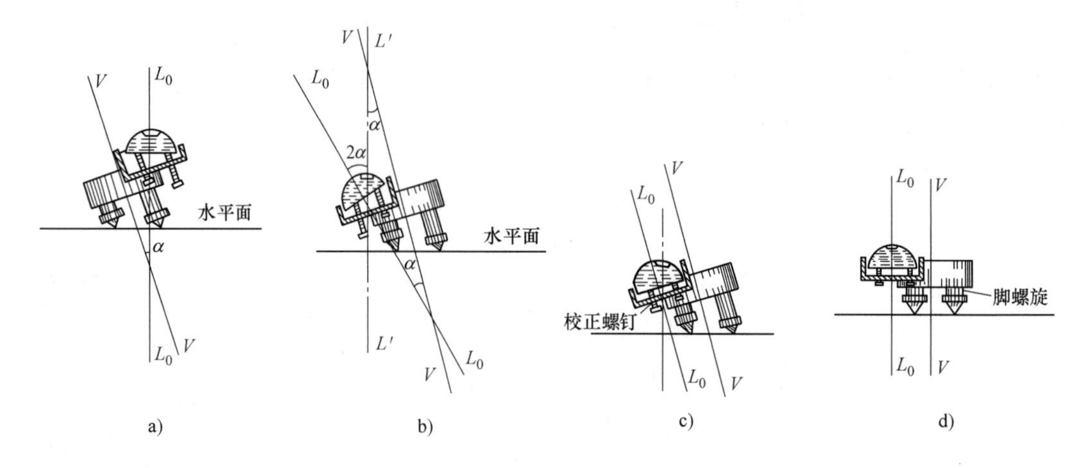

图 2-22　圆水准器轴校正

L_0-L_0—圆水准轴　L'-L'—铅垂线　V-V—竖轴

螺旋，使气泡居中，并记住转动的次数；然后将脚螺旋按相反方向转动原来次数的一半，此时可使竖轴接近铅垂位置。拨圆水准器的校正螺旋使气泡居中，则可使 α 角迅速减小，之后即可按正常的检验和校正方法进行校正。

2. 十字丝横丝的检验和校正

1）目的。使十字丝的横丝垂直于竖轴，这样，当仪器粗略整平后横丝基本水平，用横丝上任意位置所得的读数均相同。

2）检验方法：先用横丝的一端照准一固定的目标 P 或在水准尺上读一读数，然后用微动螺旋转动望远镜，用横丝的另一端观测同一目标 P 或读数。如果目标仍在横丝上或水准尺上，读数不变（图 2-23a），说明横丝已与竖轴垂直；若目标偏离了横丝或水准尺，读数有变化（图 2-23b），则说明横丝与竖轴没有垂直，应予校正。

3）校正方法。打开十字丝分划板的护罩，可见到 3 个或 4 个分划板的固定螺钉（图 2-23c）。松开这些固定螺钉，转动十字丝分划板座，反复试验使横丝的两端都能与目标重合或使横丝两端所得水准尺读数相同，则校正完成。最后，旋紧所有固定螺钉。

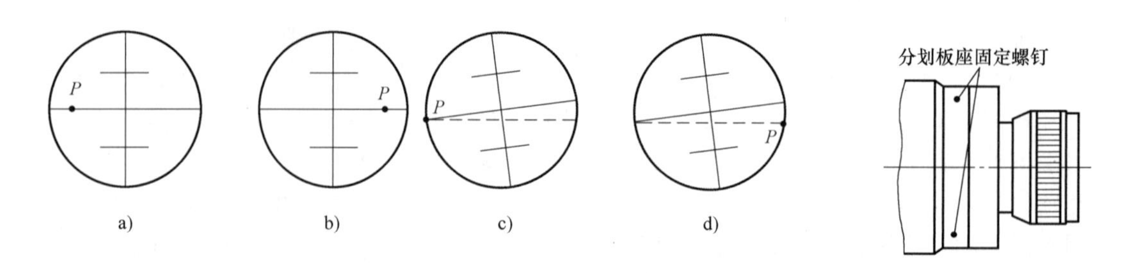

图 2-23　十字丝检验与校正

4）检校原理。若横丝垂直于竖轴，横丝的一端照准目标后，当望远镜绕竖轴旋转时，横丝在垂直于竖轴的平面内移动，所以目标始终与横丝重合。若横丝不垂直于竖轴，望远镜旋转时，横丝上各点不在同一平面内移动，因此目标与横丝的一端重合后，在其他位置的目标将偏离横丝。

3. 水准管的检验和校正

1）目的。使水准管轴平行于视准轴，当水准管气泡符合时，视准轴就处于水平位置。

2）检验方法。在平坦地面选相距 40～60m 的 A、B 两点，在两点分别打入木桩或设置尺垫。水准仪首先置于离 A、B 等距的Ⅰ点，测得 A、B 两点的高差 $h_{\text{I}}=a_1-b_1$，（图2-24a）。必要时改变仪器高再测，当所得各高差之差小于 3mm 时取其平均值。若视准轴与水准管轴不平行而构成 i 角，由于仪器至 A、B 两点的距离相等，且视准轴倾斜，在前、后视读数所产生的误差 δ 也相等，所以所得的 h_{I} 是 A、B 两点的正确高差。然后把水准仪移到 AB 延长方向上靠近 B 的Ⅱ点，再次测 A、B 两点的高差（图 2-24b），必须仍把 A 作为后视点，故得高差 $h_{\text{II}}=a_2-b_2$。如果 $h_{\text{I}}=h_{\text{II}}$，说明在测站Ⅱ所得的高差也是正确的，这也说明在测站Ⅱ观测时视准轴是水平的，故水准管轴与视准轴是平行的，即 $i=0$。如果 $h_{\text{I}}\neq h_{\text{II}}$，则说明存在 i 角的误差，由图 2-24b 可知：

$$i=\frac{\Delta}{S}\cdot\rho \tag{2-10}$$

$$\Delta=a_2-b_2-h_{\text{I}}=h_{\text{II}}-h_{\text{I}} \tag{2-11}$$

式中　Δ——仪器分别在Ⅱ、Ⅰ点所测的高差之差；

S——A、B 两点间的距离。

对于普通水准测量，要求 i 角不大于 20″，否则应进行校正。

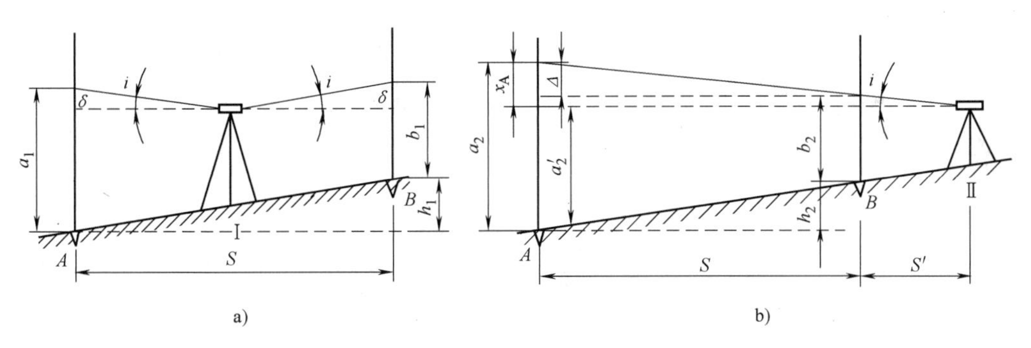

图 2-24　水准管轴平行于视准轴的检验

3）校正方法。当仪器存在 i 角时，在远点 A 的水准尺读数 α_2 将产生误差 x_{A}，由图2-24b可知：

$$x_{\text{A}}=\Delta\frac{S+S'}{S} \tag{2-12}$$

式中　S'——测站Ⅱ至 B 点的距离。

计算时应注意 Δ 的正负号，正号表示视线向上倾斜，与图 2-24 所示一致；负号表示视线向下倾斜。

为了使水准管轴和视准轴平行，用微倾螺旋使远点 A 的读数从 a_2 改变到 a'_2，$a'_2=a_2-x_{\text{A}}$。此时视准轴由倾斜位置改变到水平位置，但水准管也因随之变动而气泡不再符合。用校正针拨动水准管一端的校正螺旋使气泡符合，则水准管轴也处于水平位置，从而使水准管轴平行于视准轴。水准管的校正螺旋如图 2-25 所示，校正时先松动左、右两校正螺旋，然后拨上、下两校正螺旋使气泡符合。拨动上、下校正螺旋时，应先旋松一个，再拧紧另一个，逐渐改正，校正完毕时，所有校正螺旋都应适度旋紧。

以上检验、校正也需要重复进行，直到 i 角小于 20″为止。

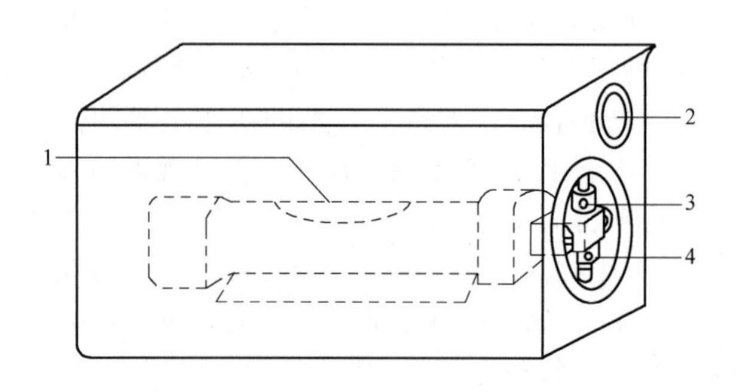

图 2-25　水准管校正螺旋

1—气泡　2—气泡观察镜　3—上校正螺钉　4—下校正螺钉

Chapter 03

角度测量

3.1 角度测量原理

3.1.1 水平角测量原理

水平角是指从地面一点出发的两方向线（即空间两条相交直线）在水平面上的投影所夹的角度。如图 3-1 所示，设有从 O 点出发的 OA、OB 两条方向线，分别过 OA、OB 的两个铅垂面与水平面 H 的交线 $O'A'$和 $O'B'$所夹的$\angle A'O'B'$，即为 OA、OB 间的水平角 β。

为了测定水平角，在 O 点水平放置一个顺时针 0°~360°刻划的度盘，且度盘的刻划中心与 O 点重合，借助盘上一个既能作水平又能作竖直面内俯仰运动的照准设备，使之照准目标，作竖直面与水平圆盘的交线，截取读数 a、b，则两投影方向 OA、OB 在度盘上的读数之差即为 OA 与 OB 间的水平角值，即 $\beta=a-b$。若求得的水平角为负值，其结果加上 360°，因为水平角的取值范围为 0°~360°，没有负值。

实际上，水平度盘并不一定要放在过 O 的水平面内，而是可以放在任意水平面内，但其刻划中心必须与过 O 的铅垂线重合。因为只有这样，才可根据两方向的读数之差求出其水平角值。

3.1.2 竖直角测量

竖直角 α 是指在同一竖直面内，某一方向线与其在同一铅垂面内的水平线所夹的角度。由于竖直角是由倾斜方向与在同一铅垂面内的水平线构成的，而倾斜方向可以向上或向下，所以竖直角有正负之分。视线向上倾斜时，称为仰角，规定为正角，用“+”号表示；而向下倾斜时，称为俯角，规定为负角，用“-”号表示。图 3-2 所示，观测视线 OA、OB 的竖直角分别为正、负，同时可以得出竖直角 α 的范围为 0°~+90°。

为了测定观测视线 OA 或 OB 的竖直角 α，可在过 OA 或 OB 的竖直面内（或平行于该面）安置一个随照准设备同轴旋转一个角度且带有刻度的度盘，度盘刻划中心与 O 点重合，瞄准目标点，则 OA 或 OB 与过 O 点的水平线在竖直度盘上的读数之差即为 OA 或 OB 的竖直角值。

设在同一铅垂面内的水平视线的竖盘读数为 M_0，称为始读数，为一预定值，一般为 0°或 180°。读数 a、b、M_0 三者在度盘上分布的位置如图 3-2 所示。

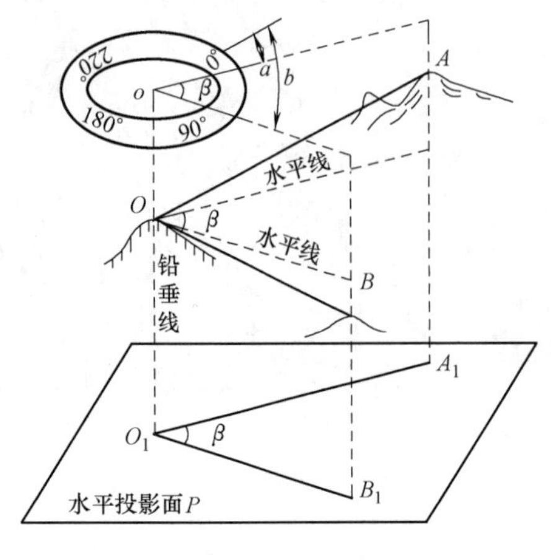

图 3-1　水平角测量原理

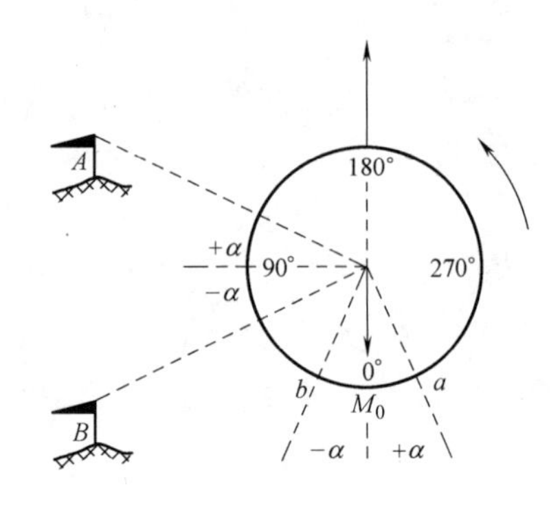

图 3-2　竖直角测量原理

在同一竖直面内，一点至目标方向与天顶方向（铅垂线方向）的夹角 Z，称为天顶距，取值为 0°~180°。它与竖直角 α 的关系如下：

$$Z=90°-\alpha \tag{3-1}$$

3.2　经纬仪构造及使用

3.2.1　经纬仪构造

经纬仪是主要用来测量角度的仪器，根据读数设备的不同，可分为光学经纬仪和电子经纬仪。

根据测角精度不同，我国的经纬仪系列分为 DJ_{07}、DJ_1、DJ_2、DJ_6、DJ_{10} 等几个等级。其中，D 和 J 分别是“大地测量”和“经纬仪”两词汉语拼音的第一个字母，脚标的数字表示该经纬仪一测回方向观测中误差不超过的秒数，且表示该仪器能达到的精度指标。

经纬仪中目前常用的是 DJ_2 和 DJ_6 级光学经纬仪。图 3-3 所示为 DJ_6 级光学经纬仪的外形。

光学经纬仪一般包括照准部、水平度盘和基座三大部分，如图 3-4 所示。

DJ_6 级光学经纬仪是一种中等精度的测角仪器，其基本构造如下：

1. 照准部

照准部是指位于水平度盘以上，能绕其旋转轴旋转部分的总称。照准部包括望远镜、竖盘装置、读数显微镜、水准管、光学对中器、照准部制动与微动螺旋、望远镜制动与微动螺旋、横轴及其支架等部分。照准部旋转所绕的几何中心线称为经纬仪的竖轴。照准部制动和微动螺旋控制照准部的水平转动。

经纬仪的望远镜与水准仪的望远镜大致相同，它与旋转轴固定在一起，安装在照准部的支架上，并能绕旋转轴旋转，旋转轴的几何中心线称为横轴。望远镜制动螺旋和微动螺旋用于控制望远镜的上下转动。

竖盘装置用于测量竖直角，其主要部件包括竖直度盘（简称竖盘）、竖盘指标、竖盘水

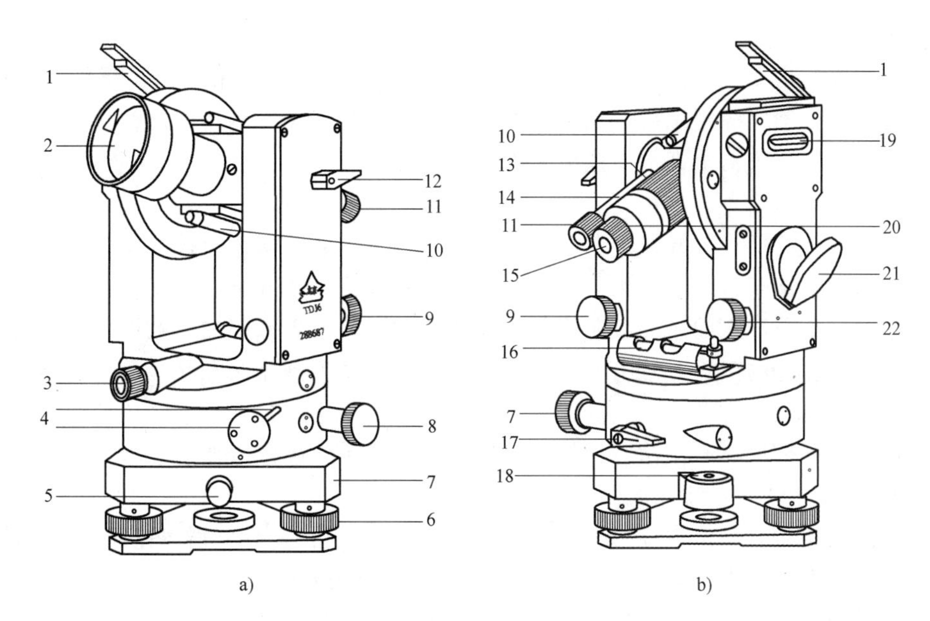

图 3-3　DJ_6 级光学经纬仪

1—竖盘指标管水准器观察反射镜　2—物镜　3—光学对中器　4—水平度盘位置变换螺旋与保护卡　5—轴套固定螺旋　6—脚螺旋　7—基座　8—水平方向微动螺旋　9—望远镜微动螺旋　10—光学瞄准器　11—度盘读数显微镜调焦螺旋　12—望远镜制动螺旋　13—物镜调焦螺旋　14—度盘读数显微镜　15—目镜　16—照准部管水准器　17—水平方向制动螺旋　18—基座圆水准器　19—竖盘指标管水准器　20—目镜调焦螺旋　21—度盘照明反光镜　22—竖盘指标管水准器微动螺旋

准管和水准管微动螺旋（有的仪器已采用竖盘补偿器替代）。

读数显微镜用于读取水平度盘和竖盘的读数。仪器外部的光线经反光镜反射进入仪器后，通过一系列透镜和棱镜，分别把水平度盘和竖盘的影像映射到读数窗内，然后通过读数显微镜可得到度盘影像的读数。

光学对中器用于使水平度盘中心（也称仪器中心）位于测站点的铅垂线上，称为对中。对中器由目镜、物镜、分划板和直角棱镜组成。当水平度盘处于水平位置时，如果对中器分划板的刻划圈中心与测点标点相重合，则说明仪器中心已位于测站点的铅垂线上。

照准部水准管用于使水平度盘处于精确水平位置，它的分划值一般为 30″/2mm。照准部旋转至任何位置时水准管气泡均居中，则说明水平度盘已处于水平状态。

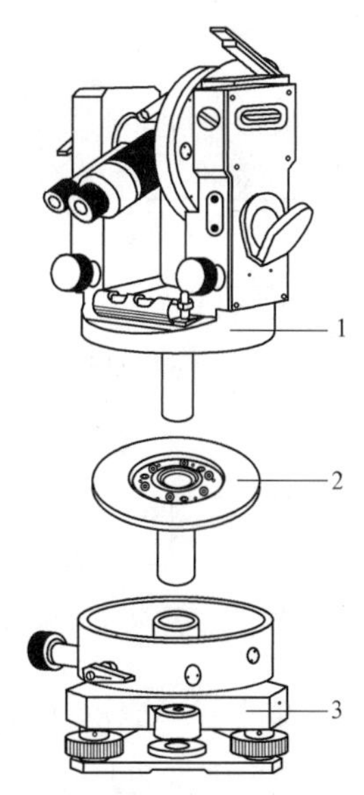

图 3-4　光学经纬仪的一般构造

1—照准部　2—水平度盘　3—基座

2. 水平度盘

水平度盘是一个刻有分划线的光学玻璃圆盘，用于量测水平角。水平度盘按顺时针方向注有数字。水平度盘与照准部是分离的，观测角度时，其位置相对固定，不随照准部一起转动。若需改变水平度盘的位置，可通过照准部上的水平度盘位置变换手轮或复测扳手将度盘变换到所需要的位置，主要用于水平度盘的配盘。

3. 基座

经纬仪基座的构成、作用与水准仪的基座基本相同，主要由轴座、脚螺旋、连接板组成。另外还有一个轴座固定螺旋，用来将照准部与基座固连在一起。因此，操作仪器时，切勿松动此螺旋，以免仪器上部与基座分离而坠落摔坏。

4. 读数设备

打开照准部上的反光镜并调整其位置，必要时调节读数显微镜目镜的调焦螺旋，使读数窗内的影像明亮、清晰，即可读数。读数时，分位和秒位必须齐全。

不同精度、不同厂家的产品其基本结构是相似的，但由于采用的读数设备不同，读数方法差异也很大。常见的读数方法有分微尺法、单平板玻璃测微器法和对径符合法。

（1）分微尺法

分微尺法也称带尺显微镜法。由于这种方法操作简单、读数方便、不含隙动差，大部分DJ6级经纬仪都采用这种测微器。

这种测微器是一个固定不动的分划尺，它有60个分划，度盘分划经过光路系统放大后，其1°的间隔与分微尺的长度相等。即相当于把1°又细分为60格，每格代表1′，从读数显微镜中看到的影像如图3-5所示。图中，H代表水平度盘，V代表竖直度盘。度盘分划注字向右增加，而分微尺注字则向左增加。分微尺的零分划线即为读数的指标线，度盘分划线则作为读取分微尺读数的指标线。从分微尺上可直接读到1′，还可以估读到0.1′。图3-5中的水平盘读数为115°16′18″。

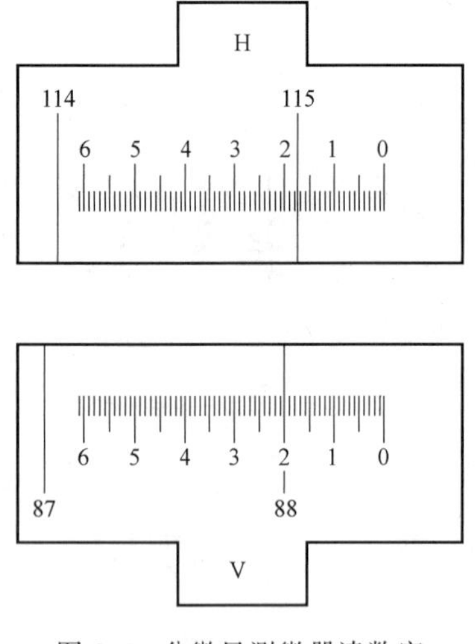

图3-5　分微尺测微器读数窗

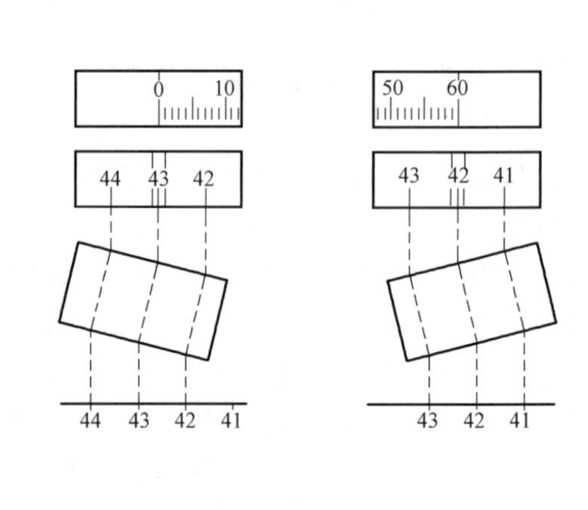

图3-6　单平板玻璃测微器结构原理

（2）单平板玻璃测微器法

这种测微方法也运用于DJ_6级经纬仪测量。

单平板玻璃测微器法的结构原理如图3-6所示。度盘影像在传递到读数显微镜的过程中，要通过一块平板玻璃，故称单平板玻璃测微器。在仪器支架的侧面有一个测微手轮，与平板玻璃及一个刻有分划的测微尺相连，转动测微手轮时，平板玻璃产生转动。由于平板玻璃的折射作用，度盘分划的影像在读数显微镜的视场内产生移动，测微分划尺也产生位移。测微尺上刻有160个分划，如果度盘影像移动一格，则测微尺刚好移动60个分划，因而通过它可读出不到1°的微小读数。

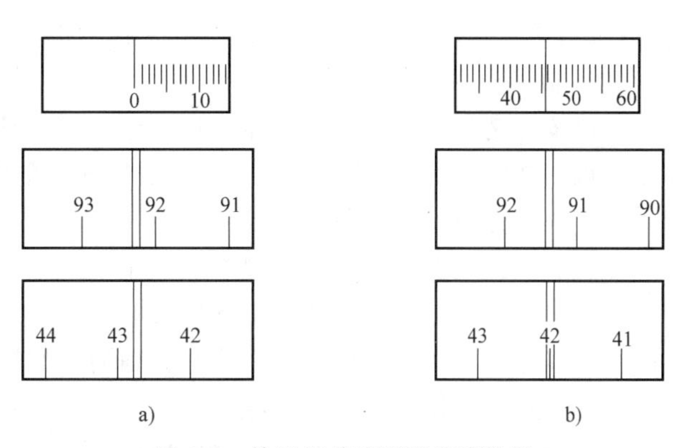

图 3-7 单平板玻璃测微器读数窗

在读数显微镜读数窗内，所看到的影像如图3-7所示。图中，下面的读数窗为水平度盘的影像，中间为竖直度盘的影像，上面则为测微尺的影像。水平及竖直度盘不足1°的微小读数，利用测微尺的影像读取。读数时需转动测微手轮，使度盘刻划线的影像移动到读数窗中间双指标线的中央，并根据这指标线读出度盘的读数。这时测微尺读数窗内中间单指标线所对的读数即为不足1°的微小读数。将两者相加即为完整的读数，如图3-7b中的水平度盘读数为42°45′6″。

3.2.2 光学经纬仪的安置和使用

经纬仪的使用，大致可以分为经纬仪安置、照准和读数三个步骤，主要包括仪器的对中、整平、照准、读数等项目。经纬仪的使用是测角技术中的一项基本功训练，也是进一步加深对测角原理、仪器构造、使用方法等方面的综合性认识，从而达到正确使用仪器，掌握操作要领，提高观测质量的目的。

1. 经纬仪的对中和整平

在测量角度以前，要先将经纬仪安置在设置有地面标志的测站上。所谓测站，即所测角度的顶点。安置工作包括对中、整平两项内容。对中是指使经纬仪中心与测站点位于同一铅垂线上；整平则是调节仪器，使水平度盘处于水平位置，竖轴铅垂。

安置仪器可按粗略对中整平和精确对中整平两步进行。对中分为光学对中器对中和垂球对中两种。因为光学对中器的精度较高，且不受风力影响，应尽量采用，其成像原理见图3-8。

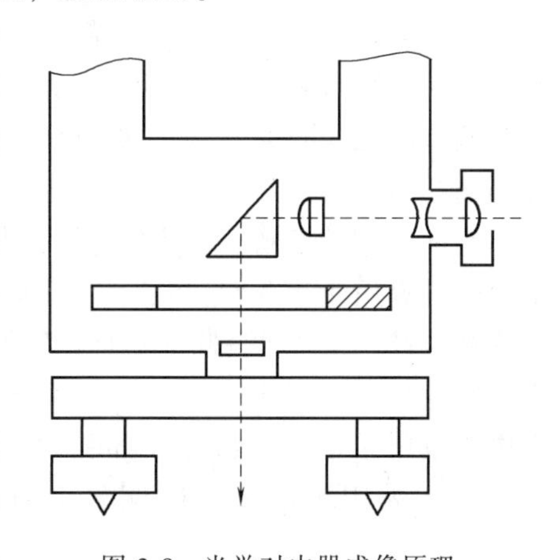
图 3-8 光学对中器成像原理

经纬仪上有两个水准器：一个是圆水准器，用来粗略整平仪器；另一个是水准管，用来精确整平仪器。

(1) 粗略对中整平

先将三脚架升到适当高度，旋紧架腿的固定螺旋，并将三个架腿分别安置在以测站为中心的等边三角形的角顶上。架头平面大致水平，且中心与地面点大致在同一铅垂线上。从仪器箱中取出仪器，调节三脚架头上的连接螺旋将仪器与三脚架固连在一起。

双手轻轻提起任意两个架腿，以第三条腿为圆心左右旋转三脚架，观察光学对中器，当光学对中器分划板的刻划中心与地面点对准，即可放下踩实。这时仪器架头可能倾斜很大，则根据圆水准气泡偏移方向，伸缩相关架腿，使气泡基本居中。伸缩架腿时，应先稍微旋松伸缩螺旋，待气泡居中后，立即旋紧。另外，伸缩架腿时不得挪动架腿在地面上的位置。

（2）精确对中整平

一般按先精平、后对中的顺序进行，也可以先对中、后精平。精平用水准管气泡居中来衡量。如图 3-9a 所示，先使它与一对脚螺旋连线的方向平行，然后运用左手定则，双手以相同速度相对方向旋转这两个脚螺旋，使管水准器的气泡居中；再将照准部平转 90°，用另外一个脚螺旋使气泡居中，见图 3-9b。这样反复进行，直至管水准器在任一方向上气泡都居中为止。待仪器精确整平后，仍要检查对中情况。因为只有在仪器整平的条件下，光学对中器的视线才居于铅垂位置，对中才是正确的；如果有偏移，则需要对中。纠正时，先旋松连接螺旋，双手扶住仪器基座，在架头平面上轻轻移动仪器，使仪器精确对中，然后旋紧连接螺旋。重复上述操作，直至水准气泡居中，对中器对中为止。

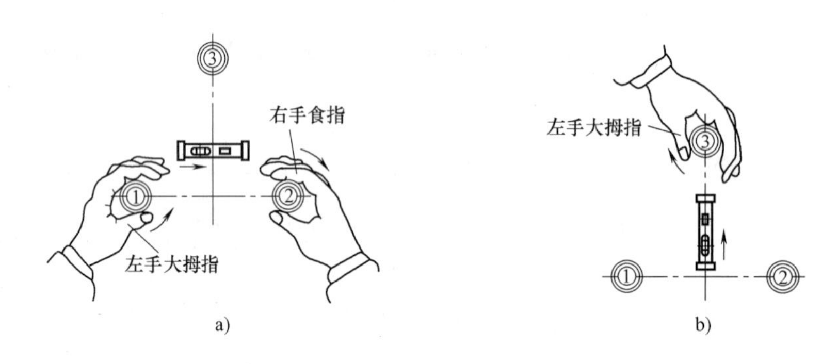

图 3-9　经纬仪精平

2. 照准目标

瞄准目标前，松开照准部制动螺旋和望远镜制动螺旋，观察望远镜十字丝是否清晰；若不清晰，可将望远镜对向明亮的背景，调整目镜调焦螺旋，使十字丝清晰。然后转动照准部，用望远镜上的瞄准器大致瞄准目标，旋紧照准部制动螺旋和望远镜制动螺旋；接着调节望远镜调焦螺旋，使成像清晰并消除视差；之后用照准部微动螺旋和望远镜微动螺旋精确照准目标。观测水平角时，应用十字丝纵丝的中间部分平分或夹准目标，并尽量瞄准目标的下部；观测竖直角时，则用十字丝交点照准目标中心或用中横丝与目标顶部相切。图 3-10 所示为用十字丝瞄准测钎和标杆成像。

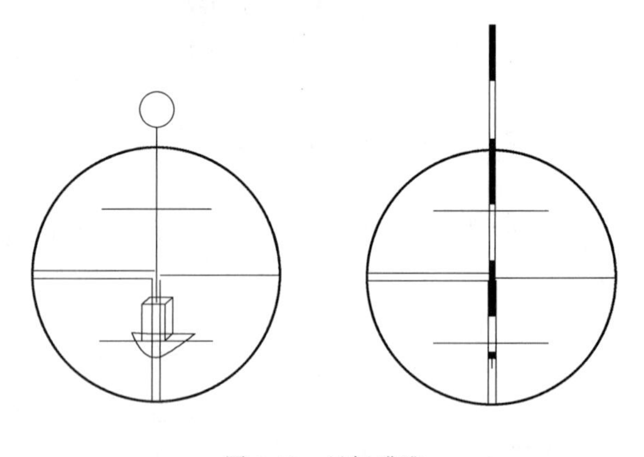

图 3-10　目标瞄准

3. 读数

张开反光镜约 45°，将镜面调向来光方向，使读数窗上照度均匀，亮度恰当。调节读数显微目镜，使视场影像清晰。读数时，首先区分度盘的测微类型，判断度盘及其分微尺、测微尺的格值；然后根据前面介绍的读数方法读数。读数前和读数中，度盘和望远镜位置均不能动，否则读数一律无效，必须返工重测。

3.3　水平角测量

水平角测量方法有测回法和方向观测法。测回法常用于测量两个方向之间的单角，是测角的基本方法。方向观测法用于在一个测站上观测两个以上方向的多角。

3.3.1　测回法

如图 3-11 所示，在角顶点 O 上安置经纬仪，对中、整平。在 A、B 两目标点设置标志（如竖立测钎或花杆）。将经纬仪竖盘放置在观测者左侧（称为盘左位置或正镜）。转动照准部，先精确瞄准左目标 A，制动仪器；调节目镜和望远镜调焦螺旋，使十字丝和目标成像清晰，消除视差；读取水平度盘读数 α_L（如 0°18′24″），记入（估读至 0.1′的可换算为秒数）手簿相应栏，见表 3-1。接着松开制动螺旋，顺时针旋转照准部，精确照准右目标 B，读取水平度盘读数 b_L(116°36″38″)，记入手簿（表 3-1）相应栏。

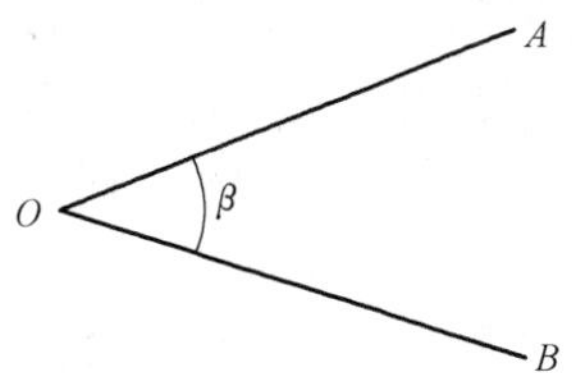

图 3-11　测回法观测水平角

以上观测称为上半测回，其盘左位置半测回角值 β_L 为

$$\beta_L = b_L - \alpha_L \quad (\beta_L = 116°18'14'') \tag{3-2}$$

松开制动螺旋，纵转望远镜，使竖盘位于观测者右侧（称为盘右位置或倒镜），先瞄准 B 点，读取水平度盘读数 b_R（如 296°36′54″）；再逆时针旋转照准部照准 A 点，读取水平度盘读数 α_R（如 18°18′36″），记入手簿。

以上观测称为下半测回，其盘右位置半测回角值 β_R 为

$$\beta_R = b_R - a_R \qquad (\beta_R = 116°18'18'')$$

上、下半测回合称一测回。

表 3-1　测回法观测水平角记录手簿

仪器型号：DJ_6　　观测日期：2015. 6. 15　　观测者：张国强
仪器编号：153210　　天　　气：多　云　　记录者：梁　强

测站点	测回序数	盘位	目标	水平度盘读数 (°　′　″)	水平角 半测回值 (°　′　″)	水平角 一测回值 (°　′　″)	水平角 平均值 (°　′　″)	备注
0	1	左	A	0 18 24	116 18 14	116 18 16	116 18 17	A　β　B　O
			B	116 36 38				
		右	A	180 18 36	116 18 18			
			B	296 36 54				
0	2	左	A	180 24 36	116 18 12	116 18 18		
			B	296 42 48				
		右	A	0 36 54	116 18 24			
			B	116 55 18				

理论上 β_L 和 β_R 应相等，由于各种误差的存在，使其相差一个 $\Delta\beta$，称为较差。当 $\Delta\beta$ 小于容许值 $\Delta\beta_{容}$ 时，观测结果合格，取盘左、盘右观测的两个半测回值的平均值作为一测回值 β，即

$$\beta=\frac{1}{2}(\beta_L+\beta_R) \qquad (\beta=116°18'16'') \tag{3-3}$$

$\Delta\beta_{容}$ 称为容许误差，对于 DJ_6 型仪器为±40″。当 $\Delta\beta$ 超过 $\Delta\beta_{容}$ 时应重新观测。当 $\Delta\beta$ 超过 $\Delta\beta_{容}$ 时应重新观测。

由于水平度盘是顺时针注记，水平角计算时，总是以右目标的读数减去左目标的读数，如遇到不够减，则将右目标的读数加上 360°，再减去左目标的读数。

当要提高测角精度时，往往对一个角度观测若干个测回。为了减弱度盘分划不均匀误差的影响，在各测回之间，应使用度盘变换手轮或复测器，按测回数 n，将水平度盘位置依次变换 $180°/n$。如某角要求观测四个测回，第一测回起始方向（左目标）的水平度盘位置应配置在略大于 0°处；第二、三、四测回起始方向的水平度盘位置应分别配置在 45°、90°、135°处。

测回法采用盘左、盘右两个位置观测水平角取平均值，可以消除仪器误差（如视准轴误差、横轴误差等）对测角的影响，提高了测角精度，同时也可作为观测中有无错误的检核。

3.3.2 方向观测法

1. 建立测站

如图 3-12 所示，观测时，选远近合适、目标清晰的方向作为起始方向（称为零方向，如 A），每半个测回都从选定的起始方向开始观测。将经纬仪安置于测站点 O，对中、整平，在 A、B、C、D 等观测目标处竖立标志。

2. 正镜观测

以盘左位置瞄准起始方向 A，并将水平度盘读数配置在略大于 0°00′00″，读取水平度盘读数 α_L（称为方向观测值，简称方向值）；松开照准部水平制动螺旋，顺时针旋转照准部依次瞄准 B、C、D 等目标，读取永平度盘读数 d_L、c_L、b_L 等；为了检查观测过程中度盘位有无变动，继续顺时针旋转照准部，二次瞄准零方向 A（称为归零），读取水平度盘读数 α_L'（称为归零方向值）。观测的方向值依次记入手簿（表 3-2）第 4 栏。两次瞄准 A 的读数差（称为归零差）不超过容许值，完成上半测回观测。

图 3-12　方向观测法观测水平角

3. 倒镜观测

纵转望远镜换为盘右位置，先瞄准零方向 A，读取水平度盘读数 α'_R；逆时针旋转照准部依次瞄准 D、C、B，读取水平度盘读数 b_R、c_R、d_R；同样最后再瞄准零方向 A，读取水平度盘读数 α_R。观测的方向值依次记入手簿（表 3-2）第 5 栏，若归零差满足要求：完成下半测回观测。

上、下半测回合称一测回。为提高精度需要观测 n 个测回时，各测回间仍然要变换瞄准零方向的水平度盘读数 $180°/n$。

4. 方向观测法的计算

现依表 3-2 说明方向观测法的计算步骤及其限差。

（1）半测回归零差

半测回归零差等于两次瞄准零方向的读数差，如 $\alpha_L - \alpha'_L$。一般 DJ_6 型仪器为+18″，DJ_2 型仪器为+12″，若超限应重新观测。本例第一测回上、下半测回归零差分别为-6″和-8″，均满足限差要求。

（2）两倍视准轴误差 $2c$ 值

c 是视准轴不垂直横轴的差值，也称照准差。通常同一台仪器观测的各等高目标的 $2c$ 值应为常数，观测不同高度目标时各测回 $2c$ 值变化范围（同测回各方向的 $2c$ 最大值与最小值之差）亦不能过大，因此 $2c$ 的大小可作为衡量观测质量的标准之一。

$$2c = 盘左读数 - (盘右读数 \pm 180°) \tag{3-4}$$

当盘右读数大于 180°时取“-”号，反之取“+”号。如第 1 测回 B 方向 $2c = 37°44'15'' - (217°44'05'' - 180°) = +10''$、第 2 测回 C 方向，$2c = 200°30'24'' - (20°30'18'' + 180°) = +6''$等，计算结果填入第 6 栏。由此可以计算各测回内各方向 $2c$ 值的变化范围，如第 1 测回 $2c$ 值的变化范围为(12″-8″)= 4″，第 2 测回 $2c$ 值变化范围为(8″-6″)= 2″。对于 DJ_2 型经纬仪，$2c$ 变化值不应超过±18″，对于 DJ_6 型经纬仪没有限差规定。

（3）各方向的平均读数

$$各方向平均读数 = 0.5[盘左读数 + (盘右读数 \pm 180°)] \tag{3-5}$$

各方向的平均读数填入第 7 栏。由于零方向上有两个平均读数，故应再取平均值，填入第 7 栏上方小括号内，如第 1 测回括号内数值（0°02′10″）= 0.5(0°02′06″+0°02′13″)。

表 3-2 方向观测法观测水平角观测记录手簿

仪器型号：DJ_6　　观测日期：2015. 6. 20　　观测者：张国强

仪器编号：153210　　天　气：多　云　　记录者：梁　强

测站号	测回序数	目标	水平度盘读数		2c (″)	平均读数 (° ′ ″)	归零后方向值 (° ′ ″)	各测回归零后方向值 (° ′ ″)	备注
			盘左 (° ′ ″)	盘右 (° ′ ″)					
1	2	3	4	5	6	7	8	9	10
0	1	A	0 02 12	180 0200	+12	(0 02 10) 0 02 06	000 00	0 00 00	
		B	37 44 15	217 44 05	+10	37 44 10	37 42 00	37 42 04	
		C	110 29 04	290 28 52	+12	110 28 58	110 26 48	110 26 52	
		D	150 14 51	330 14 43	+8	150 14 47	150 12 37	150 12 33	
		A	0 02 18	180 02 08	+10	0 02 13			
	2	A	90 03 30	270 03 22	+8	(90 03 24) 90 03 26	00 00 00		
		B	12745 34	307 45 28	+6	127 45 31	37 42 07		
		C	200 30 24	20 30 18	+6	200 30 21	110 26 57		
		D	240 15 57	60 15 49	+8	240 15 53	150 12 29		
		A	90 03 25	270 03 18	+7	90 03 22			

（4）归零后的方向值

将各方向的平均读数减去括号内的起始方向平均方向值，填入第 8 栏。同一方向各测回归零后方向值间的互差，对于 DJ_6 型经纬仪不应大于 24″，DJ_2 型经纬仪不应大于 12″。表3-2两测回互差均满足限差要求。

（5）各测回归零后方向值的平均值

将各测回归零后的方向值取平均值即得各方向归零后方向值的平均值。表 3-2 记录了两个测回的测角数据，故取两个测回归零后方向值的平均值作为各方向最后成果，填入第 9 栏。

（6）各目标间的水平角

水平角=后一方向归零后方向值的平均值-前一归零后方向值的平均值

为了查用角值方便，在表 3-2 的第 10 栏中绘出方向观测简图及点号，并注出两方向间的角度值。

3.4 竖直角测量

3.4.1 竖盘构造

经纬仪竖盘包括竖直度盘 1、竖盘指标水准管 3 和竖盘指标水准管微动螺旋 9，如图 3-13。竖直度盘固定在横轴一端，可随望远镜在竖直面内转动。竖盘读数（光学）指标和指标水准管通过水准管架 7 套装在横轴 5 上，不随望远镜转动；只有通过调节指标水准管微动螺旋，才能使竖盘指标与竖盘水准管一起作微小移动。它们密封在左支架内。在正常情况下，当指标水准管气泡居中时，指标就处于正确位置；所以每次竖盘读数前，均应先调节竖盘水准管气泡居中。

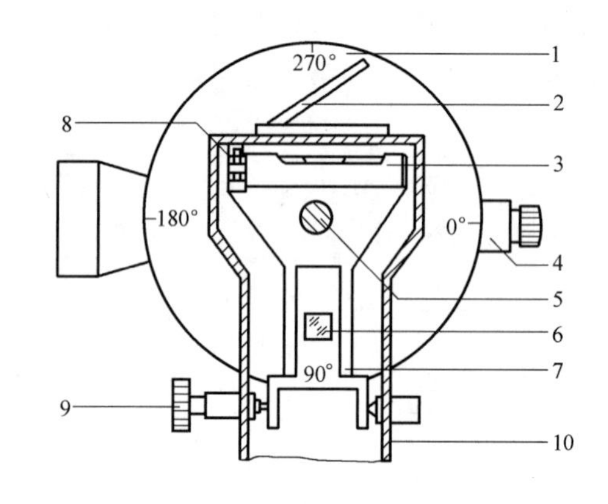

图 3-13　竖直度盘的构造

1—竖直度盘　2—指标水准管反光镜　3—指标水准管　4—望远镜　5—横轴　6—测微平板玻璃　7—指标水准管支架　8—指标水准管校正螺钉　9—指标水准管微动螺旋　10—左支架

当望远镜视线水平且指标水准管气泡居中时，竖盘读数应为零读数。当望远镜瞄准不同高度的目标时，竖盘随着转动，而读数指标不动，因而可读得不同位置的竖盘读数，来计算竖直角。

3.4.2 竖直角计算公式

竖盘注记种类繁多，从注记方向分为顺时针和逆时针两种，就 M（竖盘读数）来讲有 0°（360°）、90°、180°、270°，不同注记方式其竖直角计算公式亦不同。如图 3-14a 所示为顺时针注记，盘左零读数 $M=90°$。当望远镜物镜抬高，竖盘读数减小，当瞄准目标的竖盘

读数为 $L<90°$，则竖直角为

$$\alpha_L = 90° - L（仰角）$$

当望远镜处于盘右位置时，如图 3-14b 所示，$M = 270°$，望远镜物镜抬高，竖盘读数增大，当瞄准目标的竖盘读数为 $R(>270°0)$，则竖直角为

$$\alpha_R = R - 270°（仰角）$$

综上所述，顺时针注记 $M = 90°$的竖直角计算公式为

$$\left.\begin{aligned}\alpha_L &= 90° - L\\ \alpha_R &= R - 270°\end{aligned}\right\} \quad (3\text{-}6)$$

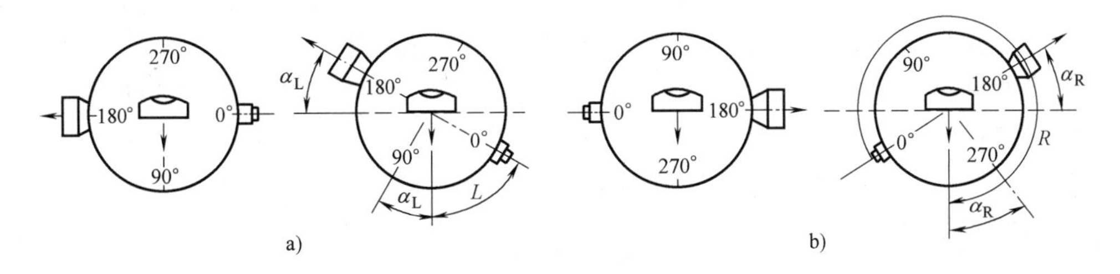

图 3-14　顺时针注记竖盘读数与竖直角计算

如图 3-15 为逆时针注记、M = 90°的竖盘，同理可得竖直角计算公式

$$\left.\begin{aligned}\alpha_L &= L - 90°\\ \alpha_R &= 270° - R\end{aligned}\right\} \quad (3\text{-}7)$$

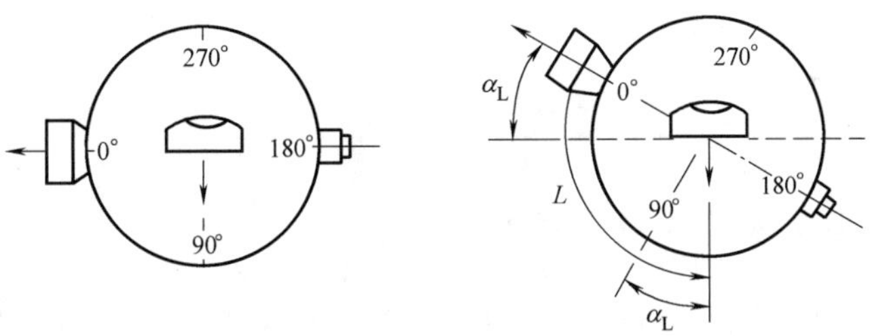

图 3-15　逆时针注记竖盘读数与竖直角计算

由此可见，竖直角计算公式并不是唯一的，它与 M 和注记方向有关。实际操作中，可仔细阅读仪器使用手册来确定公式；亦可由竖盘读数判断注记方向和 M 来确定公式。望远镜大致放平，竖盘读数接近某 90°的整倍数的数即为 M；望远镜抬高，竖盘读数增大，则竖直角等于瞄准目标读数 M；反之，竖直角等于 M（瞄准目标读数）。

3.4.3　竖直角测量和计算

竖直角测量一般采用中丝法观测，其方法如下。

1）仪器安置在测站点上，对中、整平。

2）盘左位置瞄准目标点，使十字丝中横丝精确切于目标顶端；调节竖盘指标水准管微动螺旋，使竖盘指标水准管气泡居中，读取竖盘读数为 L，记入手簿相应栏，完成上半测回观测。

3）盘右位置瞄准目标点，调节竖盘指标水准管，使气泡居中，读取竖盘读数尺记入手

簿，完成下半测回观测。

4）上、下两各半测回组成一个测回。根据竖盘注记形式，确定竖直角计公式，然后计算半测回值。若较差满足要求（如《工程测量规范》（GB 50026—2007）规定五等光电测距三角高程测量，DJ_2 型仪器观测竖直角的较差不应大于±10″），取其平均值作为一测回值。即

$$\alpha=\frac{1}{2}(\alpha_L+\alpha_R) \tag{3-8}$$

将式（3-6）、式（3-7）代入上式，可得到利用观测值计算竖直角的公式，亦可作计算检核。亦即

$$\alpha=0.5[(R-L)-180°] \text{或} \alpha=0.5[(L+180°)-R] \tag{3-9}$$

竖直角测量的记录见表3-3，计算均在表中进行。为了说明计算公式，在备注栏绘制竖盘注记略图备查。

表3-3　竖直角观测记录手簿

仪器型号：DJ_6　　观测日期：2015. 6. 25　　观测者：张国强

仪器编号：153210　　天　　气：晴　　记录者：梁　强

测站点	目标	盘位	竖直度盘读数（° ′ ″）	竖直角			备　注
				半测回值（° ′ ″）	指标差（″）	一测回值（° ′ ″）	
P	A	L	85 42 45	4 17 15	+10	4 17 26	270° 180° 0° 90°
		R	274 17 36	4 17 36			
	B	L	95 48 24	-5 48 24	+12	-5 48 12	
		R	264 12 00	-5 48 00			

3.4.4　竖盘指标差与竖盘自动归零装置

竖盘与读数指标间的固定关系，取决于指标水准管轴垂直于成像透镜组的光轴（即光学指标）。当这一条件满足时，望远镜水平且指标水准管气泡居中时，竖盘读数为零，读数 M 即90°的整倍数；否则，竖盘读数与 M 有一个小的差值，该差值称为竖盘指标差，用 x 表示。工是竖盘指标偏离正确位置引起的，它具有正负号，一般规定当读数指标偏移方向与竖盘注记方向一致时，x 取正号；反之，取负号。如图3-16所示的竖盘注记与指标偏移方向一致，竖盘指标差 x 取正号。

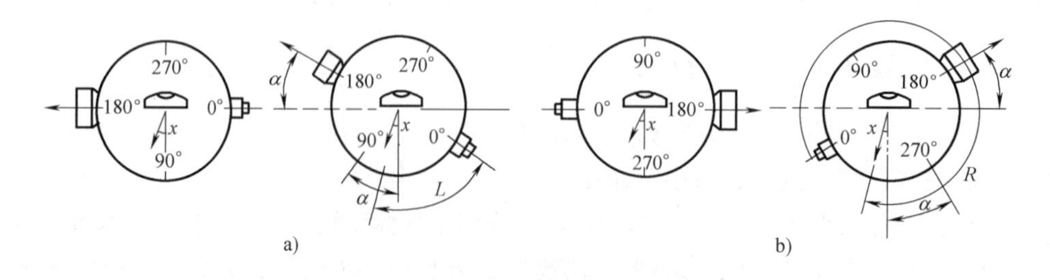

图3-16　竖盘指标差

由于 x 的存在，使得竖盘实际读数比应读数偏大或偏小。图 3-16a 盘左读数偏小 x，图 3-16b 盘左读数偏大 x，由图可知

$$\left.\begin{aligned}\alpha_L &= 90° - L + x \\ \alpha_R &= R - 270° - x\end{aligned}\right\} \tag{3-10}$$

将上式（3-10）中 α_L、α_R 取平均值即得式（3-9）。逆时针注记也有类似公式。说明采用盘左、盘右读数计算的竖直角，其角值不受竖盘指标差的影响。将上式（3-10）中 α_L、α_R 相减，即得用竖盘读数计算 x 的公式

$$x = 0.5[(L+R) - 360°] \tag{3-11}$$

x 值对同一台仪器在某一段时间内连续观测的变化应该很小，可以视为定值。由于仪器误差、观测误差及外界条件的影响，使计算出竖盘指标差发生变化。指标差变化的容许范围应符合规范规定，如《工程测量规范》（GB 50026—2007）规定五等光电测距三角高程测量，DJ_2、DJ_6 型仪器指标差变化范围分别应≤25″和 10″。若超限应对仪器进行校正。

目前的光学经纬仪多采用自动归零装置（补偿器）取代指标水准管的功能。自动归零装置为悬挂式（摆式）透镜，安装在竖盘光路的成像透镜组之后。当仪器稍有倾斜读数指标处于不正确位置时，归零装置靠重力作用使悬挂透镜的主平面倾斜，通过悬挂透镜的边缘部分折射，让竖盘成像透镜组的光轴到达读数指标的正确位置，实现读数指标自动归零或自动补偿。

3.5　经纬仪的检验与校正

经纬仪的准轴如图 3-17 所示。有视准轴（C-C）、横轴（H-H）、竖轴（V-V）、照准部水准管轴（L-L）、水准器轴（L'-L'）、光学对中器视准轴（C'-C'）等轴线，

根据角度测量原理，经纬仪要测得正确的角度，必须具备水平度盘水平、竖盘铅直，望远镜转动时视准轴的轨迹为铅垂面。观测竖直角时，读数指标应处于正确位置。为此，经纬仪主要轴线间应满足以下条件：

1）水准管轴垂直于竖轴（$LL \perp VV$）。

2）十字丝纵丝垂直于横轴。

3）望远镜视准轴垂直于横轴（$CC \perp HH$）。

4）横轴垂直于竖轴（$HH \perp VV$）。

5）竖盘读数指标处于正确位置（$x=0$）。

6）光学对中器视准轴与仪器竖轴重合（$C'C'$与 VV 共轴）。

由于仪器长期使用、运输和振动等，其轴线关系产生变化，从而产生测角误差。因此，测量规范要求，作业前应检查经纬仪主要轴线之间是否满足上述条件，必要时调节相关部件加以校正，使之满足要求。下面介绍 DJ_6 型经纬仪的检验与校正。

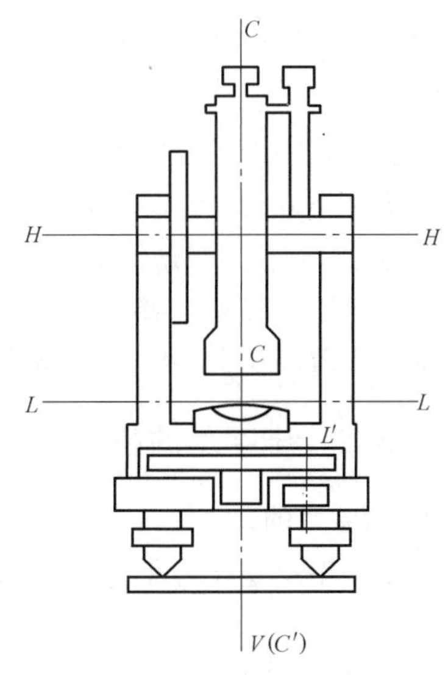

图 3-17　经纬仪的轴线

3.5.1 照准部水准管轴的检验校正

1. 检验目的

满足（$LL \perp VV$）条件。当水准管气泡居中时，竖轴铅垂，水平度盘大致水平。

2. 检验方法

基本整平仪器。转动照准部使水准管平行于任意两个脚螺旋①、②（图 3-18a），校正螺丝端朝向脚螺旋②，相向旋转这两个脚螺旋，使水准管气泡居中；然后将照准部旋转 60°，使水准管平行于①、③脚螺旋，旋转脚螺旋③，使水准管气泡居中（图 3-18b），校正螺丝端朝向脚螺旋③）。此时②、③脚螺旋等高。再转动照准部 60°，使水准管平行于脚螺旋②、③（图 3-18c，校正螺丝端朝向脚螺旋③），如气泡仍居中，表明条件满足。否则应校正。

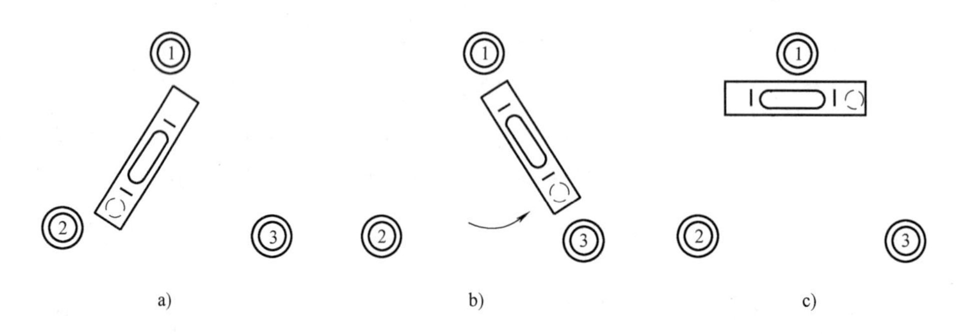

图 3-18　照准部水准管的检验

3. 校正方法

用校正针拨动水准管一端的校正螺丝，使水准管校正螺丝端升高或降低，将气泡调至居中。而后转动照准部 180°使水准管调头，仍然平行于脚螺旋②、③，但校正螺丝端朝向脚螺旋②。若气泡仍居中或偏离零点小于 1/2 格，则校正合格。否则再校正，直至满足要求为止。

检验中，当水准管平行于脚螺旋①、②气泡居中时，若条件满足，①、②等高，若不满足两脚螺旋不等高，假设②比①（公共螺旋）高 δ。当水准管平行于脚螺旋①、③气泡居中时，则③比①高 δ。根据等量影响的原则，脚螺旋②、③等高。

如果经纬仪装有圆水准器，可用已校正好的水准管将仪器严格整平，观察圆水准器气泡是否居中，若不居中，‘可直接调节圆水准器校正螺丝使气泡居中。

3.5.2 十字丝的检验校正

1. 检验目的

满足十字丝竖丝垂直于横轴的条件。仪器整平后，十字丝纵丝在竖直面内，保证精确瞄准目标。

2. 检验方法

同水准仪。不同的是用纵丝。

3. 校正方法

如图 3-19 所示为旋下十字丝护罩，用螺丝刀拧松 4 个十字座压环螺钉 2，转动目镜筒（十字丝环一起转动），使十字丝中点向纵丝移动偏离值的一半，然后拧紧压环螺钉，旋上护罩。

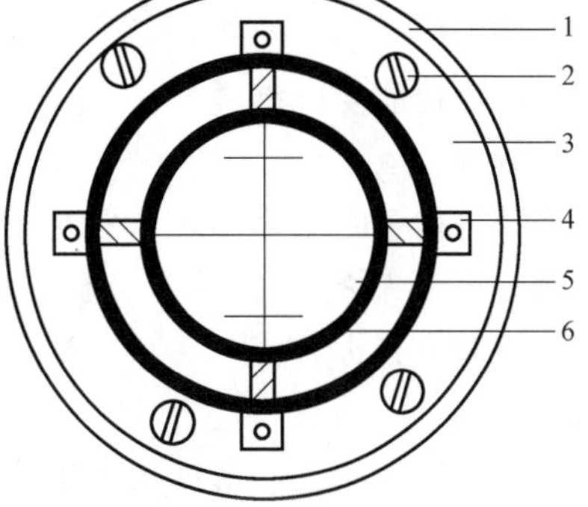

图 3-19　十字丝的校正

1—望远镜筒　2—十字丝座压环螺钉　3—压环　4—十字丝校正螺钉　5—十字丝分划板　6—十字丝环

3.5.3　视准轴的检验校正

1. 检验目的

满足 CC 垂直于 HH 条件，使望远镜旋转时视准轴的轨迹为一平面而不是圆锥面。

2. 检验方法

CC 不垂直于 HH 是由于十字丝交点的位置改变，导致视准轴与横轴的相交不为 90°，而偏差一个角度 c，称为视准轴误差。c 使得在观测同一铅垂面内不同高度的目标时，水平度盘读数不一致，产生对测量成果影响较大的测角误差。该项检验通常采用四分之一法和对称法。

（1）四分之一法

如图 3-20 所示，在平坦地段选择相距 60～100m 的 A、B 两点，在 A 点设标志，在 B 点与仪器大致等高横放一毫米分划直尺，且与 AB 垂直。在 A、B 连线的中点 O 安置经纬仪。先以盘左位置瞄准 A 点标志，固定照准部，然后纵转望远镜，在 B 点直尺上读数 B_1，如图 3-20a 所示，而不是 BB_1 对应的角值为 $2c$；再以盘右位置瞄准 A 点标志，固定照准部，纵转望远镜在 B 点直尺上读得 B_2，如图3-20b 所示。若 B_1、B_2 两点重合（即在 B 点），说明条件满足；若 B_1、B_2B_2 不重合，B_1B_2 对应的角值为 $4c$，c 角由式（3-12）计算。

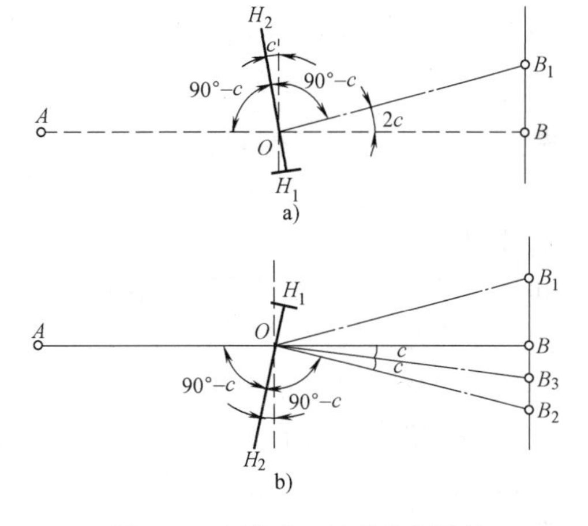

图 3-20　四分之一法检校视准轴

$$c=\frac{\overline{B_1B_2}}{4D}\rho'' \tag{3-12}$$

式中，D 为 O、B 之间的水平距离。上式中 c''以计。对于 DJ_6、DJ_2 型经纬仪，当分别 $c>20''$和 $15''$时应该进行校正。

（2）对称法

当水平度盘偏心差影响小于估读误差时，可在较小的场地内用对称法检验。检验时，将仪器严格整平，选择一与仪器等高的点状目标 P，以盘左、盘右位置观测 P，读取水平度盘读数 $P_L=P_R\pm180°$数 P_L、P_R。若 $P_L=P_R\pm180°$，条件满足；按式（3-4）计算的 c 值超过规定值，则应校正。

3. 校正方法

（1）四分之一法

如图 3-20b 所示，在直尺上由 B_2 点向 B_1 点方向量取$\overline{B_1B_2}/4$，定出 B_3 点，应有 OB_3 视

线垂直于横轴。旋下十字丝环护盖，用校正针先略松动十字丝环上、下两校正螺丝，拨动左、右两校正螺丝，如图 3-19 所示，一松一紧地移动十字丝环，使十字丝交点与 B_3 点重合即可。此项检校需要反复进行。

（2）对称法

计算盘右位置时正确读取水平度盘读数 $P'_R=0.5(P_L+P_R\pm180°)$，转动照准部微动螺旋，使水平度盘读数为 P'_R。此时十字丝交点必定偏离目标 P，拨动左、右两校正螺丝，使十字丝交点重新对准目标 P 点。每校一次后，变动度盘位置重复检验，直至视准轴误差 c 满足规定要求为止。

校正结束后应将上、下校正螺丝拧紧。

3.5.4 横轴的检验校正

1. 检验目的

满足 $HH\perp VV$ 条件，当望远镜绕横轴旋转时，视准轴的轨迹为一铅垂面而不是一个斜面。

2. 检验方法

如图 3-21 所示，在距某高目标 P 点 20~30m 处安置经纬仪，使其照准 P 点时的竖直角 $\alpha>30°$，并精密整平，在 P 点下方与经纬仪大致等高横放一毫米分划直尺。以盘左位置瞄准 P 点，固定照准部，将望远镜放平用纵丝在直尺上读数 P_1；又以盘右瞄准 P 点，同法又在直尺上读数 P_2。若 P_1、P_2 重合，表示条件满足；否则横轴垂直于竖轴条件不满足，相差一个 i 角，称为横轴误差。i 按下式计算：

$$i''=\frac{\overline{P_1P_2}}{2d\tan\alpha}\rho'' \tag{3-13}$$

对于 DJ_2、DJ_6 型经纬仪，若 i 分别>20″和 15″则需校正。

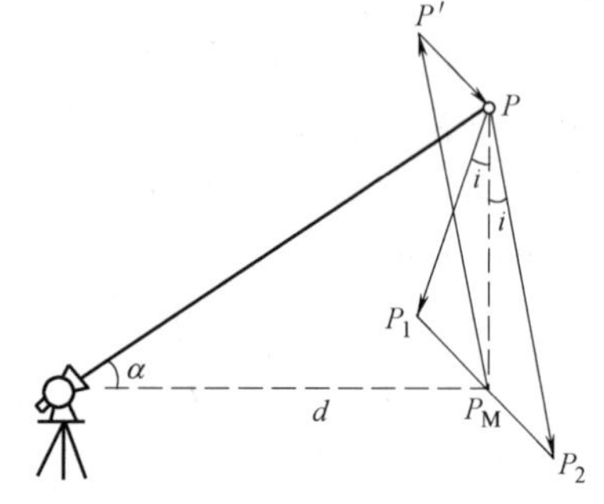

图 3-21　横轴的检验校正

3. 校正方法

由于 i 的存在，竖轴铅垂而横轴不水平。盘左、盘右瞄准 P 点放平望远镜时，视准面 PP_1、PP_2 均为倾斜面。为了使视准面是过 P 点的铅垂面；校正时，转动水平微动螺旋，用十字丝交点瞄准 P_1P_2 的中点 P_M，固定照准部。然后抬高望远镜使十字丝交点移到 P 点附近。此时，十字丝交点偏离 P 位于 P'，调整左支架内的横轴偏心轴瓦，使横轴一端升高或降低，直到十字丝交点再次对准 P 点。

3.5.5 竖盘指标差的检验校正

1. 检验目的

满足 $x=0$ 条件，当指标水准管气泡居中时，使竖盘读数指标处于正确位置。

2. 检验方法

如 3.4.4 节所述，采用盘左、盘右观测某目标，读取竖盘读数 L、R，按式（3-11）计算指标差 x。《光学经纬仪检定规程》规定，DJ_2、DJ_6 型经纬仪指标差不得超过±8″和±10″；

当 DJ_2、DJ_6 型仪器指标差变化范围分别超过 10″和 25″时，应对仪器进行校正。工程测量中，采用 DJ_6 型经纬仪中的 x 不超过±60″时无须校正。

3. 校正方法

由图 3-16 和图 3-22 可知，盘右位置消除 x 后竖盘的正确读数为

$$R' = R - x$$

校正时，仪器盘右位置照准原目标。转动竖盘指标水准管微动螺旋，使竖盘读数为正确值 R'，此时气泡不再居中。旋下指标水准管校正端堵盖，再用校正针拨动指标水准管校正螺丝，使气泡居中即可。此项检校需反复进行，直至竖盘指标差 x 为零或在限差要求以内。

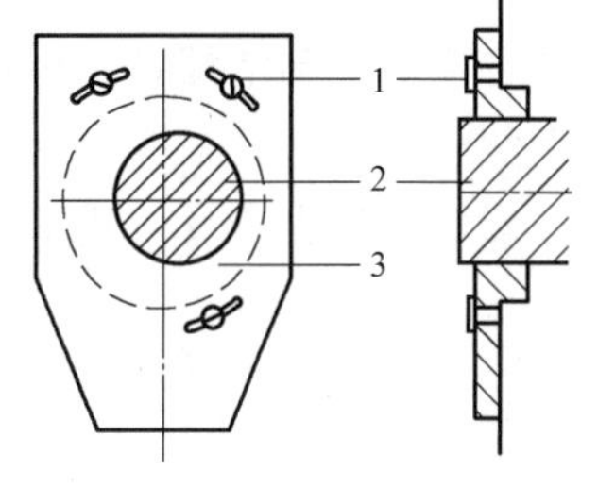

图 3-22 横轴的校正机构
1—水准管微动螺旋 2—气泡
3—圆水准泡范围

竖盘自动归零经纬仪，竖盘指标差的检验方法与上述相同。

3.5.6 光学对点器的检验校正

1. 检验目的

满足光学对点器视准轴与仪器竖轴线重合的条件。安置好仪器后，水平度盘刻划中心、仪器竖轴和测站点位于同一铅垂线上。

2. 检验方法

光学对中器由物镜、分划板和目镜等组成，为放大倍率较小的外对光望远镜，安装在照准部或基座上。当安装在照准部上的对点器检验时，先安置好仪器，整平后在仪器正下方地面上安置一块白色纸板。将对点器分划圈中心 A（或十字丝中心）投绘到纸板上，如图 3-23a所示；然后将照准部旋转 180°，如果 A 点仍在分划圈内，表示条件满足；否则原绘制的 A 点偏离，如图 3-23b 所示，此时应进行校正。

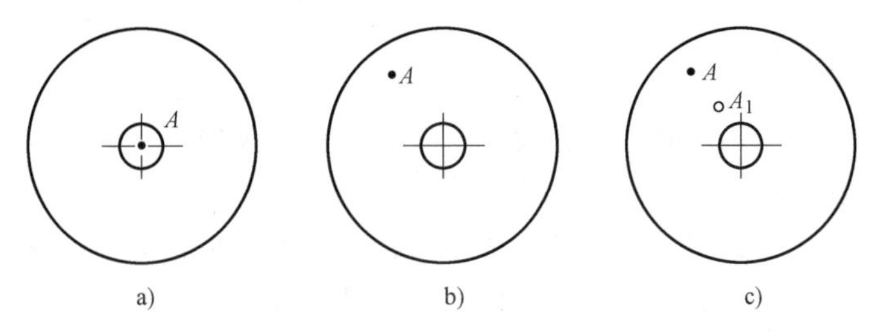

图 3-23 光学对中器的检验校正

安装在基座上的对点器检验时，将仪器整平后，把基座轮廓边用铅笔画在架头顶面，并把对点器分划圈中心（或十字丝中心）投绘在地面的纸板上，设为 A；拧松中心连接螺丝，仪器（连同基座）在基座轮廓线内转 120°，整平仪器后又投绘分划圈周中心（或十字丝中心），设为 B；同法再转 120°投绘分划圈中心 C。若 A、B、C 三点重合，则表明条件满足；否则应校正。

3. 校正方法

此项校正，有的仪器校正转像棱镜，有的是校正分划板，有的二者均可校正。

照准部上的对点器校正时，在纸板上画出分划圈中心与 A 点之间连线中点 A_1。调节光

学对点器校正螺钉，使 A 点移至 A_1 点即可。基座上的对点器校正时，调节光学对点器校正螺钉，使分划圈中心与 A、B、C 三点构成的误差三角形中心一致即可。

图 3-24a 为校正转像棱镜的示意图，松开支架间校正孔圆形护盖，调节螺钉 1 可使分划圈左右移动，调节螺钉 2 可使分划圈前后移动。图 3-24b 为校正分划板的示意图，同望远镜十字丝分划板校正一样，调节校正螺钉 3 可使分划圈移动。

该项检校也应反复进行，直至满足要求为止。

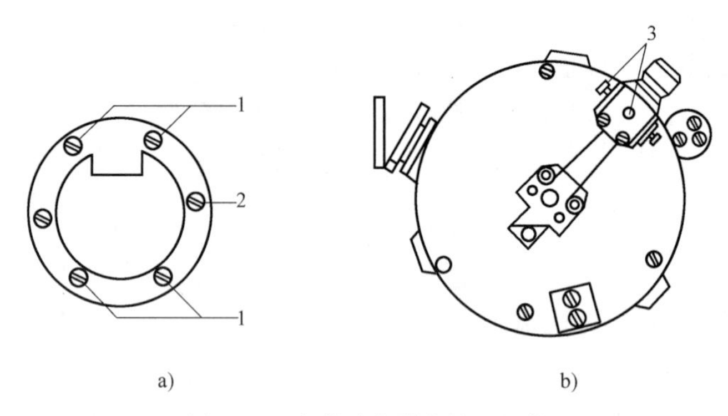

图 3-24　光学对中器的校正机构

3.6　角度测量误差分析及注意事项

在角度测量中，受各种因素的影响，使测量的结果含有误差。研究这些误差产生的原因、性质和大小，以便采取恰当的措施消除或减弱其对成果的影响；同时也有助于预估影响的大小，从而判断成果的可靠性。

影响测角误差的因素有三类：仪器误差、观测误差和外界条件的影响。

3.6.1　仪器误差

仪器虽经过检验及校正，但总会有残余的误差存在。仪器误差的影响，一般都是系统性的，可以在工作中通过一定的方法予以消除或减小。

主要的仪器误差有：水准管轴不垂直于竖轴、视准轴不垂直横轴、横轴不垂直竖轴、照准部偏心、光学对中器视准轴不与竖轴重合以及竖盘指标差等。

1. 水准管轴不垂直竖轴

这项误差影响仪器的精确整平，即竖轴不能严格铅垂，横轴也不水平。安置好仪器后，它的倾斜方向是固定不变的，不能用盘左、盘右消除。如果存在这一误差，可在整平时在一个方向上使气泡居中后，再将照准部平转 180°，这时气泡必然偏离中心；然后用脚螺钉使气泡移回偏离值的一半，则竖轴即可铅垂。这项操作要在互相垂直的两个方向上进行，直至照准部旋转至任何位置时，气泡虽不居中但偏移量不变为止。

2. 视准轴不垂直横轴

如图 3-25 所示，如果视线与横轴垂直时的照准方向为 AO，当两者不垂直而存在一个误差角 c 时，则照准点为 O_1。如要照准 O，则照准部需旋转 c' 角。这个 c' 角就是由于这项误差在一个方向上对水平度盘读数的影响。由于 c' 是 c 在水平面上的投影，由图 3-25 可知

$$c'=\frac{BB_1}{AB}\cdot\rho \tag{3-14}$$

而
$$AB=AO\cos\alpha,\quad BB_1=OO_1$$

所以
$$c'=\frac{OO_1}{AO\cos\alpha}\cdot\rho=\frac{c}{\cos\alpha}=c\cdot\sec\alpha \tag{3-15}$$

由于一个角度是由两个方向构成的，则它对角度的影响为

$$\Delta c=c_2'-c_1'=c(\sec\alpha_2-\sec\alpha_1) \tag{3-16}$$

式中　α_2，α_1——两个方向的竖直角。

由式（3-16）可知，在一个方向上的影响和误差角 c 与竖直角 α 的正割的大小成正比；对一个角度而言，则和误差角 c 与两方向竖直角正割之差的大小成正比，如两方向的竖直角相同，则影响为零。

因为在用盘左、盘右观测同一点时，其影响的大小相同而符号相反，所以在取盘左、盘右的平均值时，可自然抵消。

3. 横轴不垂直于竖轴

横轴不垂直于竖轴，则仪器整平后竖轴居于铅垂位置，横轴必发生倾斜。视线绕横轴旋转所形成的不是铅垂面，而是一个倾斜平面，如图 3-26 所示。过目标点 O 作一垂直于视线方向的铅垂面，O'点位于铅垂线上。如果存在这项误差，则仪器照准 O 点，将视线放平后，照准的不是 O'点而是 O_1 点。如果照准 O'点，则需将照准部转动角度 ε。这就是在一个方向上，由于横轴不垂直竖轴，而对水平度盘读数的影响，倾斜直线 OO_1 与铅垂线之间的夹角 i 与横轴的倾角 i 相同，由图 3-26 可知

$$\varepsilon=\frac{O'O_1}{AO'}\cdot\rho \tag{3-17}$$

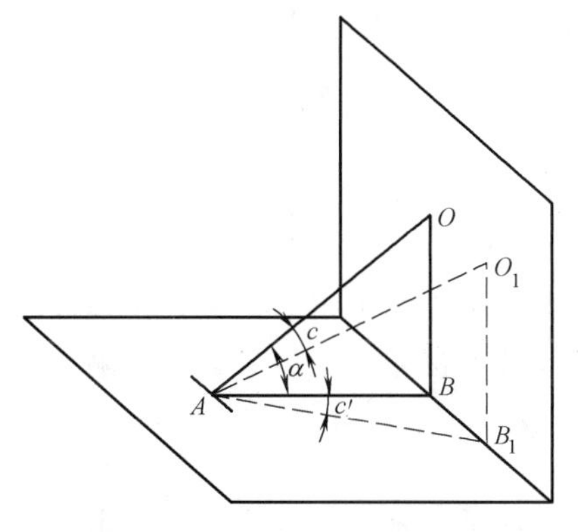

图 3-25　视准轴不垂直于横轴

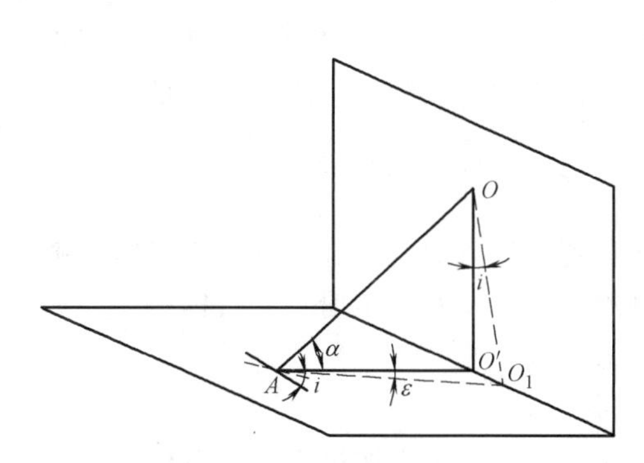

图 3-26　横轴不垂直于竖轴

因
$$O'O_1=\frac{i}{\rho}\cdot OO'$$

故
$$\varepsilon=i\cdot\frac{OO'}{AO'}=i\cdot\tan\alpha \tag{3-18}$$

式中　i——横轴的倾角；

　　α——视线的竖直角。

横轴不垂直于竖轴对角度的影响为

$$\Delta\varepsilon=\varepsilon_2-\varepsilon_1=i(\tan\alpha_2-\tan\alpha_1) \tag{3-19}$$

由式（3-16）可见，横轴不垂直于竖轴在一个方向上对水平度盘读数的影响，与横轴的倾角及目标点竖直角的正切成正比；对角度的影响，则与横轴的倾角及两个目标点的竖直角正切之差成正比。当两方向的竖直角相等时，其影响为零。

由于对同一目标观测时，盘左、盘右的影响大小相同而符号相反，所以取平均值可以得到抵消。

4. 照准部偏心

所谓照准部偏心，即照准部的旋转中心与水平盘的刻划中心不重合。

如图 3-27 所示，设度盘的刻划中心为 O，而照准部的旋转中心为 O_1。当仪器的照准方向为 A 时，其度盘的正确读数应为 α。但由于偏心的存在，实际的读数为 α_1。则 $\alpha_1-\alpha$ 即为这项误差的影响。

照准部偏心影响的大小及符号随偏心方向与照准方向的关系而变化。如果照准方向与偏心方向一致，其影响为零；两者互相垂直时，影响最大。在图 3-27 中，照准方向为 A 时，读数偏大；照准方向为 B 时，读数偏小。

当用盘左、盘右观测同一方向时，因取对径读数，二者影响值的大小相等而符号相反，取读数平均值即可抵消偏差。

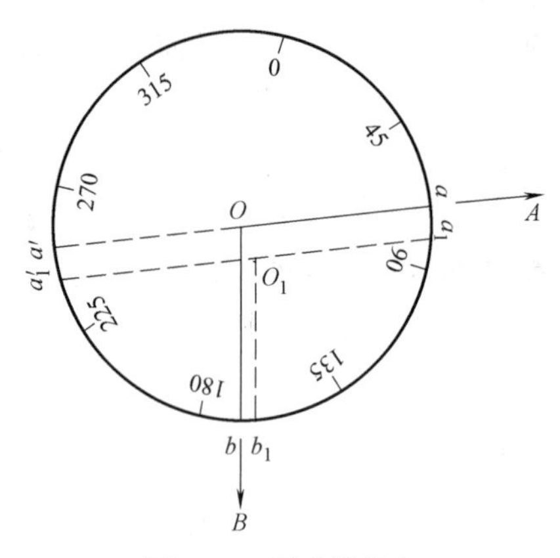

图 3-27　照准部偏心

5. 光学对中器视准轴不与竖轴重合

这项误差影响测站偏心，将在后面的章节详细介绍。如果对中器附在基座上，在观测到一半测回数时，可将基座平转 180°再进行对中，以减少其影响。

6. 竖盘指标差

这项误差影响竖直角的观测精度。如果工作前预先测出，在用半测回法测角的计算中予以考虑，或者用盘左、盘右观测取其平均值，均可抵消。

3.6.2 观测误差

造成观测误差的原因有：一是工作时不够细心；二是受人为因素的影响及仪器性能的限制。观测误差主要有测站偏心、目标偏心、照准误差及读数误差。对于竖直角观测，还有指标水准器的调平误差。

1. 测站偏心

测站偏心的大小，取决于仪器对中装置的状况及操作的仔细程度。它对测角精度的影响如图 3-28 所示。设 O 点为地面标志点，O_1 点为仪器中心，则实际测得的角为 β'而非应测得的 β，两者相差为 0，而照准部的旋转中心为

$$\Delta\beta=\beta-\beta'=\delta_1+\delta_2 \tag{3-20}$$

从图 3-28 中可以看出，观测方向与偏心方向越接近 90°，边长越短，偏心距 e 越大，则对测角的影响越大。所以在测角精度要求一定时，边长越短，则对中精度要求越高。

2. 目标偏心

测角时，通常都要在地面点上设置观测标志，如花杆、垂球等。造成目标偏心的原因，

可能是标志与地面点对得不准；或者标志没有铅垂，照准标志的上部时造成视线偏移。

与测站偏心类似，偏心距越大，边长越短，则目标偏心对测角的影响越大。所以在短边上测角时，应尽可能用垂球作为观测标志。

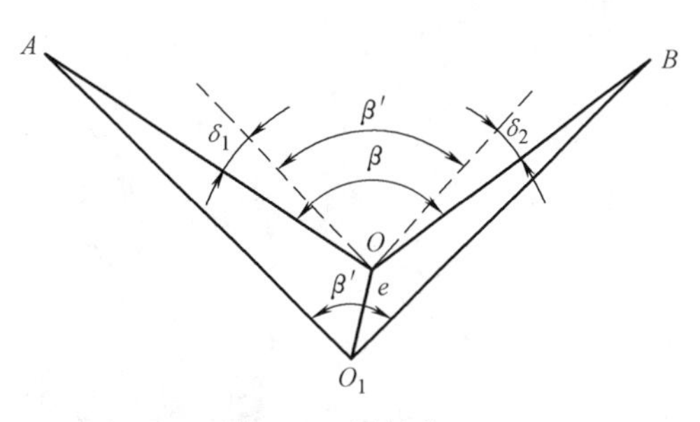

图 3-28　测站偏心

3. 照准误差

照准误差的大小，取决于人眼的分辨能力、望远镜的放大率、目标的形状及大小和操作的仔细程度。

人眼的分辨能力一般为60″，设望远镜的放大率为ν，则照准时的分辨能力为60″/ν。我国统一设计的DJ_2及DJ_6级光学经纬仪放大率为28倍，所以照准时的分辨力为2.14″。照准时应仔细操作，对于粗的目标宜用双丝照准，细的目标则用单丝照准。

4. 读数误差

对于分微尺读法，主要是估读最小分划的误差；对于对径符合读法，主要是对径符合的误差所带来的影响，所以在读数时宜特别注意。DJ_6级仪器的读数误差最大为±12″，DJ_2级仪器的为±(2″~3″)。

5. 竖盘指标水准器的整平误差

在读取竖盘读数以前，须先将指标水准器整平或者将补偿器打开。DJ_6级仪器的指标水准器分划值一般为30″，DJ_2级仪器的一般为20″。这项误差是影响竖盘读数的主要因素，所以操作时应分外注意。

3.6.3　外界条件的影响

外界条件的影响因素十分复杂，如天气的变化、植被的不同。地面土质松紧的差异、地形的起伏以及周围建筑物的状况等，都会影响测角的精度：有风会使仪器不稳；地面土松软可使仪器下沉；强烈阳光照射会使水准管变形；视线靠近反光物体，则有折光影响。这些在测角时，应注意尽量予以避免。

3.6.4　角度测量的注意事项

通过上述分析，为了提高测角精度，观测时必须注意以下几点：

1）观测前检校仪器，使仪器误差降低到最低程度。

2）安置仪器要稳定，脚架应踩实，仔细对中和整平，一测回内不得重新对中、整平。

3）标志应竖直，尽可能瞄准标志的底部。

4）观测时应严格遵守各项操作规定和限差要求，尽量采用盘左、盘右进行观测。

5）观测水平角时，应用十字丝交点对准目标底部；观测竖直角时，应用十字丝交点对准目标顶部。

6）对一个水平角进行n个测回的观测，则各测回间应按180°/n来配置水平度盘的初始位置。

7）读数应准确、果断。

8）选择有利的观测时间进行观测。

第4章

Chapter 04

距离测量与直线定向

4.1 钢尺量距

钢尺量距是用经检定合格的钢尺直接量测地面两点之间的距离，又称为距离丈量。钢尺量距方法简便，又能满足工程建设必需的精度，是工程测量中最常用的距离测量方法。按精度要求不同，钢尺量距又分为一般量距和精密量距。其基本步骤为定线、尺段丈量和成果计算。

4.1.1 量距工具

1. 钢尺

钢尺是用钢制成的带状尺，尺的宽度约 10～15mm，厚度约 0.4mm，长度有 20m、30m 和 50m 等几种。一般卷放在圆盘形的尺盒内或卷放在金属尺架上，如图 4-1 所示。钢尺主要有三种刻度分划：第一种钢尺基本分划为厘米；第二种基本分划虽为厘米，但在尺端 10cm 内为毫米分划；第三种基本分划为毫米。钢尺上每厘米、每分米及每米处都刻有数字注记，便于量距时读数。

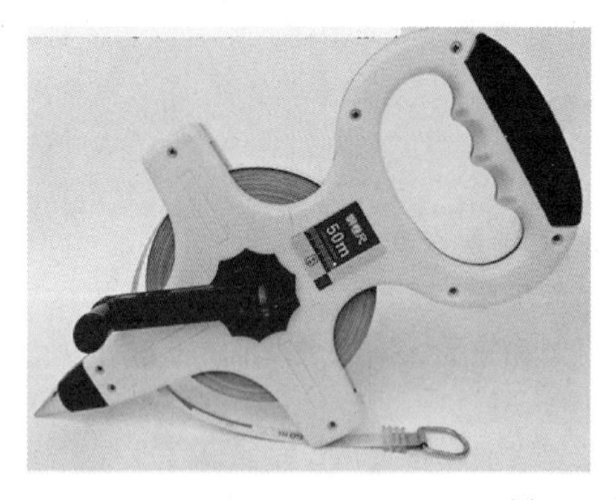

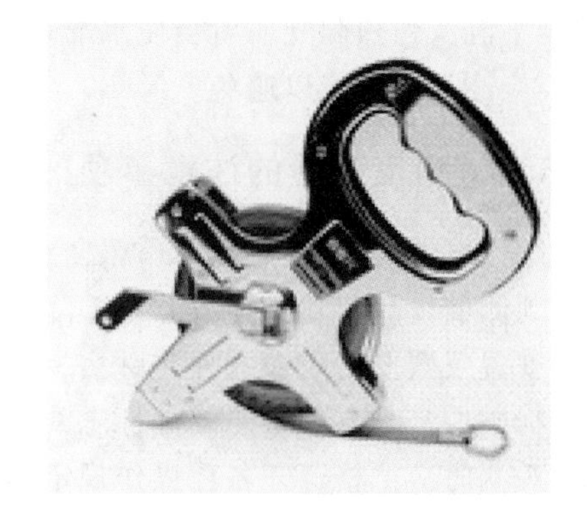

图 4-1　钢尺

按零点位置的不同，钢尺分为端点尺和刻划尺两种。端点尺是以尺的最外端作为尺的零点，如图 4-2a 所示。刻线尺是以尺前端的一条刻线作为尺的零点，如图 4-2b 所示。

2. 其他辅助工具

钢尺量距中辅助工具还有测钎、标杆和垂球等，较精密的距离丈量还需要用弹簧秤、温

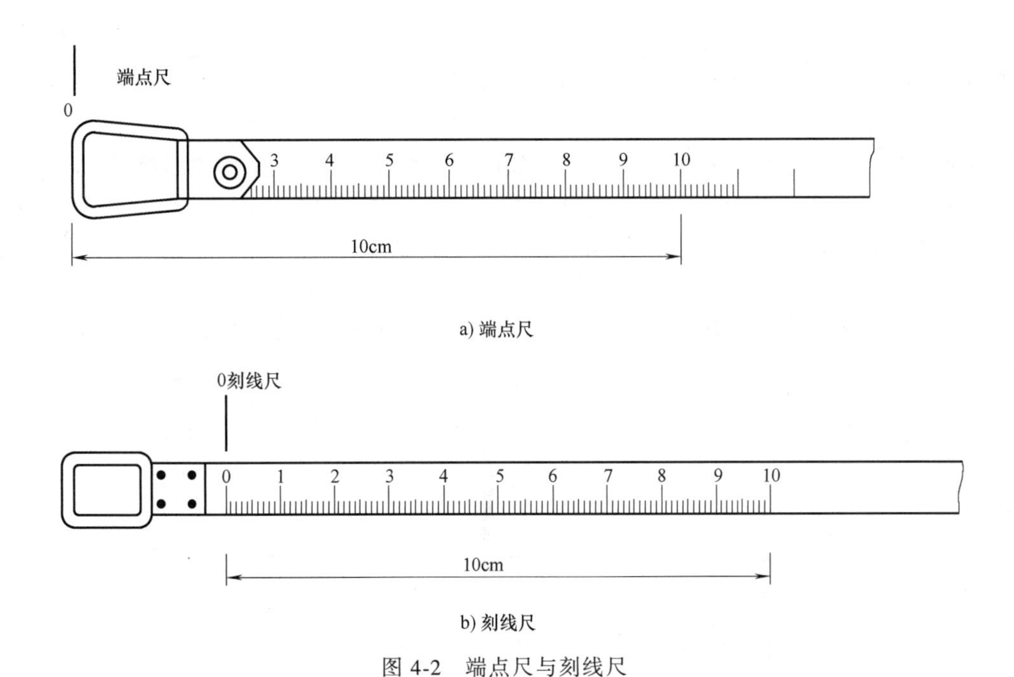

a) 端点尺

b) 刻线尺

图 4-2 端点尺与刻线尺

度计和尺夹等，如图 4-3 所示。测钎用来标志所量尺段的起点、迄点和计算已量过的整尺段数，如图 4-3a 所示。标杆长 2～3m，杆上涂以 20cm 间隔的红、白漆，以便远处清晰可见，用于直线定线，如图 4-3b 所示。垂球用于不平坦地面丈量时将钢尺的端点垂直投影到地面。弹簧秤用于对钢尺施加规定的拉力，如图 4-3c 所示。温度计用于测定钢尺量距时的温度，以便对钢尺丈量的距离施加温度改正，如图 4-3d 所示。尺夹安装在钢尺末端，以方便持尺员稳定钢尺。

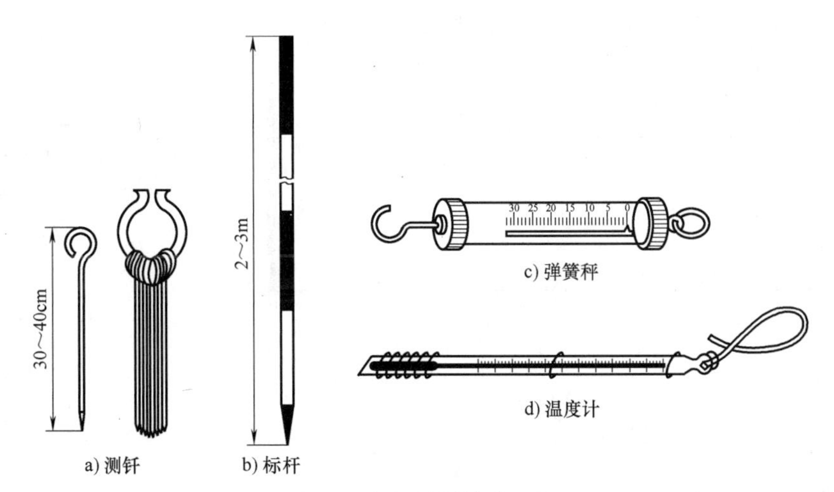

a) 测钎 b) 标杆 c) 弹簧秤 d) 温度计

图 4-3 钢尺量距辅助工具

4.1.2 直线定线

如果用钢尺进行量距的两点间距离较远或地面起伏较大，就需要在直线方向上标定若干个分段点，以便分段丈量。这种将多个分段点标定在待量直线上的工作称为直线定线。根据定线的精度不同，可分为目估定线和经纬仪定线两种方法。

1. 目估定线

目估定线适用于钢尺量距的一般方法。如图 4-4 所示，设 *A*、*B* 为待测距离的两个端点，且互相通视。要在 *A*、*B* 直线上定出 1、2 等分段点，应先在 *A*、*B* 两点上竖立标杆，观测员甲站在点 *A* 标杆后约 1m 处，自点 *A* 标杆的同一侧目测瞄准点 *B* 标杆，指挥乙左右移动标杆，直至点 1 标位于 *AB* 直线上为止。同法可定出直线上其他点。两点间定线一般应由远到近，即先定点 1 再定点 2。定线时标杆应竖直，为了不遮挡观测员甲的视线，乙应持标杆站立在直线方向的左侧或右侧。

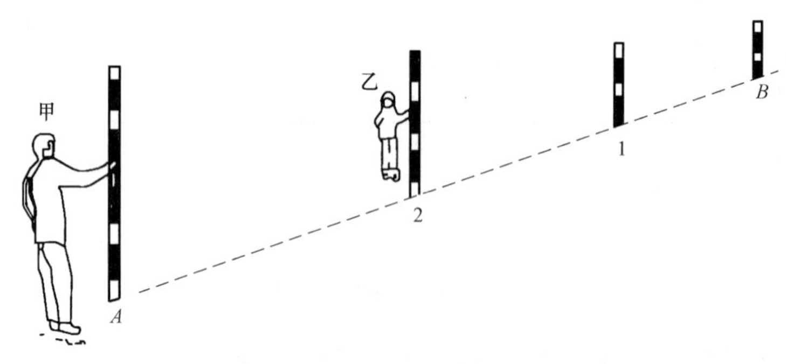

图 4-4　目估定线

2. 经纬仪定线

经纬仪定线是适用于钢尺量距的精密方法。如图 4-5 所示，设待测距离的两个端点 *A*、*B* 互相视，经纬仪定线时，先清除沿线障碍物，将经纬仪安置在直线端点 *A*，对中、整平后，用望远镜丝瞄准直线另一端点 *B*，制动照准部，上下转动望远镜，指挥在两点间的持杆作业员左右移动杆，直至标杆像被纵丝所平分。

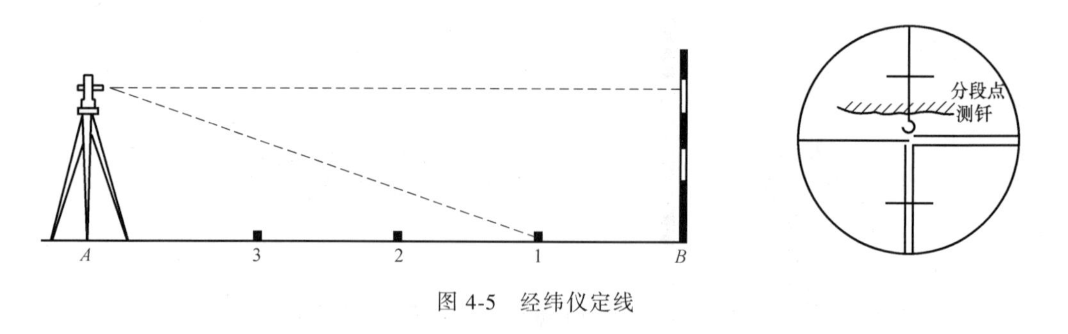

图 4-5　经纬仪定线

4.1.3　一般方法量距

1. 平坦地面的距离丈量

如图 4-6 所示，若丈量两点间的水平距离 D_{AB}，在直线两端点 *A*、*B* 竖立标杆，后尺手持钢尺零端位于起点 *A*，前尺手持钢尺末端、测钎和标杆沿 *AB* 直线方向前进，至一整尺段时，竖立标杆；由后尺手指挥定线，令标杆插在 *AB* 直线上；将钢尺拉在标杆所定 *AB* 直线上，后尺手将钢尺的零点对准点 *A*，两人拉紧钢尺，并尽量保持尺面水平，前尺手在钢尺末端的整尺段长刻划线处竖直插下一根测钎，得到点 1，这样就完成了第一尺段的丈量。前、后尺手抬起钢尺前进，当后尺手到达标记测钎处停下，重复上述操作，测量完第二尺段。后尺手拔起此处的测钎，继续按照同法丈量直至终点。

图 4-6 平坦地面的距离丈量

每量完一尺段，后尺手拔起后面的测钎再走。最后不足一整尺段的长度称为余尺段或余长。丈量余长时，后尺手将零端对准最后一只测钎，前尺手以点 B 标志处读取余长 q，读至毫米。此时后尺手手中所收测钎数 n，即为 AB 距离的整尺数，则 A、B 两点间的水平距离 D_{AB}按下式计算：

$$D_{AB}=nl+q \tag{4-1}$$

式中 n——整尺段数（即收回测钎数）；

l——整尺段长；

q——不足一整尺的余长。

为了提高量距精度，一般采用往、返测量。上述为往测，返测时由点 B 量至点 A，并要重新定线。往返丈量长度之差称为较差，用 ΔD 表示，即

$$\Delta D=D_{AB}-D_{BA} \tag{4-2}$$

较差 ΔD 的绝对值与往返丈量平均长度 $\overline{D}_{AB}$之比，称为相对误差，用 K 表示，作为衡量距离丈量的精度指标。K 通常以分子为 1、分母为整数的分数形式表示，即

$$K=\frac{|D_{AB}-D_{BA}|}{\overline{D}_{AB}}=\frac{|\Delta D|}{\overline{D}_{AB}}=\frac{1}{\dfrac{\overline{D}_{AB}}{|\Delta D|}}=\frac{1}{M} \tag{4-3}$$

式中 $\overline{D}_{AB}$——往返丈量的平均距离。

2. 倾斜地面的距离丈量

在倾斜地面上量距，视地形情况可采用平量法或斜量法。

（1）平量法

当地势起伏不大时，可将钢尺拉平丈量。如图 4-7a 所示，丈量由点 A 向点 B 进行。后尺手将钢尺零端点对准点 A 标志中心，指挥前尺手将尺沿 AB 方向线拉直。前尺手将钢尺抬高，并且目估使钢尺水平，然后用垂球尖将尺段的末端投影到地面上，插上测钎。前、后尺手抬起钢尺前进，继续量第二段，后尺手用钢尺零端对准第一根测钎根部，前尺手同法插上第二个测钎，依此类推直到点 B。若地面倾斜坡度较大，将钢尺抬至水平有困难时，可缩短平量时的尺段长度，如图 4-7b 所示。

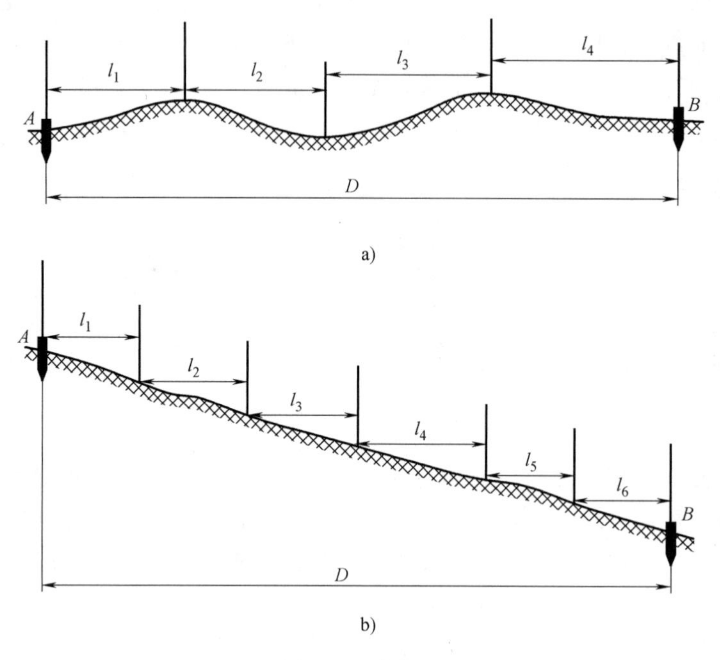

图 4-7 平量法

平量法测量直线距离可按下式计算：

$$L = l_1 + l_2 + \cdots + l_i \tag{4-4}$$

式中 l_i——可以是整尺长，当地面坡度较大时，也可以是不足一整尺的长度。

（2）斜量法

当倾斜地面的坡度较均匀时，如图 4-8 所示，可以沿着斜坡丈量出 AB 的斜距 L，测出地面倾斜角（或 A、B 两点的高差 h），然后按下式计算 AB 的水平距离 D：

$$D = L\cos\alpha = \sqrt{L^2 - h^2} \tag{4-5}$$

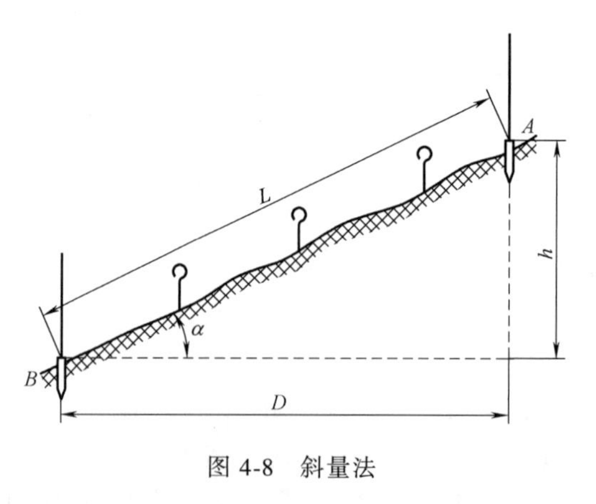

图 4-8 斜量法

4.1.4 精确方法量距

钢尺量距的一般方法，其相对误差只能达到 1/1000～1/5000。当精度要求达到 1/10000

以上时，就应采用精密量距的方法。精密方法量距使用的主要工具有钢尺、弹簧秤、温度计和尺夹等，与一般方法量距基本步骤相同，不过精密方法量距在丈量时采用较为精密的方法，并对量距结果进行相应的计算改正才能保证距离测量的精度。

1. 钢尺检定与尺长方程式

钢尺因制造误差、使用中的变形、丈量时温度变化和拉力等的影响，其实际长度与尺上标注的长度（即名义长度，用 l_0 表示）会不一致。因此，在精密丈量距离之前必须对所用钢尺送专门的计量单位进行检定。求出在标准温度和标准拉力下的实际长度，建立被检钢尺在施加标准拉力和温度下尺长随温度变化的函数式，这一函数式称为尺长方程式，以便对丈量结果加以相应改正。钢尺检定时，在恒温室内（标准温度为20℃），将被检尺施加标准拉力（100N）固定在检验台上，用标准尺量测被检定钢尺，或者对被检定钢尺施加标准拉力去量测一标准距离，得到被检定钢尺在标准温度、标准拉力下的实际长度。尺长方程式的一般形式为：

$$l_t = l_0 + \Delta l + \alpha(t - t_0)l_0 \tag{4-6}$$

式中 l_t——钢尺在温度 t 时的实际长度，单位为 m；

l_0——钢尺的名义长度，单位为 m；

Δl——检定时在标准拉力和温度下的尺长改正数，单位为 m；

α——钢尺的膨胀系数，普通钢尺为 1.25×10^{-5}m/(m·℃)，为温度每变化1℃钢尺单位长度的伸缩量；

t——量距时的温度，单位为℃；

t_0——钢尺检定时的温度，单位为℃。

2. 钢尺量距的精密方法

（1）定线

先清除在丈量距离直线方向内的障碍物和杂草，然后按照所量距离两端点的固定桩用经纬仪定线，如图4-9所示。沿定线方向用钢尺进行概量，每隔一整尺段打一木桩，桩间距离（尺段长）应略短于所用钢尺长度，并在每个木桩桩顶按视线划出所量距离方向的短线，另绘一正交的短线，其交点即为钢尺读数的标志。

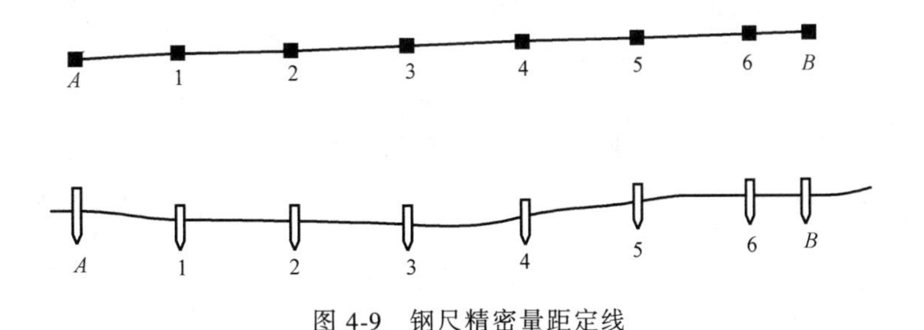

图 4-9 钢尺精密量距定线

（2）测量桩顶间高差

经过经纬仪定线钉下尺段桩后，用水准仪采用视线高法测定各尺段桩顶间高差，以便计算尺段倾斜改正。高差宜在量距前后往、返观测一次，以便检核。两次高差之差，不超过10mm，取其平均值作为观测的成果，记入记录手簿，见表4-1。

表 4-1　钢尺精密量距记录计算表

钢尺号码：NO. 16　　钢尺膨胀系数：1.25×10^{-5}m/（m · ℃）　　钢尺检定时温度 t_0：20℃　　计算者：

钢尺名义长度 l_0：30m　　钢尺检定长度 l'：30.0025m　　钢尺检定时拉力：100N　　日期：

尺段编号	实测次数	前尺读数/m	后尺读数/m	尺段长度/m	温度/℃	高差/m	温度改正数/mm	尺长改正数/mm	倾斜改正数/mm	改正后尺段长/m
A1	1	29. 9360	0. 0700	29. 8660	25. 8	−0. 152	+2. 2	+2. 5	−0. 4	29. 8695
	2	29. 9400	0. 0755	29. 8645						
	3	29. 9500	0. 0850	29. 8650						
	平均			29. 8652						
12	1	29. 9230	0. 0175	29. 9055	27. 6	−0. 174	+2. 8	+2. 5	−0. 5	29. 9105
	2	29. 9300	0. 0250	29. 9050						
	3	29. 9380	0. 315	29. 9065						
	平均			29. 9057						
5B	1	18. 9750	0. 0750	18. 9000	27. 5	−0. 065	+1. 8	+1. 6	−0. 1	18. 9028
	2	18. 9540	00545	18. 8995						
	3	18. 9800	0. 0810	18. 8990						
	平均			18. 8995						
总和										168. 2838

（3）量距

用检定过的钢尺丈量相邻木桩之间的距离。丈量一般由 5 人进行，2 人拉尺，2 人读数，1 人指挥、记录兼测温度。丈量时后尺手持尺零端，将弹簧秤挂在尺环上，与一读数员位于后点；前尺手与另一读数员位于前点，记录员位于中间。两拉尺员令钢尺首尾两端紧贴桩顶，张紧钢尺并摆顺直，同贴方向线的一侧，待弹簧秤上指针指到该尺检定时的标准拉力时，两端的读数员同时读数，估读至 0. 5mm，报告记录员记入手簿。每段距离要移动钢尺位置丈量三次，移动量一般在 1~2cm，3 次测量结果的最大值与最小值之差不超过 3mm，取 3 次结果的平均值作为该尺段的丈量结果；否则应重新丈量。每丈量一个尺段的同时记录员读记一次温度，估读至 0. 1℃，以便计算温度改正数。由直线起点依次逐段丈量至终点为往测，往测完毕后应立即调转尺头，人不换位进行返测。往返各一次取平均值为一个测回。

（4）成果整理

钢尺精密量距完成后，应对每一尺段长进行尺长改正、温度改正和倾斜改正，求出改正后尺段的水平距离。计算时取位至 0. 1mm。成果计算在表 4-1 中进行，各项改正数的计算方法如下。

① 尺长改正。钢尺在标准拉力 P_0 和标准温度 t_0 时的实际长度 l_{t_0}，与其名义长度 l_0 之差 Δl，称为整尺段的尺长改正数，即 $\Delta l=l_{t_0}-l_0$，为尺长方程式（4-6）中的第二项。

任意尺段长 l 的尺长改正数 Δl_d 为：

$$\Delta l_d = \frac{\Delta l}{l_0} l \tag{4-7}$$

② 温度改正。钢尺受温度变化影响会伸缩。钢尺在丈量时的温度 t 与检定时标准温度 t_0 不同引起的尺长变化值，称为温度改正数，用 Δl_t 表示。为尺长方程式的第三项。任意尺段长 l 的温度改正数，用 Δl_t 表示。为尺长方程式（4-6）中的第三项。任意尺段长 l 的温度改正数 Δl_t 为

$$\Delta l_t = \alpha(t - t_0) l \tag{4-8}$$

③ 倾斜改正。尺段丈量时，所测量的是相邻两桩顶间的斜距，由斜距换算为平距所施加的改正数，称为倾斜改正数或高差改正数，用 Δl_h 表示。任意尺段长 l 的倾斜改正数 Δl_h 为

$$\Delta l_h = -\frac{h^2}{2l} \tag{4-9}$$

倾斜改正数永远为负值。如表4-1中 $A1$ 尺段，$h_{A1} = -0.152\text{m}$，$l_{A1} = 29.8652\text{m}$，则 $A1$ 尺段的倾斜改正数 $\Delta l_{h_{A1}}$ 为

$$\Delta l_{h_{A1}} = -\frac{(-0.152\text{m})^2}{2\times 29.8652\text{m}} = -0.0004\text{m}$$

④ 计算全长。将改正后的各个尺段长和余长加起来，便得到距离的全长。如果往、返测相对误差在限差以内，则取平均距离为观测结果。如果相对误差超限，则应重测。

4.1.5　钢尺量距的误差

影响钢尺量距精度的因素很多，主要的误差来源有以下几种。

1. 定线误差

量距时钢尺没有准确地放在所量距离的直线方向上，所量距离是一组折线而不是直线，造成丈量结果偏大，这种误差称为定线误差。设定线误差为 ε，则一尺段的量距误差为

$$\varepsilon = 2\left[\sqrt{\left(\frac{l}{2}\right)^2 - \varepsilon^2} - \frac{l}{2}\right] = -\frac{2\varepsilon^2}{l} \tag{4-10}$$

当 $\frac{\varepsilon}{l} \leqslant \frac{1}{30000}$，$l = 30\text{m}$ 时，$\varepsilon \leqslant 0.12\text{m}$，所以用目估定线即可达到此精度。

2. 尺长误差

如果钢尺的名义长度和实际长度不符，其差值称为尺长误差。尺长误差具有系统累积性，对量距的影响随着距离的增加而增加。在高精度量距时应加尺长改正，并要求钢尺尺长检定误差小于1mm。

3. 温度测定误差

钢尺的长度随温度而变化，当丈量时的温度与钢尺检定时的标准温度不一致时，将产生温度误差。按照钢尺温度改正公式 $\Delta l_t = \alpha(t - t_0) l$，当温度变化8℃时，将会产生1/10000尺长的误差。由于用温度计测量温度时，测定的是空气环境温度，而不是钢尺本身的温度，在夏季阳光暴晒下，此两者温差可大于5℃。因此，量距宜在阴天进行，最好用半导体温度计测量钢尺的自身温度。

4. 拉力误差

量距时，应在钢尺两端施加标准拉力。丈量施加的拉力与检定时不一致引起的量距误

差，称为拉力误差。钢尺材料具有弹性，受拉会伸长。当加大拉力时，依据胡克定律其钢尺伸长误差为

$$\Delta\lambda_P = \frac{\Delta Pl}{EA} \tag{4-11}$$

式中　ΔP——超过标准拉力的拉力误差；

E——钢尺材料弹性模量，普通钢尺 $E=2\times10^6$MPa；

A——钢尺截面面积，约为 0.04cm^2。

当 $\Delta P=30$N、尺长 $l=30$m 时，钢尺量距误差 $\Delta\lambda_P=1$mm。所以精密量距时应使用弹簧秤控制拉力。这样误差不会超过 10N，可忽略其影响。

5. 钢尺倾斜和垂曲误差

钢尺量距时若钢尺不水平，或测量距离时两端高差测定有误差，会使所量距离偏大。高差的大小其测定误差对测距误差有影响。对于 30m 钢尺，当 $h=1$m，高差测定误差 $m_A=\pm5$mm时，产生测距误差为±0.17mm。所以在精密量距时，用普通水准仪测定两端点间高差。

在普通测量时，用目估持平钢尺，经统计会产生 50′倾斜（相当于 0.44m 高差误差），对量距约产生 3mm 误差。钢尺悬空丈量时，中间下垂，称为垂曲。因此丈量时必须注意钢尺水平，整尺段悬空时，中间应有人托住钢尺，否则会产生不容忽视的垂曲误差。

6. 丈量误差

量距时，由于钢尺对点误差、测钎安置误差和读数误差等都会引起丈量误差，这种误差对丈量结果的影响可正可负，大小不定。所以，在丈量中要仔细认真，并采用多次丈量取平均值的方法，以提高量距精度。此外，钢尺基本分划为 1mm，一般读数也到毫米，若不仔细会产生较大误差，故测量时要认真仔细。

4.2　视距测量

视距测量是利用测量仪器望远镜中的视距丝并配合视距尺，根据几何光学及三角学原理，同时测定两点间的水平距离和高差的一种方法。这种方法操作简便、迅速，受地形条件限制小，但测距精度较低，一般为 1/300～1/200，故在低精度测量工作中得到广泛应用，较常用于地形测图的碎部测量中。

在经纬仪望远镜的十字丝分划板上，刻有与横丝平行并且等距离的两根短丝，称为视距丝。利用视距丝、视距尺（也可用水准尺）和竖直度盘可以进行视距测量。

4.2.1　视距测量原理

1. 视线水平时的视距计算公式

欲测定 A、B 两点间的水平距离，如图 4-10 所示，在点 A 安置经纬仪，在点 B 竖立视距尺，设望远镜视线水平，瞄准点 B 的视距尺，此时视线与视距尺垂直。在图 4-10 中，$p=\overline{nm}$ 为望远镜上、下视距丝的间距，由于上、下视距丝的间距 p 固定，因此从这两根视距丝引出的视线在竖直面内的夹角 φ 也是固定的。经对光后，通过上、下视距丝 n、m 就可读得尺上 N、M 两点处的读数，两读数的差值 l 称为视距间隔或视距。如图 4-10 所示的视距间隙 l=下丝读数-上丝读数=1.186m-0.989m=0.197m（图示为倒像望远镜的视场，应从上往下读

数）。F 为望远镜物镜的前焦点，f 为望远镜物镜的焦距，δ 为物镜中心到仪器中心的距离。

由相似三角形$\triangle n'm'F$ 和$\triangle NMF$ 可得

$$d=\frac{f}{p}l \tag{4-12}$$

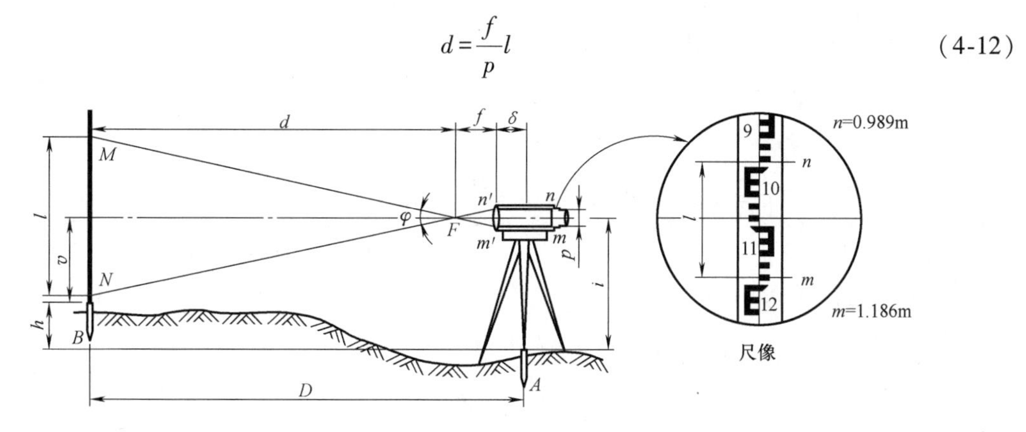

图 4-10　视线水平时视距测量原理

结合式（4-12），由图 4-10 可得仪器中心至视距尺的水平距离为

$$D=d+f+\delta=\frac{f}{p}l+f+\delta \tag{4-13}$$

令 $K=\frac{f}{p}$，$C=f+\delta$ 则有

$$D=Kl+C \tag{4-14}$$

式中　K——视距乘常数；

C——视距加常数，在设计制造仪器时，通常使 $K=100$，C 值接近于零，故视距加常数 C 可忽略不计。

因此，视线水平时的视距计算公式为

$$D=Kl=100l \tag{4-15}$$

如图 4-10 所示，A、B 两点之间的平距 $D=100\times0.197\text{m}=19.7\text{m}$。

当视线水平时，为了求得 A、B 两点的高差，可用小钢尺量取仪器高 i 在望远镜中读出中丝读数 v（或取上、下丝读数的平均值），则 A、B 两点的高差为

$$h=i-v \tag{4-16}$$

2. 视线倾斜时的视距计算公式

当地面起伏较大时，必须将望远镜倾斜才能照准视距尺，如图 4-11 所示，此时的视线不垂直于视距尺，所以不能直接应用式（4-15）和式（4-16）计算水平距离和高差。在图 4-11中，当视距尺竖直立于点 B 时的视距间隔 $MN=l$ 假定视线与尺面垂直时的视距间隔 $M'N'=l'$，按式（4-15）可得倾斜距离 $D'=Kl'$，则水平距离 D 为

$$D=D'\cos\alpha=Kl'\cos\alpha \tag{4-17}$$

为此，应求得 l'与 l 的关系。

在$\triangle MQM'$和$\triangle NQN'$中，$\angle MQM'=NQN'=\alpha$，$\angle QM'M=90°+\frac{\varphi}{2}$，$\angle QN'N=90°-\frac{\varphi}{2}$，由于 φ 角很小，其值约为 34′，所以$\angle QM'M$ 和$\angle QN'N$ 可近似地认为是直角，由此可得

$$l'=M'N'=MQ\cos\alpha+NQ\cos\alpha$$
$$=(MQ+NQ)\cos\alpha=MN\cos\alpha=l\cos\alpha \tag{4-18}$$

将式（4-18）代入式（4-17），得水平距离为

$$D=Kl\cos^2\alpha \tag{4-19}$$

从经纬仪横轴到点 Q 的高差 h' 称为初算高差，由图 4-11 可知

$$\left.\begin{aligned} h'&=D'\sin\alpha=Kl\cos\alpha\sin\alpha=\frac{1}{2}Kl\sin2\alpha \\ \text{或}\quad h'&=D\tan\alpha \end{aligned}\right\} \tag{4-20}$$

A、B 两点的高差为

$$h=h'+i-v$$
$$=\frac{1}{2}Kl\sin2\alpha+i-v$$
$$=D\tan\alpha+i-v \tag{4-21}$$

式中　i——仪器高；

v——十字丝的中丝在视距尺上的读数，如图 4-11 所示。

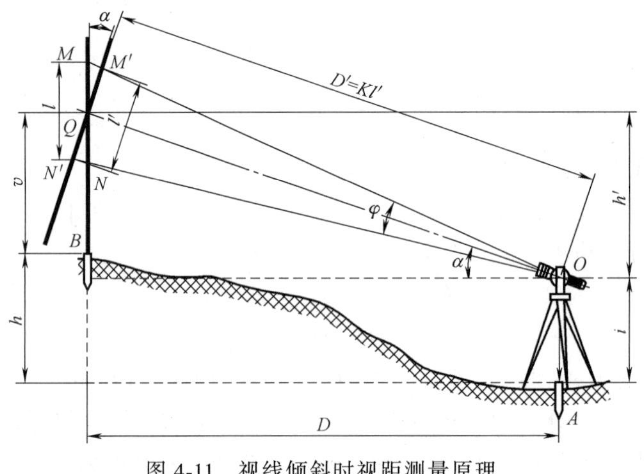

图 4-11　视线倾斜时视距测量原理

4.2.2　视距测量方法

视距测量的方法和步骤如下：

① 安置仪器于测站点上，对中、整平后，量取仪器高 i 至厘米。

② 在待测点上竖立视距尺。

③ 转动仪器照准部照准视距尺，在望远镜中分别用上、下、中丝读得读数；再使竖盘指标水准管气泡居中，在中丝读数不变的情况下读取竖盘读数。

④ 根据上、下丝读数差算得视距间隔 Z；根据竖盘读数算得竖直角 α；利用视距计算公式（4-19）和式（4-21）计算平距 D 和高差 h，再根据测站点的高程计算出测点的高程。记录及计算见表 4-2。

以上完成对一个点的观测，需要继续观测其他点位可重复②、③、④的步骤。

表 4-2　视距测量记录和计算

测站：A　测站高程：52.51m　仪器高：1.42m

<table>
<tr><td rowspan="3">点号</td><td>下丝读数/m</td><td rowspan="3">中丝读数
v/m</td><td rowspan="3">竖盘读数
L</td><td rowspan="3">竖直角
α</td><td rowspan="3">水平距离
D/m</td><td rowspan="3">高差
h/m</td><td rowspan="3">高程
H/m</td></tr>
<tr><td>上丝读数/m</td></tr>
<tr><td>视距间隔/m</td></tr>
<tr><td rowspan="3">B</td><td>1.768</td><td rowspan="3">1.35</td><td rowspan="3">92.457</td><td rowspan="3">+2.457</td><td rowspan="3">83.21</td><td rowspan="3">+4.07</td><td rowspan="3">56.58</td></tr>
<tr><td>0.934</td></tr>
<tr><td>0.834</td></tr>
<tr><td rowspan="3">C</td><td>2.182</td><td rowspan="3">1.42</td><td rowspan="3">95.277</td><td rowspan="3">+5.277</td><td rowspan="3">150.83</td><td rowspan="3">+14.39</td><td rowspan="3">66.90</td></tr>
<tr><td>0.660</td></tr>
<tr><td>1.522</td></tr>
<tr><td rowspan="3">D</td><td>2.440</td><td rowspan="3">2.15</td><td rowspan="3">88.257</td><td rowspan="3">-1.357</td><td rowspan="3">57.76</td><td rowspan="3">-2.33</td><td rowspan="3">50.18</td></tr>
<tr><td>1.862</td></tr>
<tr><td>0.578</td></tr>
</table>

注：竖直角计算公式 $\alpha=L-90°$。

4.2.3　视距测量的误差

1. 仪器误差

视距乘常数 K 对视距测量的影响较大，而且其误差不能采用相应的观测方法予以消除，故使用一架新仪器之前应对 K 值进行检定。竖直度盘指标差的残余部分，可采用盘左、盘右观测取其竖直角的平均值来消除。

2. 读数误差

视距丝读数误差是影响视距测量精度的重要因素，它与尺子最小分划的宽度、距离的远近、望远镜的放大率及成像清晰度等情况有关。因此读数误差的大小，视具体使用的仪器及作业条件而定。由于距离越远误差越大，所以视距测量中要根据精度的要求限制最远视距。

3. 标尺不竖直误差

当标尺不竖直且偏离铅垂线方向 $\Delta\alpha$ 角时，对水平距离影响的微分关系为

$$\Delta D=-\frac{1}{2}Kl\sin2\alpha\frac{\Delta\alpha}{\rho} \tag{4-22}$$

用目估使标尺竖直大约有 1°的误差，即 $\Delta\alpha=1°$，设 $Kl=100\text{m}$ 按式（4-22）计算，当 $\alpha=5°$时，$\Delta D=0.15\text{m}$；当 $\alpha=30°$时，$\Delta D=0.76\text{m}$。由此可见，标尺倾斜对测定水平距离的影响随视准轴竖直角的增大而增大。山区测量时的竖直角一般较大，此时应特别注意将标尺竖直。视距标尺上一般装有水准器，立尺者在观测者读数时应参照尺上的水准器来使标尺竖直及稳定。

4. 竖直角观测误差

由距离公式 $D=Kl\cos2\alpha$ 可知，竖直角的观测有误差必然会影响距离。但在竖直角不大时对水平距离的影响较小，主要影响高差，其影响公式为

$$\Delta h=Kl\cos2\alpha\frac{\Delta\alpha}{\rho} \tag{4-23}$$

设 $Kl=100\text{m}$，$\Delta\alpha=1'$，当 $\alpha=5°$时，$\Delta h=0.03\text{m}$。

由于视距测量时通常是用竖盘的一个位置（盘左或盘右）进行观测，因此事先应对竖盘指标差进行检验和校正，使其尽可能小；或者每次测量之前测定指标差，在计算竖直角时加以改正。

5. 外界条件的影响

外界条件的影响主要是大气垂直折光的影响和空气对流的影响。近地面的大气折光使视线产生弯曲，在日光照射下，大气湍流会使成像晃动，风力使视距尺摇动，这些因素都会使视距测量产生误差。因此，视距测量时，不要使视线太贴近地面，也不要用望远镜照准视距尺的底部读数，在成像晃动剧烈或风力较大时，应停止观测。阴天无风时是观测的最有利气象条件，应选择适宜的天气进行观测。

在上述各种误差来源中，以第2、3两种误差影响最为突出，应给予充分注意。根据实践资料分析，在良好的外界条件下，距离在200m以内，视距测量的相对误差约为1/300。

4.3 光电测距

4.3.1 光电测距概述

光电测距是一门利用光和电子技术测量距离的大地测量技术。

用光电方式测距的仪器称为测距仪；用无线电微波作为载波称为微波测距仪；用光波作为载波称为光电测距仪。无线电波和光波都从属于电磁波，所以统称为电磁波测距仪。电磁波测距已被广泛应用于大地测量、工程测量和地形测量中。

1）电磁波测距仪按其所采用的载波可划分为以下三类。

① 微波测距仪：用微波段的无线电波作为载波。

② 激光测距仪：用激光作为载波。

③ 红外测距仪：用红外光作为载波。

后两者又统称光电测距仪。

2）电磁波测距仪按测程可划分为以下三类：

① 远程测距仪（≥15km）。

② 中程测距仪（5~15km）。

③ 短程测距仪（≤5km）。

微波和激光测距仪多属于远程测距，测程可达60km，一般用于大地测量；红外测距仪属于中、短程测距仪，一般用于小地区控制测量、地形测量、地籍测量和工程测量等。按测量精度可划分为：

① Ⅰ级，$m_D \leq 5\text{mm}$。

② Ⅱ级，$5\text{mm} < m_D \leq 10\text{mm}$。

③ Ⅲ级，$m_D < 10\text{mm}$。

m_D 为1km测距的中误差。

4.3.2 光电测距基本原理

光电测距仪是通过测量光波在待测距离 D 上往、返传播一次所需要的时间 t_{2D} 来计算待

测距离 D。如图 4-12 所示，为了测定 A、B 间的距离，在点 A 架设测距仪，点 B 架设光波反射镜。点 A 测距仪利用光源发射器向点 B 发射光波，点 B 上反射镜又把光波反射回到测距仪的接收器上。光的传播速度 C 约为 3×10^8m/s，若能测定光束在待测距离 D 上往返传播所经历的时间 t_{2D}，则被测距离 D 可由下式求得

$$D=\frac{1}{2}Ct_{2D} \tag{4-24}$$

式中，C 为光在大气中的传播速度，$C=\frac{C_0}{n}$，C_0 为光在真空中的传播速度，其值为（299792458±1.2）m/s，$n(n\geqslant1)$ 为大气折射率，它是光的波长 λ 大气温度 t 和气压 p 的函数，即

$$n=f(\lambda,t,p) \tag{4-25}$$

由于 $n\geqslant1$，所以 $C\leqslant C_0$，也即光在大气中的传播速度要小于其在真空中的传播速度。红外测距仪一般采用的是 GaAs（砷化镓）发光二极管发出的红外光作为光源，其波长 $\lambda=0.85\sim0.93\mu m$。对一台红外测距仪来说，$\lambda$ 是一个常数。由式（4-25）可知，影响光速的大气折射率 n 只随着大气的温度 t、气压 p 而变化。这就要求在光电测距作业中，应实时测定现场的大气温度和气压，并对所测距离施加气象改正。

根据测量光波在待测距离 D 上往、返一次传播时间 t_{2D} 方法的不同，光电测距仪可分为脉冲式和相位式两种。

1. 脉冲式光电测距仪

脉冲式光电测距仪是将发射光波的光强调制成一定频率的尖脉冲，通过测量发射的尖脉冲在待测距离上往返传播的时间来计算距离。如图 4-12 所示，用红外测距仪测定 A、B 两点间的距离 D，在待测距离一端安置测距仪，另一端安放反光镜，当仪器发出光脉冲，经反光镜反射后回到测距仪。若能测定光在距离 D 上往返传播的时间 t_{2D}，即测定发射尖脉冲光波与接收尖脉冲光波的时间差，则可求得两点间的距离为

$$D=\frac{1}{2}\frac{C_0}{n}t_{2D} \tag{4-26}$$

式（4-26）为脉冲法测距公式。这种方法测定距离的精度取决于时间 t_{2D} 的量测精度。如要达到±1cm 的测距精度，时间量测精度应达到 6.7×10^{-11}s，这对电子元件的性能要求很高，难以达到。所以一般脉冲法测距常用于激光雷达、微波雷达等远距离测距上，其测距精度为 0.5～1m。脉冲法测距具有脉冲发射的瞬时功率很大、测程远、被测地点无须安置合作目标的优点。但受到脉冲宽度和电子计数器时间分辨率的限制，绝对精度较低。

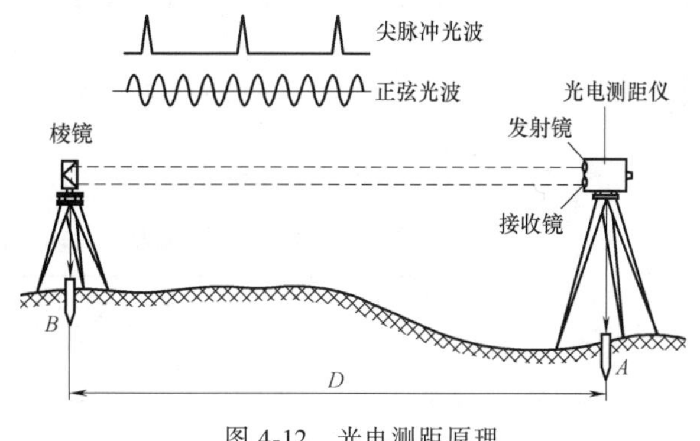

图 4-12　光电测距原理

2. 相位式光电测距仪

在工程中使用的红外测距仪，都是采用相位法测距原理。相位式光电测距仪是将发射光波的光强调制成正弦波的形式，通过测量正弦光波在待

测距离上往返传播的相位移来解算距离。相位法测距的最大优点是测距精度高，一般精度均可达到±(5~20)mm。

测距仪在 A 站发射的调制光在待测距离上传播，被点 B 反光镜反射后又回到点 A，被测距仪接收器接收，所经过的时间为 t_{2D}。为了进一步提高测距精度，采用间接测时方法，即测相位，把距离和时间的关系转化为距离和相位的关系，这就是相位法测距的实质。如图 4-13 所示，将反光镜 B 反射后回到点 A 的光波以棱镜站点 B 为中心对称沿测线方向展开，则调制光往返经过了 2D 的路程。

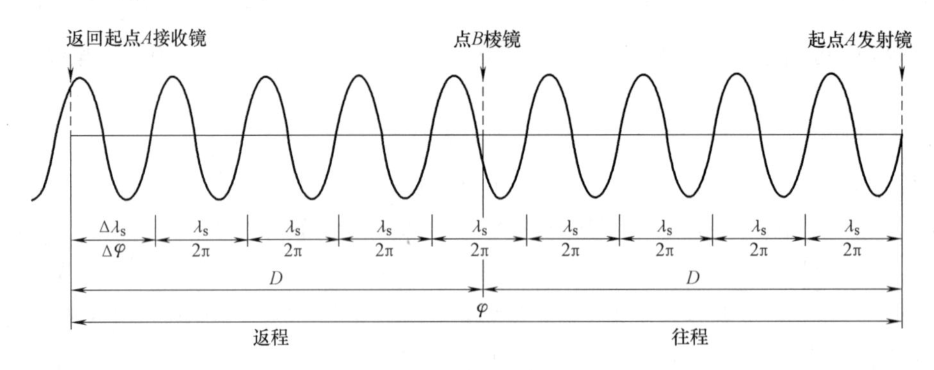

图 4-13　相位法测距原理

正弦光波振荡一个周期的相位移是 2π，设发射的正弦光波经过 2D 距离后的相位移为 φ，则 φ 可以分解为 N 个 2π 整数周期和不足一个整数周期相位移 Δφ，即

$$\varphi=2\pi N+\Delta\varphi \tag{4-27}$$

正弦光波振荡频率为 f，其意义是 Is 振荡的次数，则正弦光波经过 t_{2D}s 后振荡的相位移为

$$\varphi=2\pi f t_{2D} \tag{4-28}$$

由式 4-27 和 4-28 可以解出 t_{2D} 为

$$t_{2D}=\frac{2\pi N+\Delta\varphi}{2\pi f}=\frac{1}{f}\left(N+\frac{\Delta\varphi}{2\pi}\right)=\frac{1}{f}(N+\Delta N) \tag{4-29}$$

式中　ΔN——$\Delta\varphi/2\pi$，$0<\Delta N<1$。

将式 4-29 代入式 4-24，得

$$D=\frac{C}{2f}(N+\Delta N)=\frac{\lambda}{2}(N+\Delta N) \tag{4-30}$$

式中　$\frac{\lambda}{2}$——正弦波的半波长，又称测距仪的测尺。

取 $C\approx3\times10^8$m/s，则不同的调制频率对应的测尺长列于表 4-3 中。

表 4-3　调制频率与测尺长度的关系

调制频率 f	15MHz	7.5MHz	1.5MHz	150kHz	75kHz
测尺长 $\frac{\lambda}{2}$	10m	20m	100m	1km	2km

由表 4-3 可知，调制频率与测尺长度的关系是：调制频率越大，测尺长度越短。

如果能够测出正弦光波在待测距离上往返传播的整周期相位移数 N 和不足一个周期的小数 ΔN，就可以依式（4-30）计算出待测距离 D。

但目前任何测量交变信号相位移的方法都不能测记所经过的整相位移，即无法确定相位移 φ 中包含 2π 的整倍数 N，只能测出相位移不足整周数的尾数，即 $0\sim2\pi$ 的相位变化。在相位式光电测距仪中有一个电子部件，称相位计，它能将测距仪发射镜发射的正弦波与接收镜接收到的、传播了 $2D$ 距离后的正弦波进行相位比较，测出不足一个周期的小数 ΔN，其测相误差一般小于 1/1000。相位计测不出整周数 N，这就使相位式光电测距方程式 4-30 产生多值解，只有当待测距离小于测尺长度时（此时 $N=0$）才能确定距离值。因此在相位式测距仪中，可采取发射两个或两个以上不同频率的调制光波，然后将不同频率的调制光波所测得的距离正确衔接起来就可以得到被测距离。其中较低的测尺频率对应的测尺称为粗测尺，较高的测尺频率对应的测尺称为精测尺。将两测尺的读数组合起来，便可求得单一的距离确定值，从而解决了距离的多值解问题。

例如，一台测程为 1km 的相位式光电测距仪设置有 10m 和 1000m 两个测尺，由表 4-3 可查出其对应的调制频率为 15MHz 和 150kHz。假设某段距离为 563. 826m，则用精测尺测 10m 以下小数，粗测尺测 10m 以上大数，其中：

精测距离　　　3. 826m

粗测距离　　　560m

仪器显示距离　563. 826m

精、粗测尺测距结果组合由测距仪内的微处理器自动完成，并输送到显示窗显示，无须用户干预。对于测程较长的中程和远程光电测距仪，可以设多个测尺配合测距，一般采用三个以上的调制频率进行测量。

由于光速 C 值在不同的气压、温度和湿度时，其数值略有变动，故在测距时，应实时测定现场的大气温度和气压，对所测距离加以气象改正。

4. 3. 3　红外测距仪及使用

红外测距仪体积小、质量轻，便于携带，一般可安装在经纬仪上，便于同时测定距离和角度。另外红外测距仪还具有自动化程度高、测量速度快，功能多、使用方便，功耗低，能源消耗少等特点，在工程测量中使用较为广泛。目前红外测距仪的类型较多，由于仪器结构不同，操作方法也各异，使用时应严格按照仪器使用手册进行操作。现以 ND3000 红外测距仪为例介绍测距仪的使用方法。

1. 仪器简介

ND3000 红外测距仪自带望远镜，望远镜的视准轴、发射光轴和接收光轴等三轴同轴，可以安装于光学经纬仪或电子经纬仪上（图 4-14）。测量距离时，令测距仪瞄准目标处的棱镜测距，经纬仪瞄准该棱镜测量视线方向的竖直角，利用测距仪面板上的键盘，将经纬仪测得的竖直角输入到测距仪，从而计算出水平距离和高差。

测距仪主机由发射、接收物镜，电池，操作面板三部分组成。与测距仪配套使用的棱镜有单棱镜、三棱镜，如图 4-15 所示。测程较近时（通常在 500m 以内）用单棱镜，当测程较远时可换三棱镜组。在高精度测量中，反射棱镜通常与照准觇牌一起安置在单独的基座上，必须利用基座上的对点器及水准管进行严格的对中、整平。精度要求不高的一般测量也可使用对中杆和支架来安装棱镜，较为轻便。

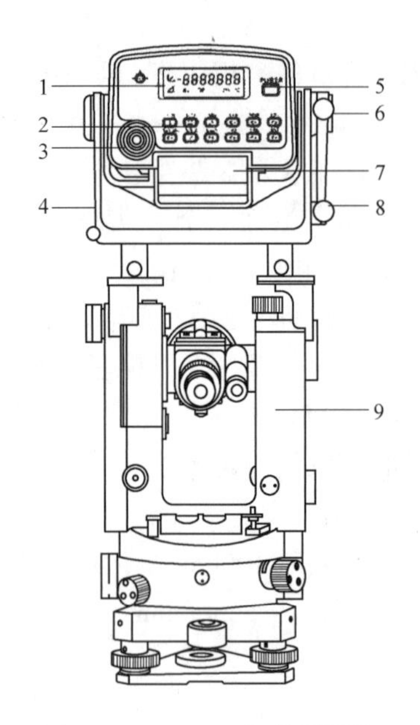

图 4-14　ND3000 红外测距仪

1—显示屏　2—操作键盘　3—望远镜目镜
4—支架　5—电源开关　6—垂直制动螺旋
7—电池　8—垂直微动螺旋　9—光学经纬仪

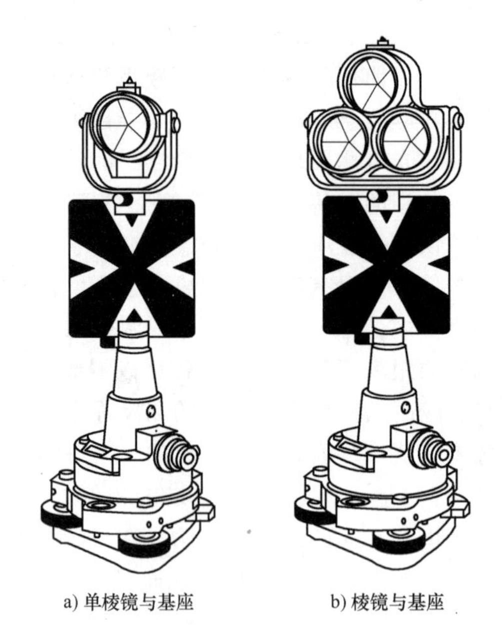

a) 单棱镜与基座　　b) 棱镜与基座

图 4-15　棱镜与基座

2. ND3000 红外测距仪的主要技术参数

① 测程：单棱镜 2500m，三棱镜 3500m。

② 精度：测距中误差为$\pm(5\text{mm}+3\times10^{-6}D)$。

③ 红外光源波长：0.865μm。

④ 测尺长及对应的调制频率。

精测尺：10m，$f_{精}=14.835546\text{MHz}$；

粗测尺 1：1000m，$f_{粗1}=148.35546\text{kHz}$；

粗测尺 2：10000m，$f_{粗2}=14.835546\text{kHz}$。

⑤ 测量时间：正常测距 3s，跟踪测距、初始测距 3s，以后每次测距 0.8s。

⑥ 显示：带灯光照明 7 位数字液晶显示，最小显示距离为 1mm。

⑦ 供电：6V 镍镉（NiCd）可充电电池。

⑧ 仪器气象参数：仪器气象修正值为 0 时的气压为 1013hPa，温度为 15℃。气象改正比例系数计算公式为

$$\Delta D_1=278.96-\frac{0.2904p}{(1+0.003661t)} \tag{4-31}$$

式中　ΔD_1——每千米距离的气象改正值，以 mm/km 为单位，1mm/km=1PPM；

p——测距时测线上的气压值，单位为 hPa；

t——测距时测线上的温度，单位为℃。

可以将测距时的温度和气压输入仪器，由仪器自动为所测距离施加气象比例改正。

3. 测距方法

① 安置仪器。在测站上安置经纬仪，将测距仪连接到经纬仪上，装好电池。在待测点上安置棱镜，用棱镜架上的照准器照准测距仪。

② 测量竖直角。用经纬仪望远镜照准棱镜中心，读取竖盘读数，测得竖直角。

③ 测定现场的气压和气温。

④ 测量距离。打开测距仪，利用测距仪的垂直制动和微动螺旋照准棱镜中心。检查电池电压、气象数据和棱镜常数，若显示的气象数据和棱镜常数与实际数据不符，应重新输入。按下测距键，在数秒内，显示屏显示所测定的距离，即为两点之间经过气象改正的倾斜距离。

⑤ 成果计算。测距仪测得的距离，需要进行仪器加常数、乘常数改正，以及气象和倾斜改正。

⑥ 关机收测。本测站观测结束确认无误后，按电源开关，关闭电源，撤掉连接电缆，收机、装箱、迁站。

4.3.4 光电测距成果整理

测距仪在自然环境条件下测定地面上两点之间的距离为斜距，为了保证测量成果的准确性和成果精度，必须对所测斜距进行相应的计算改正，以获得符合精度要求的两点间正确的水平距离。高精度测距尤其如此。由前所述，计算改正包括仪器常数改正、气象改正和倾斜改正。

1. 仪器常数改正

仪器常数有加常数和乘常数两项。对于加常数主要有仪器本身的加常数和棱镜常数，由于发光管的发射面、接收面与仪器中心不一致，以及内光路产生相位延迟及电子元件的相位延迟，使得测距仪测出的距离值与实际距离值不一致，由此产生的差值称为测距仪加常数。反光镜的等效反射面与反光镜中心不一致的差值，称为棱镜常数。此常数一般在仪器出厂时预置在仪器中，但是由于仪器在搬运过程中的震动、电子元件老化，常数还会变化。因此，应定期对仪器进行检定，求出新的仪器常数，对所测距离加以改正。

仪器的测尺长度与仪器振荡频率有关，仪器使用日久，元器件老化，致使测距时的振荡频率与叠计时的频率有偏移，因此产生与测试距离成正比的系统误差，其比例因子称为乘常数。此项误差应通过检测求定，在所测距离中加以改正。现代测距仪都具有设置仪器常数的功能，测距前预先设置常数，在仪器测距过程中自动改正。但使用过程中不能改变，只有当仪器经专业检定部门检定，得出新的常数，才能重新设置常数。若测距前未设置常数，可按下式计算：

$$\Delta D = KD + C \tag{4-32}$$

式中 K——仪器乘常数；

C——仪器加常数。

2. 气象改正

仪器的测尺长度是在一定的气象条件下推算出来的。但是仪器在野外测量时气象参数与仪器标准气象元素不一致，因此使测距值产生系统误差。所以在测距时，应同时测定环境温度（读至1℃）、气压（读至 1mmHg = 133.322Pa），利用厂商提供的气象改正公式计算改正数。

目前测距仪都具有设置气象参数的功能，在测距前将所测气象参数输入测距仪中，在测距过程中仪器自动进行气象改正。有的测距仪还具有自动测定气象参数的功能。

3. 倾斜改正

经过前几项改正后的距离是测距仪几何中心到反光镜几何中心的斜距 S，要改算为水平平距还应进行倾斜改正。测距时测出竖直角 α 或天顶距 z，按下式计算平距 D：

$$D=S\sin z=S\cos\alpha \tag{4-33}$$

可以在测距仪中输入竖直角 α 或天顶距 z（电子经纬仪具有自动输入功能）由仪器自动进行计算。

4.3.5 光电测距的误差分析和注意事项

光电测距误差来源于仪器本身、观测条件和外界环境影响三个方面。仪器误差主要是光速测定误差、频率误差、测相误差、周期误差、仪器常数误差和照准误差；观测误差主要是仪器和棱镜对中误差，外界环境因素影响主要是大气温度、气压和湿度的变化引起的大气折射率误差。其中光速测定误差、大气折射率误差、频率误差与测量的距离成比例，为比例误差；而对中误差、仪器常数误差、照准误差、测相误差与测量的距离长短无关，属于固定误差；周期误差既有固定误差的成分也有比例误差的成分。

1. 固定误差

（1）仪器对中误差

仪器对中误差是安置测距仪和棱镜未严格对中所产生的误差。作业时精心操作，使用经过检校的光学对中器，其对中误差一般应小于 2mm。

（2）测相误差

测距仪的测相误差是测距中较为复杂的误差，包括数字测相系统的误差和测距信号在大气传输中的信噪比误差等。前者取决于仪器的性能和精度，后者与测距时的外界条件有关，如空气的透明度、闲杂光的干扰以及视线离地面和障碍物的远近等，该误差具有一定的偶然性，可通过多次观测取平均值的方法削弱其影响。避免在规定测程以外的场合以及环境变化剧烈的情况测距，选择阴天或晴天有风天气观测，并避免测距仪受到强烈热辐射等都可以减少测相误差。

（3）仪器加常数误差

光电测距仪的加常数误差包括仪器加常数的测定误差、测距仪及反射器的对中误差，由厂家测定后预置于逻辑电路中，对测距结果进行自动修正。有时由于仪器元件老化等原因，会使加常数发生变化，故应定期检测，如有变化应及时在仪器中重新设置加常数。

2. 比例误差

（1）真空光速测定误差

根据国际大地测量及地球物理联合会公布的真空光速值为 $C_0=(299792458+1.2)\mathrm{m/s}$ 其测定的相对误差约为 0.004ppm，也就是说，真空光速测定误差对测距的影响是 1km 产生 0.004mm 的比例误差，可以忽略不计。

（2）大气折射率误差

测距时的大气折射率，是根据光源的载波波长 L 和实地测得的气象元素大气温度 t、大

气压力 p 等计算得出。这些测得元素的不精确性，将引起大气折射率误差。由于测距光波往返于测线时，光线上每点处的大气折射率是不相同的。因此，大气折射率应该是整个测线上的积分折射率。但在实际作业中，不可能测定各点处的气象元素来求得积分折射率。只能在测线两端即测站上和安置棱镜的测点上测定气象元素，并取其平均值来代替其积分折射率。由此产生的折射率误差称为大气折射率误差，亦称为气象代表性误差。实验表明：正确使用气象仪器、选择最佳时间进行观测、提高测线高度、利用阴天有微风天气观测等措施，都可以减小大气折射率误差。

（3）调制频率误差

仪器的“光尺”长度取决于仪器的调制频率，由于仪器在使用过程中，电子元器件老化和外部环境温度变化等原因，仪器的调制频率将发生变化，“光尺”的长度随之发生变化，就会给测距结果带来误差。目前国内外生产的红外测距仪，其精测尺调制频率的相对误差一般为1~5ppm，即1km产生1~5mm的比例误差。因此，应定期对仪器进行检定，按求得的比例改正数对测距进行改正。

通过以上误差分析可知，光电测距误差主要来源于仪器和自然环境因素，因此，要获得高精度的观测结果，务必注意三点：一是选择质量高的仪器，这是基本条件；二是定期检定仪器，获得相应的技术参数，以便人为改正；三是选择有利的外界环境观测，降低外界因素影响。

使用测距仪要注意以下事项：

① 经常保持仪器清洁和干燥，运输和携带中要注意防震，装卸和操作中要注意连接牢固、电源插接正确、严格按操作程序使用仪器。应在关机状态接通电源，关机后再卸电源。观测完毕应随即关机，不能带电迁站。

② 目前红外测距仪一般采用镍镉可充电电池供电，这种电池具有记忆效应，因此应确认电池的电量全部用完才可充电，否则电池的容量将逐渐衰减甚至损坏。

③ 应定期对仪器进行固定误差和比例误差的检定，使测量的精度达到预定要求。

④ 应认真做好仪器和棱镜的对中、整平工作，并令棱镜对准测距仪，否则将产生对中误差及棱镜的偏歪和倾斜误差。

⑤ 仪器不要暴晒和雨淋，在强烈阳光下作业要撑伞遮太阳保护仪器，否则仪器受热，降低发光管效率，影响测距。观测时严防阳光及其他强光直射接收物镜，更不能将接收物镜对准太阳，以免损坏接收镜内的光敏二极管。应选择大气比较稳定，通视比较良好的条件下观测。视线不宜靠近地面或其他障碍物。

⑥ 主机应避开高压线、变压器等强电干扰，视线应避开反光物体及有电信号干扰的地方，尽量不要逆光观测。若观测时视线临时被阻，该次观测应舍弃并重新观测。

4.4 直线定向

欲确定待定地面点平面位置，需测定待定点与已知点间的水平距离和该直线的方位，再推算待定点的平面坐标。确定直线方位的实质是测定直线与标准方向的水平夹角，这一测量工作称为直线定向。

4.4.1 标准方向

1. 真子午线方向

通过地球表面某点的真子午线的切线方向，称为该点的真子午线方向。其北端指示方向，所以又称真北方向。可以应用天文测量方法或者陀螺经纬仪来测定地表任一点的真子午线方向。

2. 磁子午线方向

磁针在地球磁场的作用下，磁针自由静止时所指的方向称为磁子午线方向。磁子午线方向都指向磁地轴，通过地面某点磁子午线的切线方向称为该点的磁子午线方向。其北端指示方向，所以又称磁北方向。可用罗盘仪测定。

3. 坐标纵轴方向

高斯平面直角坐标系以每带的中央子午线作坐标纵轴，在每带内把坐标纵轴作为标准方向，称为坐标纵轴方向或中央子午线方向。坐标纵轴北向为正，所以又称轴北方向。如采用假定坐标系，则用假定的坐标纵轴 0 轴作为标准方向。坐标纵轴方向是测量工作中常用的标准方向。

以上真北、磁北、轴北方向称为三北方向。

4.4.2 直线方向的表示方法

1. 方位角

测量工作中，常用方位角来表示直线的方向，方向角是由标准方向的北端起，顺时针方向度量到某直线的夹角，取值范围 0°~360°，如图 4-16 所示。若标准方向为真子午线方向，则其方位角称为真方位角，用 A 表示；若标准方向为磁子午线方向，则其方位角称为磁方位角，用 A_m 表示。若标准方向为坐标纵轴，则称其为坐标方位角，用 α 表示。

2. 三种方位角间的关系

由于地球的南北两极与地球的南北两磁极不重合，所以地面上同一点的真子午线方向与磁子午线方向是不一致的，两者间的水平夹角称为磁偏角，用 δ 表示。过同一点的真子午线方向与坐标纵轴方向的水平夹角称为子午线收敛角，用 γ 表示。以真子午线方向北端为基准，磁子午线和坐标纵轴方向偏于真子午线以东称东偏，δ、γ 为正；偏于西侧称西偏，δ、γ、γ 为负。不同点的 δ、γ 值一般是不相同的。如图 4-16 所示情况，直线 AB 的三种方位角之间的关系如下：

$$\left.\begin{aligned} A_m &= A+\delta \\ A &= \alpha+\gamma \\ \alpha &= A_m-\delta-\gamma \end{aligned}\right\} \tag{4-34}$$

图 4-16 方位角表示直线方向

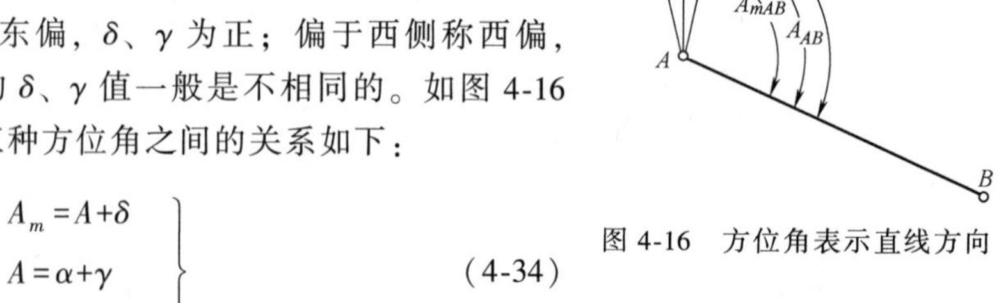

3. 象限角

直线的方向还可以用象限角来表示。由标准方向（北端或南端）度量到直线的锐角，称为该直线的象限角，用 R 表示，取值范围为 0~90°，如图 4-17 所示。为了确定不同象限

中相同 R 值的直线方向，将直线的 R 前冠以Ⅰ～Ⅳ象限，分别用北东、南东、南西和北西表示方位。同理，象限角亦有真象限角、磁象限角和坐标象限角。测量中采用的磁象限角 R 用方位罗盘仪测定。图中直线 OA、OB、OC 和 OD 的象限角分别表示为

R_{OA}=北东 68°42′45″　或 $R_{OA}=N68°42'45''E$

R_{OB}=南东 48°48′42″　或 $R_{OB}=S48°48'42''E$

R_{OC}=南西 36°42′54″　或 $R_{OC}=S36°42'54''W$

R_{OD}=北西 68°42′45″　或 $R_{OD}=N68°42'45''W$

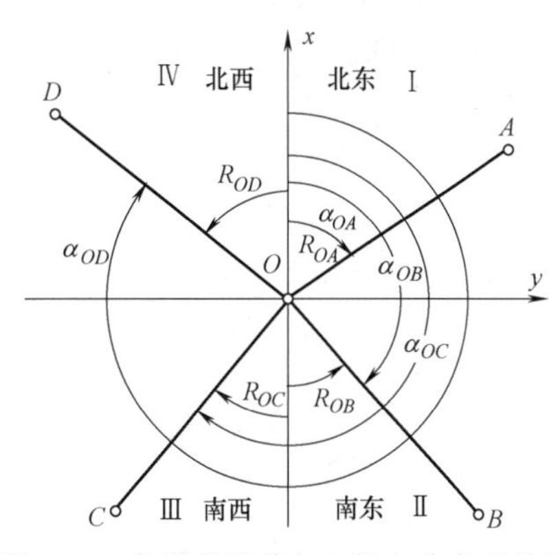

图 4-17　象限角及其与坐标方位角的关系

坐标方位角 α 与象限角 R 的关系如表 4-4 所示。

表 4-4　象限角与坐标方位角的关系

象限	坐标增量	$R\to\alpha$	$\alpha\to R$
Ⅰ	$\Delta x>0,\Delta y>0$	$\alpha=R$	$R=\alpha$
Ⅱ	$\Delta x<0,\Delta y>0$	$\alpha=180°-R$	$R=180°-\alpha$
Ⅲ	$\Delta x<0,\Delta y<0$	$\alpha=180°+R$	$R=\alpha-180°$
Ⅳ	$\Delta x>0,\Delta y<0$	$\alpha=360°-R$	$R=360°-R$

4. 正、反坐标方位角

测量工作中的直线都是具有一定方向的。如图 4-18 所示，直线 AB 的点 A 是起点，B 点是终点，直线 AB 的坐标方位角 α_{AB}，称为直线 AB 的正坐标方位角；直线 BA 的坐标方位角 α_{BA}，称为直线 AB 的反坐标方位角，也是直线 BA 的正坐标方位角。α_{AB} 与 α_{BA} 相差 180°，互为正、反坐标方位角。即：

$$\alpha_{AB}=\alpha_{BA}\pm180° \tag{4-35}$$

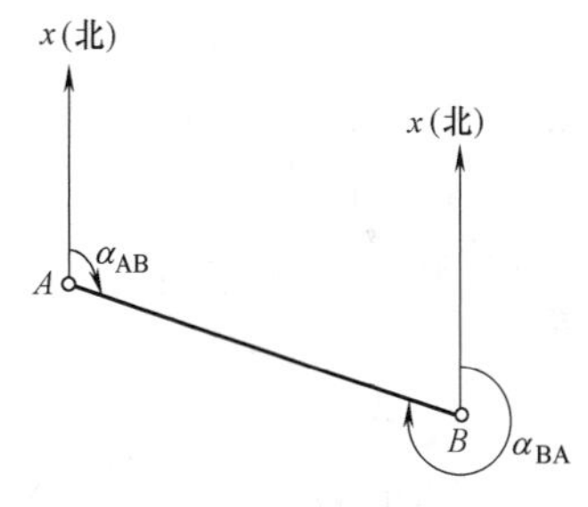

图 4-18　正、反方位角的关系

4.4.3　坐标方位角的推算和点位坐标计算

为了整个测区坐标系统的统一，测量工作中并不直接测定每条边的坐标方位角，而是通过与已知点（已知坐标和方位角）的连测，观测相关的水平角和距离，推算出各边的坐标方位角，计算直线边的坐标增量，而后再推算待定点的坐标。

1. 坐标方位角的推算

如图 4-19 所示，A、B 为已知点，AB 边的坐标方位角为 α_{AB}，通过连测得 AB 边与 $B1$ 边的连接角为 $\beta_{1左}$（该角位于以编号顺序为前进方向的左侧，称为左角）和 $B1$ 与 12 边的水平角 $\beta_{2左}$，…由图看出

$$\alpha_{B1}=\alpha_{AB}-(180°-\beta_{1左})=\alpha_{AB}+\beta_{1左}-180°$$

$$\alpha_{12}=\alpha_{B1}+(\beta_{2左}-180°)=\alpha_{B1}+\beta_{2左}-180°$$

同法可连续推算其他边的方位角。如果推算值大于 360°，应减去 360°。如果小于 0°，则应加上 360°。特别指出：方位角推算必须推算至已知方位角的边和已知值比较，检核计

算中是否有错误。

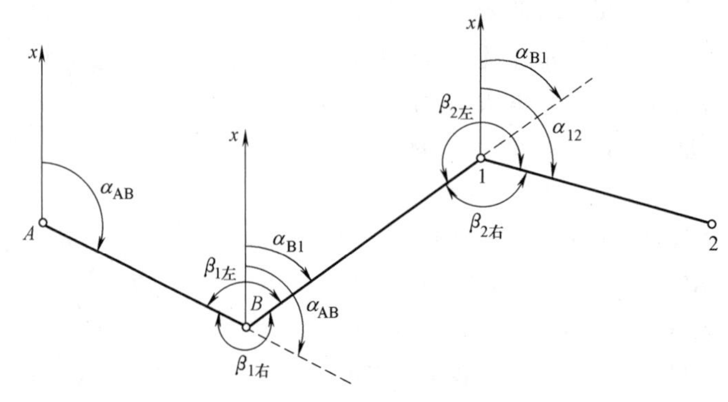

图 4-19 坐标方位角推算

观察上面推算规律可以写出观测左角时的方位角推算一般公式

$$\alpha_{前}=\alpha_{后}+\beta_{左}-180° \tag{4-36}$$

若观测的为 $\beta_{1右}$、$\beta_{2右}$，…法角位于以编号顺序为前进方向的右侧，称为右角，同样可写出观测右角时的方位角推算一般公式

$$\alpha_{前}=\alpha_{后}+\beta_{右}+180° \tag{4-37}$$

综合式（4-36）、式（4-37），推算方位角的一般公式为

$$\alpha_{前}=\alpha_{后}+\beta_{左}^{右}\pm180° \tag{4-38}$$

式（4-38）中，β 为右角时取正号，β 为左角时取负号。

2. 坐标正、反算

如图 4-20 所示，已知 f_i 点的平面坐标（x_i，y_i），i、j 点间的距离 D_{ij}，直线 ij 的坐标方位角 α_{ij}，则 j 点的平面坐标为

$$\left.\begin{aligned}x_j=x_i+\Delta x_{ij}=x_i+D_{ij}\cos\alpha_{ij}\\ y_j=y_i+\Delta y_{ij}=y_i+D_{ij}\sin\alpha_{ij}\end{aligned}\right\} \tag{4-39}$$

式（4-39）即为待定点的坐标推算公式。由此可得

$$\left.\begin{aligned}\Delta x_{ij}=x_j-x_i=D_{ij}\cos\alpha_{ij}\\ \Delta y_{ij}=y_j-y_i=D_{ij}\sin\alpha_{ij}\end{aligned}\right\} \tag{4-40}$$

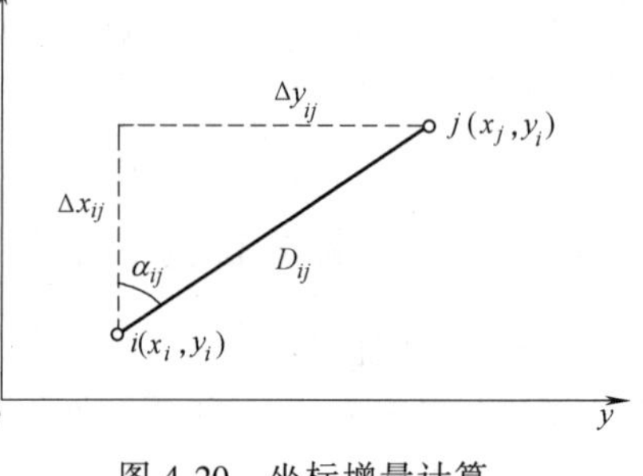

图 4-20 坐标增量计算

式（4-40）即为 ij 直线边纵、横坐标增量 Δx_{ij}、Δy_{ij} 的计算公式。由于 α_{ij} 的正弦值和余弦值有正、负，因此 Δx_{ij}、Δy_{ij} 亦有正、负值。

以上由 D、α 计算 Δx、Δy，最后推算得待定点坐标 x、y，称为坐标正算。

若已知点 i、j 的坐标（x_i，y_i）、（x_j，y_j），则 ij 的距离 D_{ij} 和坐标方位角 α_{ij} 为

$$\left.\begin{aligned}D_{ij}=\sqrt{\Delta x_{ij}^2+\Delta y_{ij}^2}=\frac{\Delta x_{ij}}{\cos\alpha_{ij}}=\frac{\Delta y_{ij}}{\sin\alpha_{ij}}\\ \alpha_{ij}=\arctan\frac{y_j-y_i}{x_j-x_i}=\arctan\frac{\Delta y_{ij}}{\Delta x_{ij}}\end{aligned}\right\} \tag{4-41}$$

以上由 Δx、Δy 计算 D、α 的过程，称为坐标反算。必须说明，式（4-41）计算的 α 为

象限角值，值域为-90°~90°。而 D 的值域为 0°~360°，二者不相符。因此应根据 Δx、Δy 的正、负号判定直线所在的象限，再把象限角参照表 4-4 转换为坐标方位角。

4.4.4　磁方位角的测定

罗盘仪是用来测定直线磁方位角的仪器。其精度虽不高，但具有结构简单、使用方便等特点，在普通测量中，常用罗盘仪测定起始边的磁方位角，用以近似代替起始边的坐标方位角，作为独立测区的起算数据。

1. 罗盘仪及其构造

罗盘仪的主要部件有磁针、刻度盘和瞄准设备，如图 4-21a 所示。

（1）磁针

磁针由人造磁铁制成，其中心装有镶着玛瑙的圆形球窝，刻度盘中心装有顶针，磁针球窝支在顶针上，为了减轻顶针尖不必要的磨损，在磁针下装有小杠杆，不用时拧紧下面的顶针螺丝，使磁针离开顶针。磁针静止时，一端指向地球的南磁极，一端指向北磁极。为了减小磁倾角的影响，在南端绕有铜丝。

（2）刻度盘

刻度盘为钢或铝制成的圆环，最小分划为 1°或 30′，每 10°有一注记，按逆时针方向从 0°注记到 360°。望远镜物端与目镜端分别在 0°与 180°刻度线正上方，如图 4-21b 所示。罗盘仪在定向时，刻度盘与望远镜一起转动指向目标，当磁针静止后，刻度盘上由 0°逆时针方向至磁针北端所指的读数即为所测直线的磁方位角。这种刻度盘是方位罗盘仪。图 4-20c 由北、南、东、西各 0°~90°刻划，为象限罗盘仪。

（3）望远镜

望远镜由物镜、十字丝分划板和目镜组成，是一种小倍率的外对光望远镜。

此外，罗盘仪还附有圆形或管形水准器以及球臼装置，用以整平仪器。为了控制度盘和望远镜的转动，附有度盘制动螺旋以及望远镜制动螺旋和微动螺旋。一般罗盘仪都附有三角架和垂球，用以安置仪器。

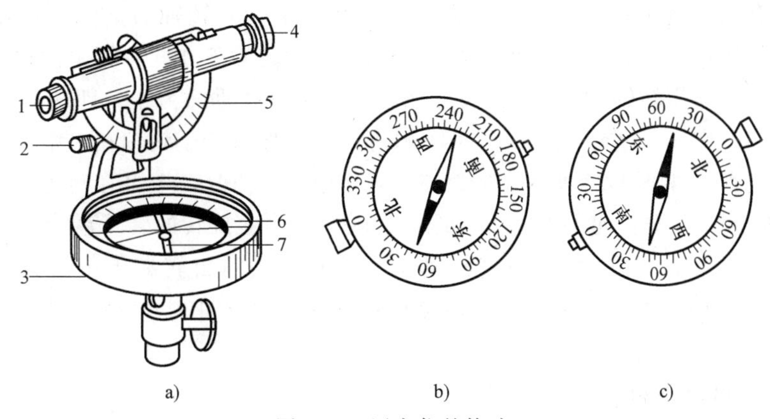

图 4-21　罗盘仪的构造

1—目镜　2—竖直微动螺旋　3—顶针螺丝　4—物镜　5—竖直刻度盘　6—水平刻度盘　7—磁针

2. 磁方位角测定

为了测定直线 AB 的磁方位角，先将罗盘仪安置在直线起点 A，用垂球对中，利用球臼装置使水准器气泡居中，然后放松磁针，用望远镜瞄准 B 点花杆。待磁针静止后，根据磁针北端在刻度盘上读数，即为直线 AB 的磁方位角。象限罗盘仪的读数为象限角。

目前，许多经纬仪配备了与罗盘仪相似的管状罗针测磁方位角，它安装在经纬仪支架上随照准部旋转。使用时，经纬仪安置在测线起点，装上罗针，望远镜大致瞄准北方向，拧松磁针制动螺丝放下磁针，由罗针观察孔磁针两端的影像（图 4-22a），影像上下未重合，说明经纬仪视准轴未平行于磁北。转动经纬仪水平微动螺旋，使影像上下重合（图 4-22b），此时视准轴朝北。读取水平度盘读数（或归零），再瞄准测线终点方向，读取水平度盘读数，两读数之差即为测线的磁方位角。

3. 注意事项

1）使用罗盘仪测量时，凡属铁质器具，如测钎、铁锤等物，应远离仪器，以免影响磁针的指北精度。

2）应避免在磁力异常地区，如高压线、铁矿等附近使用罗盘仪测量，雷电时应停止测量。

3）必须待磁针静止后才能读数，读数完毕应将磁针固定，以免磁针顶针磨损。

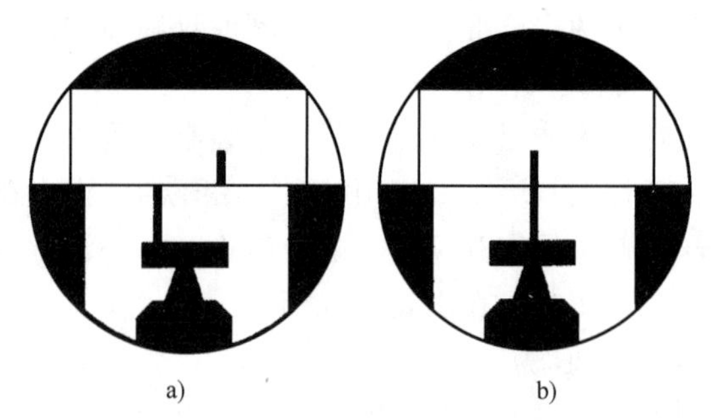

图 4-22　管状罗针观察视场

4）若磁针摆动较长时间还静止不下来，这表明磁针磁性不足，应进行充磁。

4.4.5　真方位角的测定

1. 陀螺仪定向原理

陀螺经纬仪是陀螺仪和经纬仪组合的定向仪器。陀螺仪的核心部件是陀螺转子（电动机），其质量大部分集中在边缘，可以 20000 转/min 左右的高速绕自己的转轴旋转。利用陀螺经纬仪定向，操作简单迅速，且不受时间制约，常用于公路、铁路、隧道测量。

自由陀螺有两个基本特性：一是在无外力矩作用下，其转轴的空间方位不变，即定轴性；二是在外力矩作用下，若力矩作用的转轴与陀螺的转轴不在同一铅垂面时，陀螺转轴沿最短路径向外力矩作用转轴“进动”，直至两轴位于同一铅垂面为止，即进动性。

将陀螺仪的陀螺转子密封安装在充氧陀螺房内，在保证转子转轴在水平面内，将陀螺房用金属带悬挂起来。如图 4-23 所示，陀螺的重心位于悬挂轴 OZ 上且在转子的下部，整个陀螺房对 OZ 施加了一个垂直向下的重力。地球自转时，高速旋转的转子就会受到重力产生的重力矩而向子午面形成“进动”。在“进动”过程中，地球自转在子午面方向的力逐渐减小，当转子轴“进动”到子午面上时，地球自转的子午面方向的力为 0，此时转子轴指向正北方向。

2. 陀螺经纬仪及其构造

如图 4-24 为国产 JT15 陀螺经纬仪，主要由陀螺仪、经纬仪和电源等组成。

陀螺仪有灵敏部、光学观测系统和锁紧限幅装置等，如图 4-25 所示。

灵敏部的陀螺电动机 4 连同陀螺房通过悬挂柱 10 由悬挂带 1 悬挂起来，由两根导流丝 12、悬挂带及旁路结构给其供电。悬挂柱上装有反光镜。

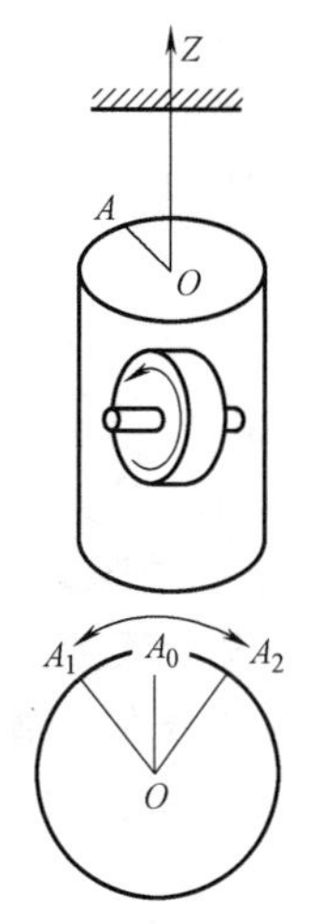

图 4-23　陀螺仪定向原理

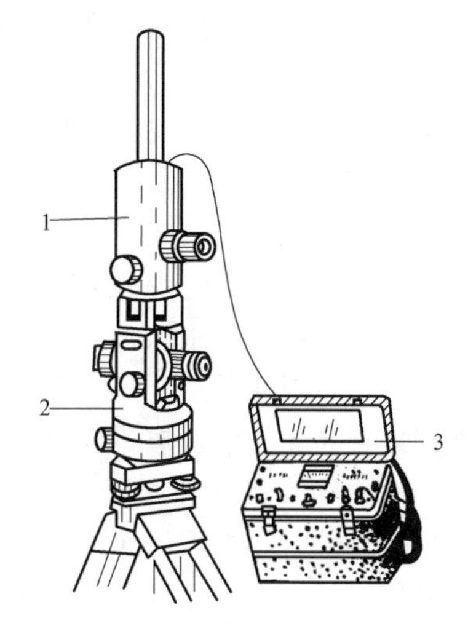

图 4-24　JT15 陀螺经纬仪的配置

1—陀螺仪　2—经纬仪　3—电源箱

光学观测系统中，当照明灯 2 点亮后，照明与支架 13 固连的光标 3，经过反光镜几次反射，再由物镜组成像于分划板 5 上。光标影像在观察目镜视场中的摆动反应灵敏部的摆动现状。

锁紧限幅装置包括锁紧限幅机构 17 和凸轮 7，旋转仪器外部的操作手轮，凸轮 7 便带动锁紧限幅装置 17 升降，使灵敏部托起（固定）或下放（摆动）。仪器外壳 14 内壁和底部装有防止外界磁场干扰的磁屏蔽罩 15。整个陀螺仪用桥形支架 9 由螺纹压环固定在经纬仪支架上。桥形顶部有强制归心槽，保证陀螺仪与经纬仪的旋转中心位于同一铅垂线上，照准部旋转时陀螺仪也随之旋转，不用陀螺仪时可由连接支架上取下，经纬仪可单独使用。

电源是一个直流晶体管电子设备，包括蓄电池组、逆变器和充电器三部分。下部为蓄电池箱，装有两组串联镍镉密封蓄电池，通过电缆输出 24V 电压给逆变器供电。上部为逆变器和充电器，逆变器将直流电变为三相交流电供电动机使用。逆变器面板上设有操作机构。

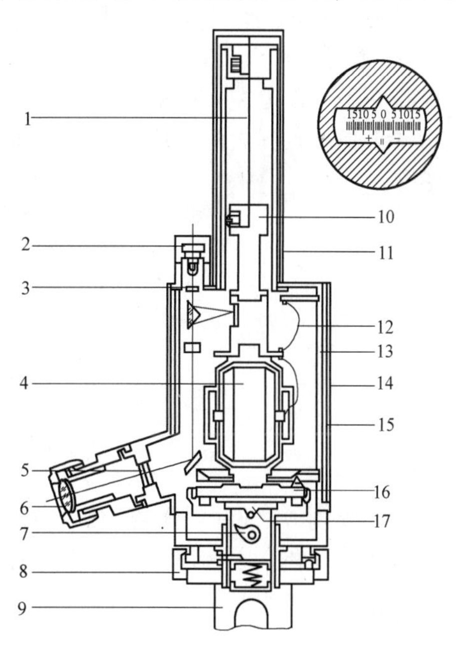

图 4-25　陀螺经纬仪基本结构

1—悬挂带　2—照明灯　3—光标　4—陀螺马达　5—分划板　6—目镜　7—凸轮　8—螺纹压环　9—桥形支架　10—悬挂柱　11—上部外罩　12—导流丝　13—支架　14—外壳　15—磁屏蔽罩　16—灵敏部底座　17—锁紧限幅机构

3. 真方位角测定

1）准备

先将陀螺经纬仪安置在测线起点，对中、整平，盘左位置装上陀螺仪，并使经纬仪和陀螺仪的目镜同侧。打开电源箱，接通电缆，旋波段开关至“照明”，钮式开关扳至“电池电压”，电表指针在红区内，说明电源接通。观察目镜中可观察到已照明的光标和分划板的影像。

2）粗定向

粗定向是为了将经纬仪视线近似安置在北方向。其方法有两逆转点法、1/4周期法和罗盘法。这里介绍两逆转点法。

启动电动机，当电源逆变器电压指标为36V时，陀螺达到额定转速。旋转陀螺仪操作手轮，放下灵敏部，松开经纬仪水平制动螺旋，由观测目镜中观察光标线游动的方向和速度，用手扶住照准部进行跟踪，一使光标线随时与分划板零刻划线重合。当光标线游动速度减慢时，表明已接近逆转点。在光标线快要停下来的时候，旋紧水平制动螺旋，用水平微动螺旋继续跟踪，当光标出现短暂停顿到达逆转点时，立即读出水平度盘读数 u'_1；随后光标反向移动，同法继续反向跟踪，当到达第二个逆转点时读取 u'_2。托起灵敏部制动陀螺，取两次读数的平均值，即得近似北方向盘左度盘上的读数。将照准部安置在此平均读数的位置上，这时，望远镜视准轴就近似指向北方向。

3）精密定向

经粗略定向后望远镜已近似指北，即可进行精密定向。精密定向一般采用跟踪逆转点法和中天法。这里主要介绍跟踪逆转点法。

将水平微动螺旋放在行程中间位置，制动经纬仪照准部。启动电动机，达到额定转速并继续运转3分钟后，缓慢地放下陀螺灵敏部，并进行限幅（摆幅3~7为宜），使摆幅不要超过水平微动螺旋行程范围。用微动螺旋跟踪，跟踪要平稳和连续，不要触动仪器各部位。当到达一个逆转点时，在水平度盘上读数，然后朝相反的方向继续跟踪和读数，如此连续读取5个逆转点读数 u_1、u_2、u_3、u_4、u_5，结束观测，托起灵敏部，关闭电源，收测。

陀螺在子午面上左右摆动，其轨迹符合正弦规律，但摆幅会略有衰减，如图4-26所示。两次取5个逆转点读数的平均值，就得到陀螺北方向的读数 N_T。即

$$\left.\begin{aligned} N_1 &= \frac{1}{2}\left(\frac{u_1+u_3}{2}+u_2\right) \\ N_2 &= \frac{1}{2}\left(\frac{u_2+u_4}{2}+u_3\right) \\ N_3 &= \frac{1}{2}\left(\frac{u_3+u_5}{2}+u_4\right) \\ N_T &= \frac{1}{3}(N_1+N_2+N_3) \end{aligned}\right\} \tag{4-42}$$

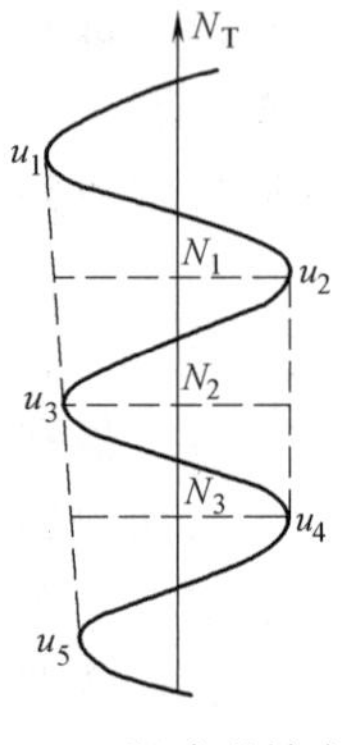

图4-26 跟踪逆转点法

注意：观测 N_T 前和观测 N_T 后，都要用经纬仪照准测线终点标志观测测线方向值一个测回。设测线观测值（4个）的平均值为 M，测线的陀螺方位角为

$$A' = M - N_T \tag{4-43}$$

最后，根据陀螺仪的《用户手册》，将 A' 加上零位改正和仪器常数，即得测线的真方位角 A。

4. 注意事项

1）启动和制动陀螺仪时，陀螺灵敏部必须处在托起（锁紧）档状态，以防止悬挂带和导流丝受损。在陀螺运转时不许搬动仪器。

2）使用电源逆变器时，注意接线正确，没有陀螺负载时不得开启电源。关机，电动机停转后，应将钮式开关扳“关”档，以免长期放在“制动”档损坏逆变器。

3）蓄电池不要过量充电。当发现单体蓄电池有鼓胀或电压高于设计电压时，应立即停止充电。

4）仪器在长途运输过程中，注意防震，且仪器箱不得倒置。

Chapter 05

测量误差

5.1 测量误差概述

在实际的测量工作中，无论使用的仪器多么精密，观测者的观测多么仔细、技术多么娴熟，外界环境多么优越，常常还是会出现下述情况：多次观测同一个角或多次丈量同一段距离时，它们的观测结果之间往往会存在一定的差异；在观测了一个平面三角形的三个内角后，发现这三个实测内角之和往往不等于其理论值 180°。这种在同一个量的各观测值之间或各观测值所构成的函数与其理论值之间存在差异的现象，在测量工作中是普遍存在的，这就是误差。

设观测量的真值为 $\widetilde{L}$，则观测量 L_i 的误差 Δ_i 定义为

$$\Delta_i = L_i - \widetilde{L} \tag{5-1}$$

5.1.1 测量误差产生的原因

任何测量工作都是由观测者使用测量仪器在一定的观测条件下完成的，所以通常把观测者、测量仪器和外界观测环境三方面因素综合起来称为观测条件。观测条件的好坏与观测成果的质量有着密切的联系。在相同观测条件下进行的各次观测，称为等精度观测，其相应的观测值称为等精度观测值；在不同观测条件进行的各次观测，称为不等精度观测，其相应的观测值称为不等精度观测值。观测误差产生的原因很多，概括起来有以下几方面：

（1）观测者

由于观测者感觉器官的鉴别能力和技术熟练程度有一定的局限性，在仪器安置、照准、读数等工作中都会产生误差。同时，观测者的工作态度对观测数据的质量也有着直接影响。

（2）测量仪器

仪器制造工艺水平有限，不能保证仪器的结构都能满足各种几何条件；并且仪器在搬运及使用的过程中所产生的振动或碰撞等，都会导致仪器各种轴线间的几何关系不能满足要求。这样由于仪器的结构不完善也会导致测量结果中带有误差。

（3）外界观测环境

测量时所处的外界环境，如温度、湿度、风力、大气折光等因素的变化会对观测数据直接产生影响。

在测量工作中，受观测条件的限制，测量数据中存在误差是不可避免的。有时由于观测

者的疏忽还会出现错误，或称为粗差，如测量人员不正确地操作仪器或读错、记错等。粗差在测量过程中是不允许存在的，通常采用重复观测等手段将粗差予以剔除。

5.1.2 测量误差的分类

1. 系统误差

在相同观测条件下对某量进行多次观测，若观测误差的大小和符号均保持不变或按一定的规律变化，则称这种误差为系统误差。

仪器设备制造不完善是系统误差产生的主要原因之一。例如：在水准测量时，当水准仪的视准轴和水准管轴不平行而产生 i 角时，它对水准尺读数所产生的误差与视距的长度成正比。再如，某钢尺的名义尺长为 20m，经检定实际尺长为 19.996m，那么每个尺段就带有 0.004m 的尺长改正，它是一个常数，同时该尺段还伴随着按一定温度规律变化的尺长误差，二者将随尺段数的增加而累积。所以说系统误差具有明显的规律性和累积性。

由上所述可知，系统误差对测量结果的影响很大，但是由于系统误差具有较强的规律性，所以可以采取措施加以消除或最大限度地降低其影响。在实际测量工作中，一是在观测前仔细检定和校正仪器，并在施测时尽量选择与检定时的观测条件相近时进行。二是在施测过程中选择适当的观测方法，如水准测量时，使前后视距相等，以消除视准轴不平行于水准轴对观测高差所引起的误差等；又如用经纬仪采用盘左、盘右观测可以消除仪器视准轴与横轴不垂直所带来的误差等。三是应用计算改正数的方法对测量成果进行必要的数学处理，如量距钢尺需预先经过检定以求出尺长误差及对所量的距离进行尺长误差公式改正以减弱尺长误差对距离的影响等。

2. 偶然误差

在相同观测条件下对某量进行多次观测，若观测误差的大小和符号没有表现出任何规律性，这类误差称为偶然误差，也叫随机误差。

偶然误差产生的原因是随机的，如仪器没有严格照准目标、估读位读数不准等都属于偶然误差。单个的偶然误差就其大小和符号而言是没有规律的，但若在一定的观测条件下对某量进行多次观测，误差却呈现出一定的规律性，并且随着观测次数的增加，偶然误差的规律性表现得更加明显。

例如：在相同的观测条件下，对 358 个三角形的内角进行了观测。由于观测值含有偶然误差，观测量函数的真值是已知的，则每个三角形内角之和的真误差 Δ_i 可由下式计算：

$$\Delta_i=(L_1+L_2+L_3)_i-180^\circ \quad (i=1,2,\cdots,358) \tag{5-2}$$

式中 $(L_1+L_2+L_3)_i$——各三角形内角和的观测值。

由式（5-2）可计算出 358 个三角形内角之和的真误差，将误差出现的范围分为若干相等的小区间，每个区间长度 $d\Delta$ 取为 2″，以误差的大小和正负号，分别统计出它们在各误差区间内出现的个数 V 和频率 V/n，结果列于表 5-1。

表 5-1 偶然误差的频率分布

误差区间 dΔ/″	正误差		负误差		合计	
	个数 V	频率 V/n	个数 V	频率 V/n	个数 V	频率 V/n
0~2	45	0.126	46	0.128	91	0.254
2~4	40	0.112	41	0.115	81	0.226

（续）

误差区间 dΔ/″	正误差		负误差		合计	
	个数 V	频率 V/n	个数 V	频率 V/n	个数 V	频率 V/n
4~6	33	0.092	33	0.092	66	0.184
6~8	23	0.064	21	0.059	44	0.123
8~10	17	0.047	16	0.045	33	0.092
10~12	13	0.036	13	0.036	26	0.073
12~14	6	0.017	5	0.014	11	0.031
14~16	4	0.011	2	0.006	6	0.017
16以上	0	0	0	0	0	0
累计	181	0.505	177	0.495	358	1.000

由表5-1可以看出：最大误差不超过16″，小误差比大误差出现的频率高，绝对值相等的正、负误差出现的个数近于相等。

为了更直观地表达偶然误差的分布情况，以 Δ 为横坐标，以 $y=\frac{V}{n}/\mathrm{d}\Delta$ 为纵坐标作直方图，见图5-1。

当误差个数足够多时，如果将误差的区间间隔无限缩小，则图5-1中各长方形顶边所形成的折线将变成一条光滑曲线，称为误差分布曲线，如图5-2所示。

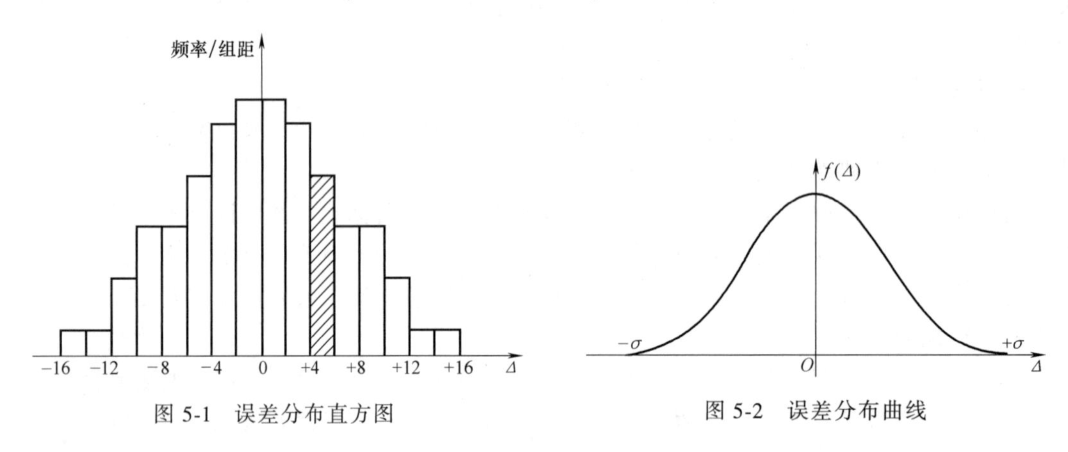

图5-1　误差分布直方图

图5-2　误差分布曲线

在概率论中，把服从图5-2的分布称为正态分布。偶然误差 Δ 服从正态分布 $N(0,\sigma^2)$，其概率密度函数为

$$f(\Delta)=\frac{1}{\sqrt{2\pi}\sigma}\mathrm{e}^{-\frac{\Delta^2}{2\sigma^2}} \tag{5-3}$$

式中　Δ——观测误差；

σ^2——观测误差的方差。

一定的观测条件下产生的一系列观测误差对应着这样一条确定的误差分布曲线：σ 越小，曲线形态越陡峭，表明小误差出现的概率大，观测质量好，观测精度高；反之，σ 越大，曲线形态越平缓，表明大误差出现的概率大，观测质量差，观测精度低。可见，精度就是指观测误差分布的密集和离散程度。

实践证明，对大量测量误差进行分析统计都可得出上述结论，而且观测个数越多，这种规律越明显。因此总结出偶然误差具有如下特性：

（1）有界性。在一定的观测条件下，偶然误差的绝对值有一定的限值。

（2）集中性。绝对值较小的误差比绝对值较大的误差出现的机会多。

（3）对称性。绝对值相等的正误差与负误差出现的机会相等。

（4）抵偿性。当观测次数无限增多时，偶然误差的算术平均值趋近于零，即

$$\lim_{n\to\infty}\frac{[\Delta]}{n}=0 \tag{5-4}$$

式中，$[\Delta]=\Delta_1+\Delta_2+\cdots+\Delta_n$。

上述第四个特性说明，偶然误差具有抵偿性，这又主要是由上述第三个特性导出的。

掌握了偶然误差的特性，就能根据带有偶然误差的观测值求出未知量的最可靠值，并衡量其精度；同时，也可应用误差理论来研究合理的测量工作方案和观测方法。

为了尽可能地降低偶然误差对观测结果的影响，可选择高等级仪器，选择有利的观测条件和观测时机，进行多次观测，并应用概率统计方法计算出观测值和未知量的最优估值，对测量结果进行精度评定，以鉴别观测值和观测结果的质量。

5.2 评定精度的指标

在测量工作中，除了对未知量进行多次观测，求出最后结果以外，还需要对观测结果的质量进行评定，通常我们是用精度来衡量观测结果的好坏。据前所述，精度就是指误差分布的密集和离散程度。虽然前述的直方图和误差统计表可以反映出观测成果的精度，但是要进行大量的观测却显得非常不方便也不实用。因此，在测量工作中常采用中误差、相对误差和极限误差作为衡量精度的指标。

5.2.1 中误差

在相同的观测条件下，对同一未知量进行 n 次观测，所得各真误差平方数平均值的平方根，称为中误差，用 m 表示，即

$$m=\pm\sqrt{\frac{[\Delta_1+\Delta_2+\cdots+\Delta_n]}{n}}=\pm\sqrt{\frac{[\Delta\Delta]}{n}} \tag{5-5}$$

由式（5-5）可知，观测值的真误差分布越离散，其中误差 m 越大，表明观测的精度越低；反之，观测值真误差分布越密集，其中误差 m 就越小，表明观测的精度越高。

在实际工作中，n 总是有限的。当 $n\to\infty$ 时，即为标准差 σ，即

$$\sigma=\lim_{n\to\infty}\sqrt{\frac{[\Delta\Delta]}{n}} \tag{5-6}$$

所以取 σ 的估值，即中误差 m 作为评定精度的指标。

【例 5-1】 设有两组同精度观测值，其真误差分别为

第一组：−2″、+3″、−1″、−2″、+3″、+2″、−1″、−3″

第二组：+1″、−4″、−1″、+6″、−5″、0″、+4″、−2″

试求这两组观测值的中误差。

解：

$$m_1 = \pm\sqrt{\frac{4+9+1+4+9+4+1+9}{8}} = \pm 2.3('')$$

$$m_2 = \pm\sqrt{\frac{1+16+1+36+25+0+16+4}{8}} = \pm 3.5('')$$

$m_1<m_2$ 可见：第一组观测值的精度要比第二组高，也就是说第一组观测的质量比第二组要好。

必须指出，在相同的观测条件下所进行的一组观测，由于对应着同一种误差分布，因此，对于这一组中的每一个观测值，虽然它们的真误差彼此并不相等，有的甚至相差很大，但它们的精度均相同，即都为同精度观测值。

在测量工作中，普遍采用中误差来评定测量成果的精度。

5.2.2 极限误差

根据偶然误差的第一特性，在一定的观测条件下，偶然误差的绝对值不会超过一定的限值，这个限值就是极限误差，简称限差。根据误差理论和大量实践表明，在一系列的同精度观测误差中，误差落在（$-m$，m），（$-2m$，$2m$），（$-3m$，$3m$）的概率分别为

$$P(-m<\Delta<m) = \int_{-\sigma}^{+\sigma} f(\Delta)\,\mathrm{d}\Delta \approx 0.683$$

$$P(-2m<\Delta<2m) = \int_{-2\sigma}^{+2\sigma} f(\Delta)\,\mathrm{d}\Delta \approx 0.955$$

$$P(-3m<\Delta<3m) = \int_{-3\sigma}^{+3\sigma} f(\Delta)\,\mathrm{d}\Delta \approx 0.997$$

由此可以看出，大于3倍中误差的偶然误差出现的机会很小，因此，通常以2倍或3倍中误差作为观测值取舍的限差，即

$$\Delta_{限} = 2m \quad 或 \quad \Delta_{限} = 3m \tag{5-7}$$

限差是偶然误差的最高限值，当某观测值的观测误差超过了容许误差时，可认为该观测值粗差，应舍去不用或重测。

5.2.3 相对误差

中误差和极限误差都是绝对误差，与观测量的大小无关。在距离测量工作中，单纯采用距离测量的中误差是不能反映距离丈量精度情况的。例如：分别丈量了100m和500m两段距离，中误差均为±0.02m。虽然两者的中误差相同，但就单位长度而言，两者精度并不相同，后者显然优于前者。此时，为了客观反映实际精度，常采用相对误差。

观测值中误差 m 的绝对值与相应观测值 S 的比值称为相对中误差。它是无量纲数，常表示为分子为1、分母为整数的形式，即

$$K = \frac{|m|}{S} = \frac{1}{N} \tag{5-8}$$

相对误差表示单位长度上所含中误差的多少，相对误差的分母越大，相对误差越小，精度越高。由此可见，使用相对误差能客观地反映距离测量的精度。如由例5-1可得

$$K_1 = \frac{0.02}{100} = \frac{1}{5000}$$

$$K_2 = \frac{0.02}{500} = \frac{1}{25000}$$

表明后者的精度比前者的高。

5.3　误差传播定律

由前述可知，当对某量进行了一系列的观测后，观测值的精度可用中误差来衡量。但在实际工作中，未知量往往不能或者是不便直接测定，而是由观测值通过一定的函数关系间接计算出来，这些未知量即为观测值的函数。例如：水准测量中，在某一测站上测得后视、前视读数分别为 a、b，则高差 $h=a-b$，这时高差 h 就是直接观测值 a、b 的函数。显然，函数 h 的中误差与观测值 a、b 的中误差之间存在一定的关系。

阐述观测值中误差与观测值函数中误差之间关系的定律称为误差传播定律。

未知量与观测量之间的函数形式有多种，本节就以以下四种常见的函数来讨论误差传播的规律。

5.3.1　倍数函数

设有倍数函数

$$Z = kx \tag{5-9}$$

式中　k——倍数（常数）；

　　x——直接观测值。

已知其中误差为 m_x，现求观测值函数 Z 的中误差 m_Z。设 x 和 Z 的真误差分别为 Δ_x 和 Δ_Z，由式（5-1）知它们之间的关系为

$$\Delta_Z = k\Delta_x \tag{5-10}$$

若对 x 共观测了 n 次，则

$$\Delta_{Z_i} = k\Delta_{x_i} \quad (i = 1, 2, \cdots, n) \tag{5-11}$$

将上述关系式求平方和并除以 n，得

$$\frac{[\Delta_Z\Delta_Z]}{n} = K^2 \frac{[\Delta_x\Delta_x]}{n} \tag{5-12}$$

根据中误差定义可知

$$m_Z^2 = \frac{[\Delta_Z\Delta_Z]}{n}$$

$$m_x^2 = \frac{[\Delta_x\Delta_x]}{n}$$

故

$$m_Z^2 = K^2 m_x^2 \tag{5-13}$$

即

$$m_Z = Km_x \tag{5-14}$$

可见观测值倍数函数的中误差等于观测值的中误差乘以倍数（常数）。

【例 5-2】　已知观测视距间隔的中误差为 $m_l = \pm 5\text{mm}$，$k = 100$，则根据水平视距公式 $D=$

$k \cdot l$，可得平距的中误差 $m_D = K \cdot m_l 100 m_l = \pm 0.5\text{m}$。

5.3.2 和差函数

设有和差函数

$$Z = x \pm y \tag{5-15}$$

式中 x，y——独立观测值，已知它们的中误差分别为 m_x 和 m_y。

设 x，y 的真误差分别为 Δ_x 和 Δ_y，由式（5-1）可得

$$\Delta_Z = \Delta_x \pm \Delta_y \tag{5-16}$$

若对 x，y 均观测了 n 次，则有

$$\Delta_{Z_i} = \Delta_{x_i} \pm \Delta_{y_i} \quad (i = 1, 2, \cdots, n) \tag{5-17}$$

将式（5-17）两端平方后求和，并同时除以 n，得

$$\frac{[\Delta_Z \Delta_Z]}{n} = \frac{[\Delta_x \Delta_x]}{n} + \frac{[\Delta_y \Delta_y]}{n} \pm 2\frac{[\Delta_x \Delta_y]}{n} \tag{5-18}$$

式（5-18）中，Δ_x 和 Δ_y 均为偶然误差，其符号出现正负的机会相同，且它们均为独立观测，所以 $[\Delta_x \Delta_y]$ 中各项出现正负的机会也相同。根据偶然误差的第三、第四特性，当 n 越大时，上式中最后一项将越趋近于零，于是式（5-18）可写成：

$$\frac{[\Delta_Z \Delta_Z]}{n} = \frac{[\Delta_x \Delta_x]}{n} + \frac{[\Delta_y \Delta_y]}{n} \tag{5-19}$$

根据中误差定义可得

$$m_Z^2 = m_x^2 + m_y^2 \tag{5-20}$$

或

$$m_Z = \pm\sqrt{m_x^2 + m_y^2} \tag{5-21}$$

可见观测值和差函数的中误差等于两观测值中误差平方和的平方根。

式（5-21）可以推广到 n 个独立观测值的情形。设 Z 是一组独立观测值 x_1，x_2，…，x_n 的和或差的函数，即

$$Z = x_1 \pm x_2 \pm \cdots \pm x_n \tag{5-22}$$

则依照前述的推导过程，可得

$$m_Z = \pm\sqrt{m_{x_1}^2 + m_{x_2}^2 + \cdots + m_{x_n}^2} \tag{5-23}$$

若 n 个观测值均为同精度观测，有 $m_{x_1} = m_{x_2} = \cdots\cdots = m_{x_n} = m_x$，则上式变为

$$m_Z = \pm\sqrt{n}\, m_x \tag{5-24}$$

【例 5-3】 在 $\triangle ABC$ 中，$\angle C = 180° - \angle A - \angle B$，$\angle A$ 和 $\angle B$ 的观测中误差分别为 3″和 4″，则 $\angle C$ 的中误差为

$$m_C = \pm\sqrt{m_A^2 + m_B^2} = \pm\sqrt{3^2 + 4^2} = \pm 5''$$

5.3.3 一般线性函数

设有一般线性函数

$$Z = k_1 x_1 \pm k_2 x_2 \pm \cdots \pm k_n x_n \tag{5-25}$$

式中 x_1，x_2，…，x_n——独立观测值；

k_1，k_2，…，k_n——常数。

则综合式（5-14）和式（5-21）可得线性函数 Z 的误差为

$$m_Z=\pm\sqrt{k_1^2m_{x_1}^2+k_2^2m_{x_2}^2+\cdots+k_n^2m_{x_n}^2} \tag{5-26}$$

【例 5-4】 有一函数 $Z=x_1+2x_2+5x_3$，其中 x_1、x_2、x_3 的中误差分别为 ±5mm、±2mm、±1mm，则 Z 的中误差为

$$m_Z=\pm\sqrt{m_{x_1}^2+4m_{x_2}^2+25m_{x_3}^2}=\pm\sqrt{25+4\times4+25\times1}=\pm8.1\ (\text{mm})$$

5.3.4　非线性函数

设有非线性函数

$$Z=f(x_1,x_2,\cdots,x_n) \tag{5-27}$$

式中　x_1，x_2，…，x_n——独立观测值，其中误差为 m_i（$i=1$，2，…，n）。

当 x_i 具有真误差 Δ_i 时，函数 Z 也将产生相应的真误差 Δ_Z。因为真误差 Δ 是一微小量，故将式（5-27）两边同时取全微分，将其化为线性函数：

$$\mathrm{d}z=\frac{\partial f}{\partial x_1}\mathrm{d}x_1+\frac{\partial f}{\partial x_2}\mathrm{d}x_2+\cdots+\frac{\partial f}{\partial x_n}\mathrm{d}x_n \tag{5-28}$$

若以真误差符号“Δ”代替式（5-28）中的微分符号“d”，可得

$$\Delta z=\frac{\partial f}{\partial x_1}\Delta x_1+\frac{\partial f}{\partial x_2}\Delta x_2+\cdots+\frac{\partial f}{\partial x_n}\Delta x_n \tag{5-29}$$

式中，$\frac{\partial f}{\partial_{x_i}}$是函数 Z 对 x_i 取的偏导数，并用观测值代入计算得的数值，即为常数。按式（5-26）可得

$$m_Z^2=\left(\frac{\partial f}{\partial x_1}\right)^2m_1^2+\left(\frac{\partial f}{\partial x_2}\right)^2m_2^2+\cdots+\left(\frac{\partial f}{\partial x_n}\right)^2m_n^2 \tag{5-30}$$

式（5-30）即为误差传播定律的一般形式。前述的式（5-14）、式（5-21）、式（5-26）都可看成是式（5-30）的特例。

【例 5-5】 丈量某一斜距 $S=56.341\text{m}$，其倾斜竖角 $\delta=15°25'36''$，斜距和竖角的中误差分别为 $m_S=\pm4\text{mm}$、$m_\delta=\pm10''$。求斜距对应的水平距离 D 及其中误差 m_D。

【解】 水平距离为

$$D=S\cdot\cos\delta=56.341\times\cos15°25'36''=54.311\ (\text{m})$$

$D=S\cdot\cos\delta$ 是一个非线性函数，所以按照式（5-28）对等式两边取全微分，化成线性函数，得

$$\Delta_Z=\cos\delta\cdot\Delta_S-S\cdot\sin\delta\cdot\Delta\delta/\rho''$$

再应用式（5-30），可得水平距离的中误差：

$$\begin{aligned}m_D^2&=\cos^2\delta\cdot m_S^2+(S\cdot\sin\delta)^2\cdot\left(\frac{m_\delta}{\rho''}\right)^2\\&=(0.964)^2(\pm4)^2+(56341\times0.266)^2\left(\frac{\pm10}{206265}\right)^2\\&=15.397\ (\text{mm})\end{aligned}$$

$$m_D = \pm 3.9\ (\text{mm})$$

故求得水平距离及其中误差为

$$D = 54.311\text{m} \pm 0.0039\text{m}$$

注意：在上式计算中，为了统一单位，需将角值的单位由秒化为弧度$\frac{m_\delta}{\rho''}$。

5.4 算术平均值及其中误差

理论上，观测值的正确值应该是该量的真值，但受观测条件的限制，观测值的真值往往很难求得，故实际处理中常用最接近观测值真值的最优估值取代真值。该最优估值称为观测值的最或然值（最或是值）。因此在测量工作中，除了要对观测成果进行精度评定外，还要确定观测值的最或然值。

5.4.1 算术平均值

设在相同的观测条件下对某量进行了 n 次等精度观测，观测值为 L_1，L_2，…，L_n，其真值为 X，真误差为 Δ_1，Δ_2，…，Δ_n。由式（5-1）可写出观测值的真误差为

$$\begin{aligned} \Delta_1 &= L_1 - X \\ \Delta_2 &= L_2 - X \\ &\vdots \\ \Delta_i &= L_i - X \qquad (i = 1, 2, \cdots, n) \end{aligned}$$

取上式各列之和并除以 n，得

$$X = \frac{[L]}{n} - \frac{[\Delta]}{n} \tag{5-31}$$

若以 x 表示上式中右边第一项，可得观测值的算术平均值为

$$x = \frac{[L]}{n} \tag{5-32}$$

则

$$X = x - \frac{[\Delta]}{n} \tag{5-33}$$

上式右边第二项是真误差的算术平均值。由偶然误差的第四特性可知，当观测次数 n 无限增多时，$\frac{[\Delta]}{n} \to 0$，此时 $x \to X$。所以当观测次数无限增多时，算术平均值趋近于真值。

然而实际测量中，观测次数 n 总是有限的，所以，根据有限个观测值求出的算术平均值 x 与其真值 X 间总存在有一微小差异$\frac{[\Delta]}{n}$。故当对一个观测值进行同精度多次观测后，观测值的算术平均值就是观测值的最或然值。

5.4.2 算术平均值的中误差

设对 n 个同精度观测值 L_i（$i = 1$，…，n），它们的算术平均值为

$$x=\frac{[L]}{n}=\frac{L_1}{n}+\frac{L_2}{n}+\cdots+\frac{L_n}{n} \tag{5-34}$$

设观测值的中误差为 m，应用误差传播定律式（5-26）可得算术平均值的中误差为

$$M_x^2=\left(\frac{1}{n}\right)^2 m^2+\left(\frac{1}{n}\right)m^2+\cdots+\left(\frac{1}{n}\right)m^2$$

$$M_x=\pm\frac{m}{\sqrt{n}} \tag{5-35}$$

由式（5-35）可知，算术平均值的中误差 M_x 是观测值中误差 m 的 $1/\sqrt{n}$ 倍，也就是说算术平均值的精度比各观测值的精度提高了$\sqrt{n}$倍。可见，增加观测次数 n，能有效削弱偶然误差对算术平均值的影响，提高观测精度。

但是，通过大量实验发现，当观测次数达到一定数目后，即使再增加观测次数，精度也提高得很少，因为观测次数与算术平均值中误差并不是成线性比例关系。因此，为了提高观测精度，除适当增加观测次数外，还应选用适当的观测仪器和观测方法，选择良好的外界环境，提高操作人员的操作素质来改善观测条件。

5.4.3　用改正数求中误差

当观测值的真误差已知时，可直接采用式（5-5）计算出观测值的中误差。但很多时候观测值的真误差是未知的，所以在实际工作中常常以观测值的算术平均值取代观测值的真值进行中误差的解求。

观测值的算术平均值 x 与观测值之差，称为该观测值的改正数，用 v 表示：

$$v_i=x-L_i \tag{5-36}$$

v 是观测值真误差的最优估值。

根据式（5-1）$\Delta_i=L_i-\widetilde{L}$ 可得

$$v_i+\Delta_i=x-\widetilde{L} \tag{5-37}$$

故

$$\Delta_i=-v_i+(x-\widetilde{L}) \tag{5-38}$$

将式（5-38）分别自乘然后求和，得

$$[\Delta\Delta]=[vv]-2[v](x-\widetilde{L})+n(x-\widetilde{L})^2 \tag{5-39}$$

由式（5-36）可得

$$[v]=n\cdot x-[L]=n\cdot\frac{[L]}{n}-[L]=0 \tag{5-40}$$

将式（5-40）代入式（5-39），设 $\delta=x-\widetilde{L}$，再将等式两边分别除以 n，得

$$\frac{[\Delta\Delta]}{n}=\frac{[vv]}{n}+\delta^2 \tag{5-41}$$

又因为

$$\delta=\frac{[\Delta]}{n} \tag{5-42}$$

故

$$\delta^2=\frac{1}{n^2}[\Delta]^2=\frac{1}{n^2}(\Delta_1+\Delta_2+\cdots+\Delta_n)^2$$

$$=\frac{1}{n^2}(\Delta_1^2+\Delta_2^2+\cdots+\Delta_n^2)+\frac{1}{n^2}(\Delta_1\Delta_2+\Delta_1\Delta_3+\cdots+\Delta_1\Delta_n+\Delta_2\Delta_3+\Delta_2\Delta_4+\cdots) \tag{5-43}$$

由于真误差 Δ_i 的互乘项仍然具有偶然误差的性质，根据偶然误差的第四特性，当 $n\to\infty$ 时，互乘项之和趋于零；n 为有限个时，其值也是一个微小量，故可忽略不计。则式(5-41)可以写成：

$$\frac{[\Delta\Delta]}{n}=\frac{[vv]}{n}+\frac{[\Delta\Delta]}{n^2} \tag{5-44}$$

根据中误差定义，式（5-44）改写为

$$m^2=\frac{[vv]}{n}+\frac{m^2}{n}$$

则

$$m=\pm\sqrt{\frac{[vv]}{n-1}} \tag{5-45}$$

此为用改正数求中误差的白塞尔公式。

【例 5-6】 表 5-2 为对某段距离进行了 5 次等精度观测并得出了观测结果，试求该段距离的最或然值及其中误差。

表 5-2 算术平均值及其中误差计算

序号	L/m	v/mm	vv/mm	精度评定
1	99.341	+6	36	$m=\pm\sqrt{\frac{74}{4}}=\pm4.3(\text{mm})$ $M=\pm\frac{m}{\sqrt{n}}=\sqrt{\frac{[vv]}{n(n-1)}}=\sqrt{\frac{74}{5\times4}}=\pm1.9(\text{mm})$
2	99.352	−5	25	
3	99.34	0	0	
4	99.350	−3	9	
5	99.345	+2	4	
	$x=\frac{[L]}{n}=99.347$	$[v]=0$	$[vv]=74$	

5.5 加权平均值及其中误差

5.5.1 权的概念

等精度观测时，可以取算术平均值作为观测值的最或然值，同时还可以求出观测值的中误差以及算术平均值的中误差。但是在实际工作中往往会遇到不等精度观测的问题。不同精度的观测值其精度和可靠程度是不同的，它们对最或然值的影响也是不同的，此时就不能按前述的方法来计算观测值的最或然值和评定其精度。而在计算观测值的最或然值时就应考虑到各观测值的质量和可靠程度，精度较高的观测值，在计算最或然值时应占有较大的比例；反之，精度较低的应占较小的比例。为此，各个观测值要给定一个数值来比较它们的可靠程度，这个数值在测量计算中被称为观测值的权，常用 P 表示，可靠性较大的观测值应具有较大的权。

5.5.2　权与中误差的关系

根据前述可知，观测值的中误差越小，精度越高，权就越大，反之亦然。因此，可根据中误差来定义观测结果的权。设非等精度观测值 L_1，L_2，…，L_n 的中误差分别为 m_1，m_2，…，m_n，则观测值的权可用下式来定义：

$$P_i=\frac{\mu^2}{m_i^2}\quad(i=1,2,\cdots,n)\tag{5-46}$$

式中　P_i——观测值的权；

μ——任意常数；

m_i——各观测值对应的中误差。

在用式（5-46）求一组观测值的权 P_i 时，必须采用同一个 μ 值。

当取 $P=1$ 时，式（5-46）中 $\mu=m$。通常称数字为1的权为单位权，单位权对应的观测值为单位权观测值，单位权观测值对应的中误差 μ 为单位权中误差。

当已知一组不等精度观测值的中误差时，可以先设定 μ 值，然后按式（5-46）计算各观测值的权。

【例5-7】 已知三个角度观测值的中误差分别为 $m_1=\pm3''$、$m_2=\pm4''$、$m_3=\pm5''$，根据式（5-46）可得它们的权分别为

$$P_1=\mu^2/m_1^2,\quad P_2=\mu^2/m_2^2,\quad P_3=\mu^2/m_3^2$$

若设 $\mu=\pm3''$，则

$$P_1=1,\quad P_2=9/16,\quad P_3=9/25$$

若设 $\mu\pm1''$，则

$$P_1'=1/9,\quad P_2'=1/16,\quad P_3'=1/25$$

上例中 $P_1:P_2:P_3=P_1':P_2':P_3'=1:0.56:0.36$。可见，当 μ 值不同时，权值也不同，但不影响各权之间的比例关系。中误差用于反映观测值的绝对精度，而权值用于比较各观测值之间的精度高低。因此，权值的意义在于它们之间所存在的比例关系，而不在于它本身数值的大小。

5.5.3　加权平均值及其中误差

对某量进行了 z 次不等精度观测，观测值分别为 L_1，L_2，…，L_n，相应的权值为 P_1，P_2，…，P_n，则该观测量的加权平均值 x 就是不等精度观测值的最或然值，其计算公式为

$$x=\frac{P_1L_1+P_2L_2+\cdots+P_nL_n}{P_1+P_2+\cdots+P_n}\tag{5-47}$$

显然，当各观测值为等精度时，其权值为 $P_1=P_2=\cdots=P_n=1$，式（5-47）就与求算术平均值的式（5-32）一致了。

根据误差传播定律式（5-26）可导出加权平均值的中误差为

$$m_x^2=\frac{1}{[P]^2}(P_1^2m_1^2+P_2^2m_2^2+\cdots+P_n^2m_n^2)\tag{5-48}$$

由权值定义式（5-46），有

$$m_i^2=\frac{\mu^2}{P_i}$$

代入式（5-48），可得加权平均值的方差计算式为

$$M_x^2=\frac{\mu^2}{[P]^2}(P_1+P_2+\cdots+P_n)=\frac{\mu^2}{[P]} \tag{5-49}$$

则加权平均值的中误差为

$$M_x=\pm\frac{\mu}{\sqrt{[P]}} \tag{5-50}$$

实际计算时，式（5-50）中的单位权值中误差μ可用观测值的改正数来计算，其计算公式为

$$\mu=\pm\sqrt{\frac{[Pvv]}{n-1}} \tag{5-51}$$

将式（5-50）代入式（5-51），可得加权平均值的中误差计算公式为

$$M_x=\pm\frac{\mu}{\sqrt{[P]}}=\pm\sqrt{\frac{[Pvv]}{[P](n-1)}} \tag{5-52}$$

第6章

Chapter 06

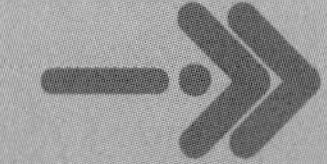

全站仪及其应用

6.1 全站仪测量的特点

全站仪（全站型电子速测仪）是集测角、测距等多功能于一体的电子测量仪器，能在一个测站上同时完成角度和距离测量，适时根据测量员的要求显示测点的平面坐标、高程等数据。

全站仪一次观测可获得水平角、竖直角和倾斜距离三种基本数据，具有较强的计算功能和较大容量的储存功能，可安装各种专业测量软件。在测量时，仪器可以自动完成平距、高差、坐标增量计算和其他专业需要的数据计算，并显示在显示屏上。也可配合电子记录手簿，实现自动记录、存储、输出测量成果，使测量工作大为简化，实现全野外数字化测量。

6.2 全站仪测量原理

全站仪的测角部分与电子经纬仪类似，它是采用光电扫描和电子元件自动读数和液晶显示，电子测角虽然采用度盘，但它与光学读数法不同，它是从度盘上“读”到电信号，再把电信号转换为数字并在液晶屏上显示角度值。电子测角的度盘主要有三种形式：编码度盘、光栅度盘和动态度盘。在测量角度时仅仅依靠电子度盘刻制的分划，无论采用哪种度盘都无法达到角度测量的精度要求，因此，都必须采用适当精度的电子测微器技术来提高角度分辨率，以达到角度测量的精度要求。

全站仪的测距部分与测距仪的原理相似，即以电磁波为载体，测出它的往返传播时间 t_{2D}，利用电磁波在空气中的传播速度解算出两点间的距离，如图 6-1 所示，则

$$D = Ct_{2D}/2$$

按测定时间 t 的方法，电磁波测距仪主要分为以下两种类型：

（1）脉冲式测距仪。直接测定仪器发出的脉冲信号往返的时间 t 的测距仪器称为脉冲式测距仪。由式 $D = Ct_{2D}/2$ 可知测距的关键在于测出往返的传播时间 t_{2D}，电磁波在空气中的传播速度约 3×10^5 km/s，因此，若

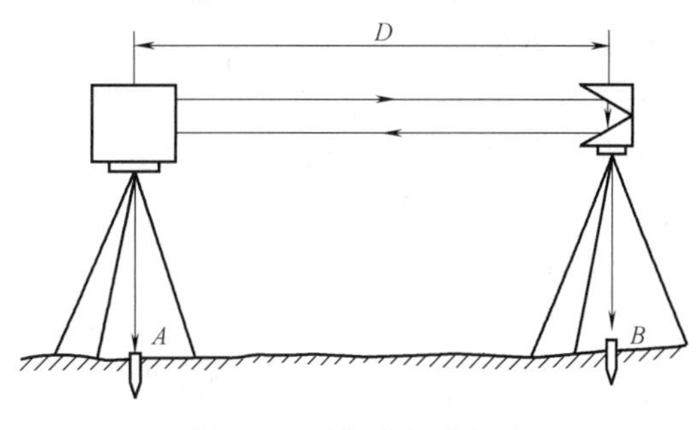

图 6-1　距离测量示意图

时间有 1μs（10^{-6}s）的误差，则距离会有 150m 的误差，所以测距对时间的要求非常高，假使要求测距误差小于 1cm 时，通过计算可知，计时精度需达到 0.6667×10^{-10}s，目前，计时精度欲达到 10^{-10}s，困难较大，由于时间的计时精度大，因此，在使用上受到很大的限制。

（2）相位式测距仪。它是测定仪器发射的测距信号返回时的滞后相位 ψ 来间接计算出传播时间 t，即

$$t_{2D}-\psi/\omega=\psi/(2\pi f)$$

式中　f——调制信号的频率。

若要求测距误差小于 1cm 时，通过计算可知，测定相位角的精度达到 0.36°即可，而达到 0.36°的测定相位角精度很容易实现，所以在目前的测距仪中相位式测距仪使用广泛。

6.3　全站仪的基本构造

全站仪基本构造框图如图6-2所示。全站仪主要由电子经纬仪、光电测距仪和内置微处理器组成。全站仪在一个仪器外壳内包含了电子经纬仪、光电测距仪和微处理器，而且电子经纬仪与光电测距仪共用一个望远镜，仪器各部分构成一个整体。随着信息产业技术的发展，全站仪已向智能化、自动化、功能集成化方向发展。

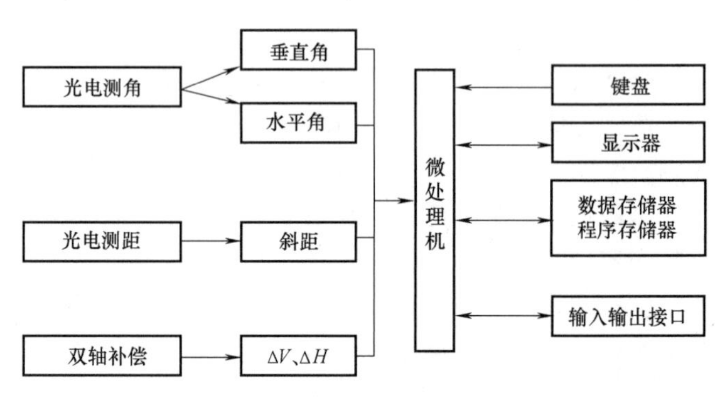

图 6-2　全站仪基本构造框图

全站仪在外观上具有与电子经纬仪、光电测距仪的相似特征外，还必须有各种通信接口，如 USB 接口或六针圆形孔 RS-232 接口或掌上电脑（PDA）接口等。全站仪在获得观测数据之后，可通过这些通信接口与计算机相连，在相应的专业软件支持下，才能真正实现数字化测量。

目前，市场上使用的全站仪种类很多，不同厂家、不同型号的全站仪在系统操作使用上有所不同，但是基本构造类似，且全站仪的基本测量原理与测量方法与光学的测量仪器基本一致。在此以拓普康（Topcon）公司的科维牌 TKS-202 系列全站仪为例说明全站仪的操作与使用，如图 6-3 和表 6-1、表 6-2 所示。

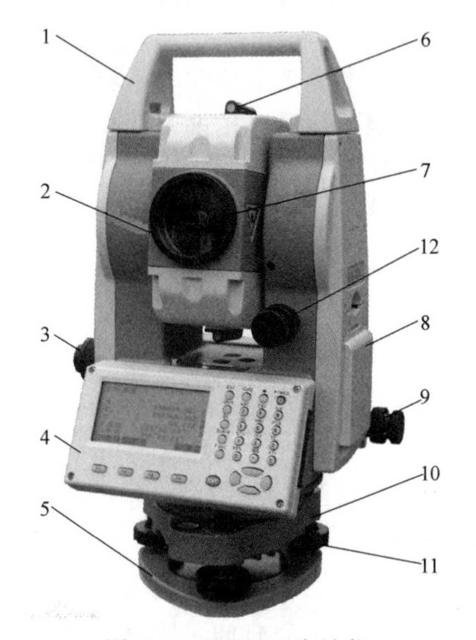

图 6-3　TKS-202 全站仪

1—提把　2—望远镜调焦环　3—水平微动手轮
4—操作面板　5—底板　6—瞄准器
7—望远镜目镜　8—电池　9—光学对点器
10—三角基座　11—脚螺旋　12—垂直微动手轮

1. 全站仪各部件名称

2. 主要技术指标

TKS-202 系列全站仪的主要技术指标如下：

（1）测角精度为±2″。

（2）测距精度为±（$2mm+2\times10^{-6}D$）。

（3）最大测程（单棱镜）为2km。

（4）测距时间（精测）1.2s。

（5）双轴自动补偿范围±3′。

（6）使用温度-20～50℃。

（7）气象改正$-999.9\sim+999.9\times10^{-6}$，步长$0.1\times10^{-6}$。

（8）棱镜常数改正$-99.9\sim+99.9\times10^{-6}$，步长$0.1\times10^{-6}$。

3. 屏幕显示符号及操作键功能简介

表6-1　显示符号说明

屏幕显示	内容	屏幕显示	内容	屏幕显示	内容
V%	垂直角(坡度)	HD	水平距离	NEZ	XY坐标和高程
HR	水平角(右角)	VD	高差		EDM电子测距正在进行
HL	水平角(左角)	SD	倾斜距离	m/f/i	显示测距的单位

表6-2　操作键的说明

键	名　称	功　能
☆	星键	设置或显示下列项目： (1)显示屏的对比度 (2)背景光 (3)倾斜改正 (4)设置音响模式
	坐标测量键	坐标测量模式
	距离测量键	距离测量模式
ANG	角度测量键	角度测量模式
POWER	电源键	电源开关
MENU	菜单键	在菜单模式与测量模式之间切换
ESC	退出键	返回上一层模式或取消
ENT	确认键	在输入完成后按此键
Fl～F4	软键功能键	对应于显示屏的软键功能信息

4. 反射棱镜

反射棱镜是与全站仪配套使用的主要测量器材，棱镜的作用就是将全站仪发射的电磁波反射回全站仪，由全站仪的接收装置接收，全站仪的计时器可记录电磁波从发射到接收的时间差，从而可求得全站仪与棱镜之间的距离。棱镜分为单棱镜、三棱镜、九棱镜等几种形式，常用的主要有单棱镜和三棱镜两种，如图6-4所示。单棱镜主要用于测短距离，三棱镜主要用于测长距离。

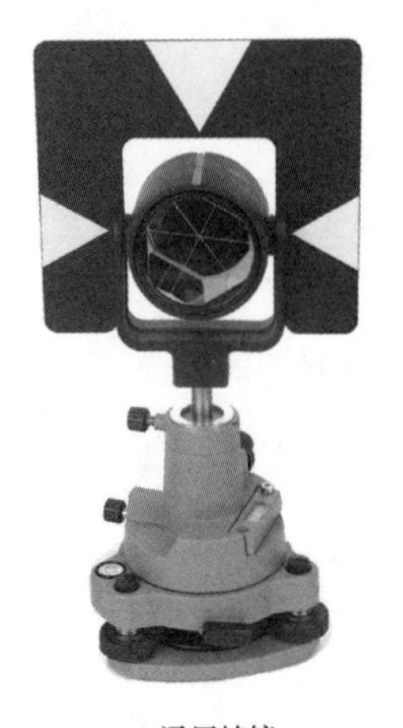

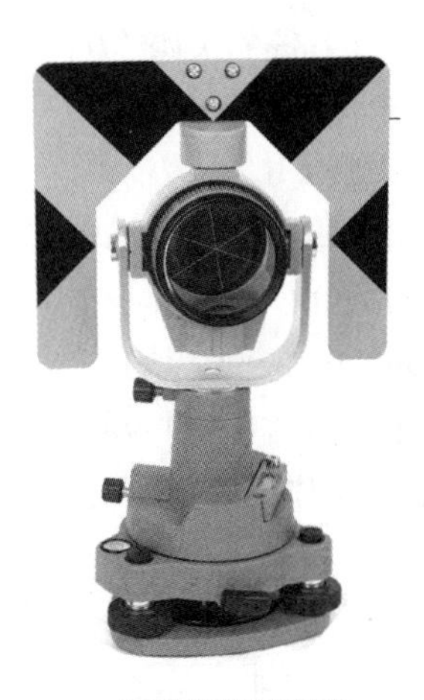

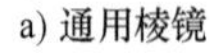

a) 通用棱镜　　　　b) 觇板可拆卸棱镜

图 6-4　反射棱镜

6.4　全站仪的基本功能

全站仪的基本功能是测量水平角、垂直角和倾斜距离。

将全站仪安置于测站，开机时，仪器先进行自检，观测员完成仪器的初始化设置后，全站仪一般先进入测量基本模式或上次关机时的保留模式。在基本测量模式下，可适时显示水平角和垂直角。照准棱镜，按距离测量键，数秒钟后，完成距离测量，并根据需要显示水平距离或高差或斜距。除了基本功能外，全站仪还具有自动进行温度、气压、地球曲率等改正功能。部分全站仪还具有下列特种功能。

1. 红色激光指示功能

1）提示测量。当持棱镜者看到红色激光发射时，就表示全站仪正在进行测量，当红色激光关闭时，就表示测量已经结束，如此可以省去打手势或者使用对讲机通知持棱镜者移站，提高作业效率。

2）激光指示持棱镜者移动方向，提高施工放样效率。

3）对天顶或者高角度的目标进行观测时，不需要配弯管目镜，激光指向哪里就意味着十字丝照准到哪里，方便瞄准，如此在隧道测量时配合免棱镜测量功能将非常方便。

4）新型激光指向系统，任何状态下都可以快速打开或关闭。

2. 免棱镜测量功能

1）危险目标物测量。对于难于达到或者危险目标点，可以使用免棱镜测距功能获取数据。

2）结构物目标测量。在不便放置棱镜或者贴片的地方，使用免棱镜测量功能获取数据，如钢架结构的定位等。

3）碎部点测量。在碎部点测量中，如房角等的测量，使用免棱镜功能，效率高且非常方便。

4）隧道测量中由于要快速测量，放置棱镜很不方便，使用免棱镜测量就变得非常容易及方便。

5）变形监测。可以配合专用的变形监测软件，对建筑物和隧道进行变形监测。

免棱镜测量机型将是今后全站仪的一个发展方向。

6.5 全站仪的应用测量

全站仪的基本测量功能包括电子测角（水平角、竖直角）、电子测距两部分。出厂设置的角度单位为度（degree），距离单位为米（meter），温度单位为摄氏度（Temp），气压单位为帕斯卡（Pa）。

1. 测量前的准备工作

1）电池充电。在进行测量工作前首先应将全站仪电池充好电。全站仪的充电方式有两种：一种是把充电器与全站仪直接连接充电；另一种是把电池取出放到座充上进行充电。

2）安置仪器。全站仪的安置与经纬仪一样，包括对中、整平两项工作，其方法也与经纬仪相同，一般的全站仪通过光学对中器进行对中，也有一些先进的仪器可以通过激光对中装置进行对中。当仪器对中、整平完成后就可以进行全站仪测量了。

2. 角度测量

竖直度盘的三种格式，可以根据需要选择竖直度盘的不同格式。

1）天顶距［Zenith］：竖直角的0方向为望远镜垂直指向天顶。

2）水平0［Vertical］：望远镜水平为0°。

3）水平0±90［Vertgo］：望远镜水平为0°，上至90°，下至-90°。

以水平角为例说明角度测量的方法：

架好仪器后，进入角度测量模式，在测角模式下，盘左精确瞄准起始目标，按下F1键，屏幕提示是否将水平角读数设置为0°00′00″。按下F3键确认，即将水平度盘读数置为0，瞄准终点方向，此时水平度盘读数HR即为盘左的观测角值，旋转照准部和望远镜，使得仪器盘右瞄准终点方向目标置零，设置仪器计数方向为HL，此时瞄准起始目标水平度盘读数HL即为盘右的观测值，根据观测的限差确定上、下半测回是否超限，若超限，则重新观测，否则取两次观测的平均值作为一测回的观测值，角度测量模式见表6-3。

表6-3 角度测量模式

页数	软键	显示	功　能
1	F1	置零	水平角置为0°00′00″
	F2	锁定	水平角读数锁定
	F3	置盘	通过键盘设置水平角
	F4	P1	显示第2页软键功能
2	F1	倾斜	设置倾斜改正开关,若选择开则显示倾斜改正值
	F2	复测	角度重复测量模式
	F3	V%	垂直角坡度(%)显示
	F4	P2	显示第3页软键功能
3	F1	H-蜂鸣	仪器每转动90°是否发出蜂鸣声的设置
	F2	R/L	水平角右/左计数方向的转换
	F2	竖盘	垂直角显示格式的切换
	F4	P3	显示第1页软键功能

3. 距离测量

距离测量模式见表6-4。

表6-4 距离测量模式

页数	软键	显示	功能
1	F1	测量	启动测量
	F2	模式	设置测量模式精测/粗测/跟踪
	F3	S/A	设置音响模式
	F4	P1↓	显示第2页软键功能
2	F1	偏心	偏心测量模式
	F2	放样	放样测量模式
	F3	m/f/i	米、英尺、英寸的变换
	F4	P2↓	显示第1页软键功能

由于光线在空气中的传播速度并非常数，它会随着大气的温度和压力而变，仪器在标准大气压（1013.25hPa）和温度为15℃时大气改正数为0。因此，在距离测量之前，首先通过菜单设置好棱镜常数和大气改正数。大气改正数 K_o 可根据设置大气压（p）和外界温度（t）通过下列公式计算：

$$K_o=[279.85-79.585p/(273.15+t)]\times10^{-6}$$

式中 p——大气压，单位为mmHg，1mmHg=133.322Pa；

t——外界温度，单位为℃。

正确输入棱镜常数、大气压、外界温度后，照准反射棱镜中心，按下距离测量键，全站仪自动测出两点之间的水平距离（HD）、高差（VD）、倾斜距离（SD）。根据测量精度的要求，可以选择精测、粗测两种模式进行测距。

4. 坐标测量

全站仪可以直接测设出点的三维坐标，即 $N(x)$、$E(y)$ 和 $Z(H)$ 坐标。坐标测量模式见表6-5。

表6-5 坐标测量模式

页数	软键	显示	功能
1	F1	测量	开始测量
	F2	模式	设置测量模式精测/粗测/跟踪
	F3	S/A	设置音响模式
	F4	P1↓	显示第2页软键功能
2	F1	镜高	输入棱镜高
	F2	仪高	输入仪器高
	F3	测站	输入测站点(仪器站)坐标
	F4	P2↓	显示第3页软键功能
3	F1	偏心	偏心测量模式
	F2	—	
	F3	m/f/i	米、英尺、英寸的变换
	F4	P3↓	显示第1页软键功能

测量步骤：

1）在已知控制点上安置全站仪，在另外一个已知点（后视点）上架设棱镜，在角度测量模式下，将水平度盘读数设置为后视方向的坐标方位角值。

2）照准目标点，选择坐标测量模式，进入第二功能页，在此页设置仪器高、棱镜高及测站点坐标等值。

3）按下测量键，全站仪自动测量目标点的坐标值，为了防止错误的发生，应先测后视点的坐标，将测出的坐标值与已知的数据进行对比，完全无误后方可进行操作。

5. 程序测量

（1）悬高测量（REM）

为了得到不能放置棱镜的目标点高度，只需将棱镜架设于目标点所在铅垂线上的任意一点后进行悬高测量，如图6-5所示。

（2）对边测量（MLM）

对边测量功能，即测量两个目标棱镜之间的水平距离（dHD）、斜距（dSD）、高差（dVD）和水平角（HR），如图6-6所示。也可以调用坐标数据文件进行计算。对边测量有两种形式：

1）MLM-1（A-B，A-C）形式：即测量A-B，A-C，A-D，…

2）MLM-2（A-B，B-C）形式：即测量A-B，B-C，C-D，…

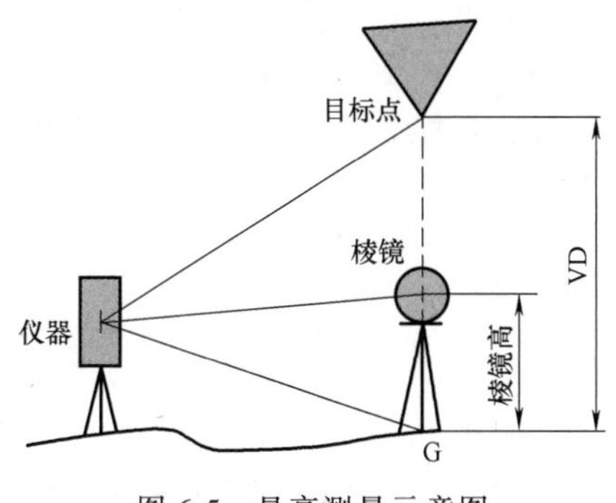

图6-5　悬高测量示意图

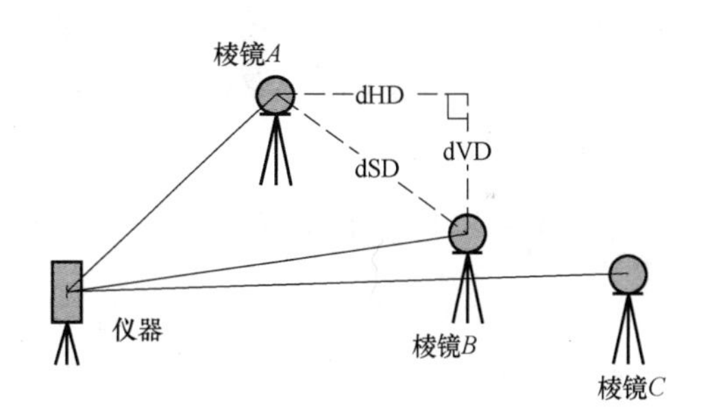

图6-6　对边测量示意图

第7章

Chapter 07

地形图测绘

7.1 地形图的基本知识

地球表面的形状十分复杂，但总体上可分为地物和地貌两大类。凡地上自然形成物和人工构筑物统称为地物，如江河、湖泊、房屋、道路、管道等；地貌是地球表面高低起伏的自然形态，如山地、丘陵、平原、洼地等。地形是地物和地貌的总称。拟建地区的地形资料是工程规划、设计和施工必不可少的基础资料。

当测区范围较小时，可以不考虑地球曲率的影响，将地面上的各种地形沿铅垂方向投影到水平面上，并按规定的符号和一定的比例尺缩绘成图，同时在图上也将地面的高低起伏形态用一定的符号表示出来，像这种既能表示地物的平面位置，还能表示出地貌变化情况的平面图，称为地形图。

7.1.1 地形图比例尺

绘制地形图时，实地形状必须经过缩小后才能绘到图纸上。图上某一线段的长度与地面上相应线段的水平长度之比，称为地形图的比例尺。比例尺一般用分子为1、分母为整数的分数表示。例如，图上一线段长度为 d，相应线段的实地水平长度为 D，则地形图的比例尺为

$$\frac{d}{D}=\frac{1}{D/d}=\frac{1}{M} \tag{7-1}$$

式中 M——比例尺分母，分母越小，比例尺越大。

地形图的比例尺越大，图上表示的地物、地貌越详尽。

地形图按比例尺的不同，可以分为大、中、小三种。通常将1∶500、1∶1000、1∶2000、1∶5000的地形图，称为大比例尺地形图；1∶1万、1∶2.5万、1∶5万、1∶10万的地形图，称为中比例尺地形图；1∶20万、1∶50万、1∶100万的地形图，称为小比例尺地形图。按照地形图图式规定，比例尺书写在图幅下方正中处。

地形图上所表示的地物、地貌细微部分与实地有所不同，其精确与详尽程度受地形图比例尺精度的影响。一般人眼能分辨图上的最小距离为0.1mm。因此，可将地形图上0.1mm所代表的实地水平距离称为比例尺精度，用 ε 表示，即

$$\varepsilon=0.1\text{mm}\cdot M \tag{7-2}$$

式中　M——比例尺分母。

显然比例尺大小不同，则其比例尺精度的高低也不同，各种大比例尺对应的精度值见表7-1。

表7-1　比例尺精度

比例尺	1：500	1：1000	1：2000	1：5000
比例尺精度/m	0.05	0.1	0.2	0.5

比例尺精度的概念对于地形图测量和应用都具有十分重要的意义。一方面，可根据地形图比例尺确定实地测量精度，如在比例尺为1：1000的地形图上测绘地物，量距精度只需达到±0.1m，因为即使测得再精确，在地形图上也不能反映出来。另一方面，可根据用图所需要表示的地物、地貌的详细程度，来确定测绘地形图的比例尺。例如，在设计用图中，要求在图上能反映出地面上±0.2m的精度，则所选用的测图比例尺应为1：2000。

地形图比例尺越大，所表示的地物、地貌就越详细，精度也越高，但测图工作量也随之增加，在测量工作中应按实际需要选择测图比例尺。

7.1.2　地形图图式

地面上的地物和地貌在地形图上都用简单明了、准确、易于判断实物的符号来表示，这些符号总称为地形图图式。

地形图符号的大小和形状，因测图比例尺的大小不同而有差别。各种比例尺地形图图式、图上和图边注记字体的位置与排列等都有一定的标准格式。国家测绘总局制定了各种比例尺地形图的标准图式，最新的地形图图式规范是中华人民共和国国家标准《国家基本比例尺地图图式第一部分1：500　1：1000　1：2000地形图图式》（GB/T 20257.1—2017），表7-2列出了该规范中的部分地形图符号。

地形图符号可分为地物符号、注记符号和地貌符号三大类，下面分别进行说明。

1. 地物符号

地物符号根据其大小和描绘方法的不同，可分为比例符号、非比例符号和线形符号三种。

（1）比例符号

将地物按测图比例尺缩小，用规定的符号测绘于图上，此类符号称为比例符号，又称为轮廓符号，它不但能反映地物的位置也能反映其大小与形状。如房屋、湖泊、果园、耕地等这些轮廓较大的地物，常采用比例符号。

（2）非比例符号

一些地物轮廓很小，如测量控制点、地质钻孔、水井等，不能按测图比例尺缩小绘在图上，但这些地物又很重要，必须在图上表示其点位，则采用统一规定的标准符号表示在图上，这种符号称为非比例符号，如表7-2所示的钻孔、烟囱等。对于有些地物（如水塔等），在不同的比例尺图上可采用比例符号或者非比例符号。非比例符号在地形图上的位置，必须与实物一致，才能在图上准确地反映实物的位置，这些非比例符号的定位点（对应实地地物的中心位置）在地形图图式上规定如下：

①几何图形符号（如三角形等），在其几何中心。

② 宽底符号（如蒙古包等），在底线上。

③ 下方没有底线的符号（如亭等），在其下方两端点间的中心点。

④ 底部为直角形的符号（如路标等），在直角的顶点。

⑤ 几种几何图形组成的符号（如无线电杆等），在其下方图形的中心点或交叉点。

表 7-2 部分大比例尺地形图图式

编号	符号名称	1∶500 1∶1000 1∶2000	编号	符号名称	1∶500 1∶1000 1∶2000
1	三角点	凤凰山 394.186 3.0	12	石油井、天然气井	2.5 油
2	不埋石的图根点	1.5 25/62.74 2.5	13	窑	瓦 2.0陶 2.0
3	水准点	2.0 Ⅱ京石5/32.804	14	一、开采的矿井 1. 竖井	3.5 风3.0 4.0 铁
4	普通房屋	2 1.5		2. 斜井	3.0 6.0 煤 1.5 4.5
5	学校	3.0		3. 平硐	4.0 3.0 铜 0.7
6	庙宇	2.5 1.2		4. 小矿井	2.0 2.0 煤
7	亭	3.0 3.0 1.5 1.5		二、废弃的矿井 1. 竖井	
8	坟地	2.0		2. 斜井	废
9	宝塔、经塔	3.5 1.0		3. 平硐	
				4. 小矿井	
10	烟囱	3.5 1.0	15	钻孔	3.0 1.0
11	盐井	3.5 1.5	16	浅探井	2.0 2.5

（续）

编号	符号名称	1∶500　1∶1000　1∶2000
17	探槽	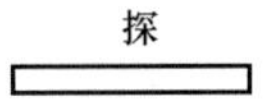探
18	露天矿、采掘场	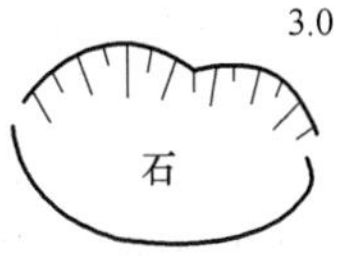3.0 石
19	电力线 1. 高压线	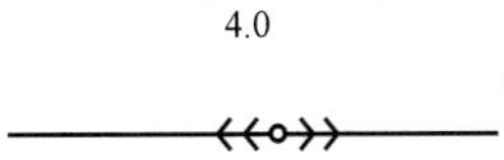4.0
	2. 低压线	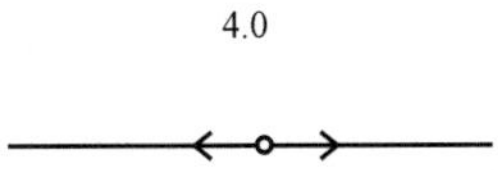4.0
20	1. 电杆	1.0
	2. 电线架	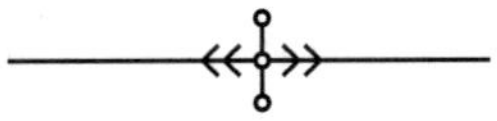
	3. 铁塔	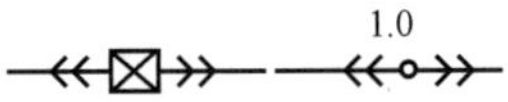1.0
21	通信线	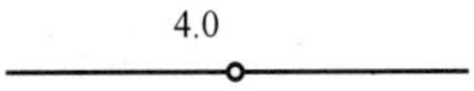4.0
22	砖、石及混凝土墙	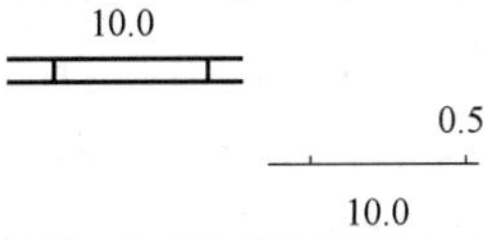10.0 0.5 10.0
23	土墙	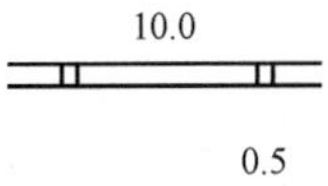10.0 0.5
24	县、自治县、旗、市界	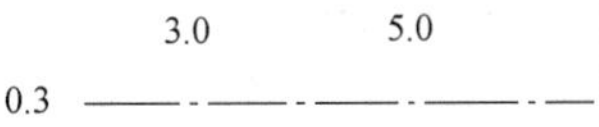3.0 5.0 0.3
25	铁路	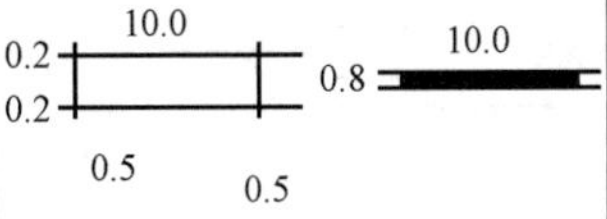0.2 10.0 0.2 0.5 0.5 0.8 10.0
26	大车路	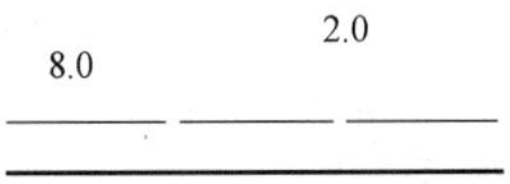2.0 8.0
27	小路	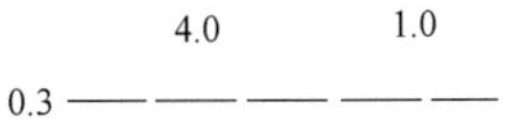4.0 1.0 0.3

编号	符号名称	1∶500　1∶1000　1∶2000
28	河流、池塘 1. 水涯线 2. 一般河流的流向 3. 有潮汐河流的流向	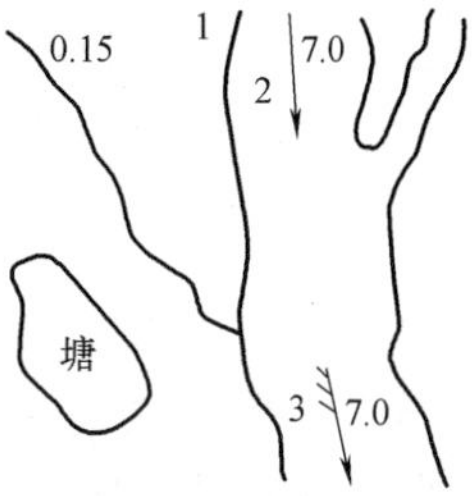0.15 1 7.0 2 塘 3 7.0
29	有沟堑的沟渠	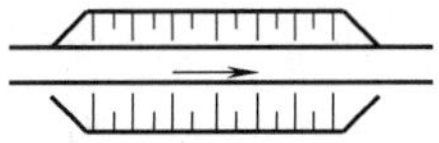
30	车行桥	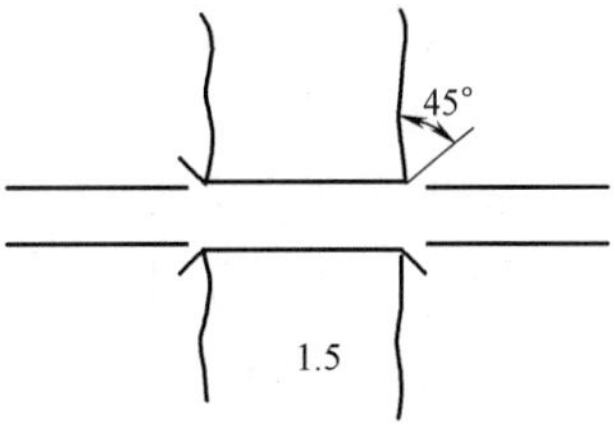45° 1.5
31	水井	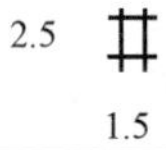2.5 1.5
32	泉	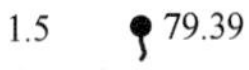1.5 79.39
33	能通行的沼泽	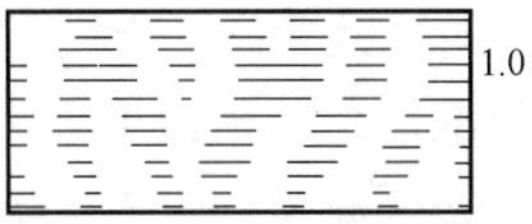1.0
34	树林	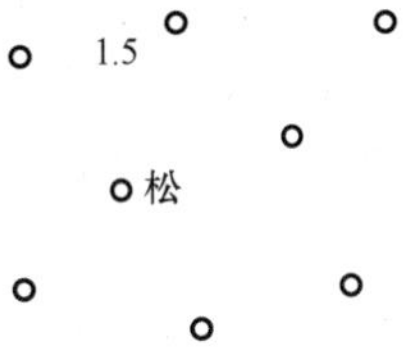1.5 松
35	独立树 1. 阔叶 2. 针叶 3. 果树	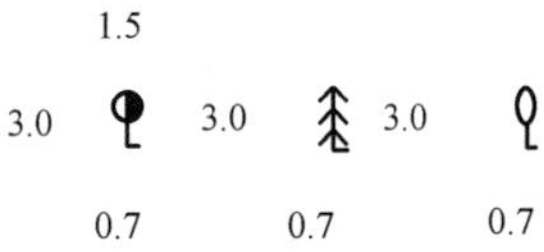1.5 3.0 3.0 3.0 0.7 0.7 0.7
36	大面积的竹林	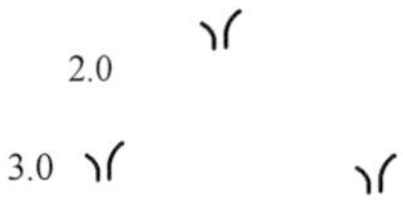2.0 3.0
37	耕地 1. 水稻田	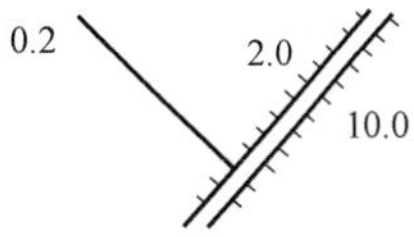0.2 2.0 10.0

（续）

编号	符号名称	1∶500　1∶1000　1∶2000	编号	符号名称	1∶500　1∶1000　1∶2000
37	2. 旱地	1.0 ╨ ╨ 2.0 10.0 ╨ ╨	38	菜地	2.0 2.0 10.0

（3）线形符号（半比例符号）

线形符号是指地物的长度依地形图比例尺测绘，而宽度不依比例尺表示的地物符号，也称为线状符号或半比例符号。这种符号的长度依真实情况测定和绘制，其宽度和符号样式有专门的规范要求。因此，这类地物可在图上量测其实地长度，但不能在图上量测地物的宽度。如篱笆、输电线路和铁路等。

2. 注记符号

有些地物地貌除了用符号表示外，还需要说明和注记，如河流水位、村镇名称、铁路名称等。注记符号可用文字、数字和线段表示。

3. 地貌符号

在地形图中，常用等高线表示地貌。等高线不仅能表示出地面的起伏形态，也能反映出地面坡度和高程；对于不便用等高线表示的特殊地貌，如峭壁、梯田等可用相应的地貌符号来表示。

（1）等高线的概念

等高线是地面上高程相等的各相邻点所连成的闭合曲线，也就是水平面（严格来说应是水准面）与地面相截所形成的闭合曲线。例如，日常看到的池塘水面与岸边的交线，就是一条等高线。图 7-1 为一山头，当水平面的高程为 80m 时，水平面和山头相交所形成的闭合曲线，就是一条高程为 80m 的等高线，即在这条曲线上的各点高程都是 80m，如水位上涨了 10m，则该水平面的高程为 90m，这时水平面又和山头相交形成一条高程为 90m 的等高线；随后又上升 10m，则得高程为 90m 的等高线。以此类推，可以得出一系列不同高程的

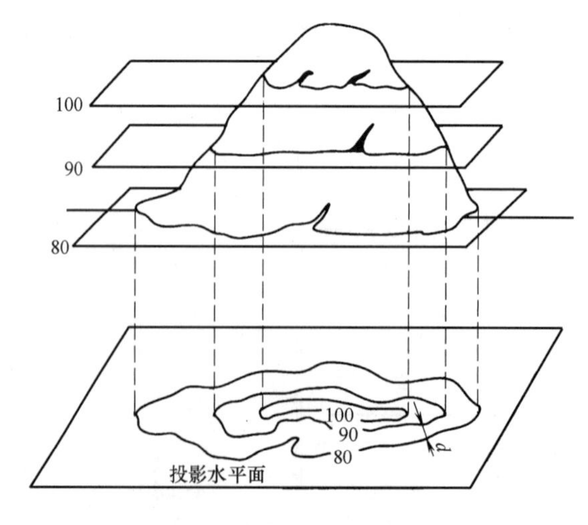

图 7-1　用等高线表示地貌

等高线，这些等高线的形状，代表了山头各部位的形状。把这些等高线都垂直投影在同一个水平面上，并按测图比例尺缩小绘在图纸上，就得到用等高线表示的该山头地貌形态的等高线图。

（2）等高距和等高线平距

相邻等高线间的高差，称为等高距（或称等高线间隔），用 h 表示。在同一幅地形图内只能采用一种等高距，而等高距的选择，在工程上具有重要意义。若选择的等高距过大，则不能精确地表示地貌的形状；如等高距过小，虽能较精确表示地貌，但这不仅会增大工作量，还会降低图的清晰度，影响地形图的使用。因此，在选择等高距时，应结合图的用途、比例尺以及测区地形坡度的大小等多种因素综合考虑。如表 7-3 所示为中华人民共和国国家标准《工程测量规范》（GB 50026—2007）中关于地形图的基本等高距的规定。

表 7-3　地形图的基本等高距　（单位：m）

地形 比例	平地 （坡度<3°）	丘陵地 （3°～10°）	山地 （10°～25°）	高山地 （25°以上）
1：500	0.5	0.5	1	1
1：1000	0.5	1	1	2
1：2000	1	2	2	2

相邻等高线间的水平距离，称为等高线平距，用 d 表示。因为同一幅地形图中，等高距是相同的，所以等高线平距的大小是由地面坡度的陡缓所决定的。如图 7-2 所示，地面坡度越陡，等高线平距越小，等高线越密（如图 7-2 所示的 AB 段）；地面坡度越缓，等高线平距越大，等高线越稀（如图 7-2 所示的 BC 段），坡度相同则平距相等，等高线均匀（如图 7-2 所示的 CD 段）。

（3）等高线的种类

① 首曲线。按表 7-3 规定的基本等高距测绘的等高线称为首曲线（或基本等高线），首曲线用细实线描绘，如图 7-3 所示的高程为 11m、12m、13m、14m 的等高线。

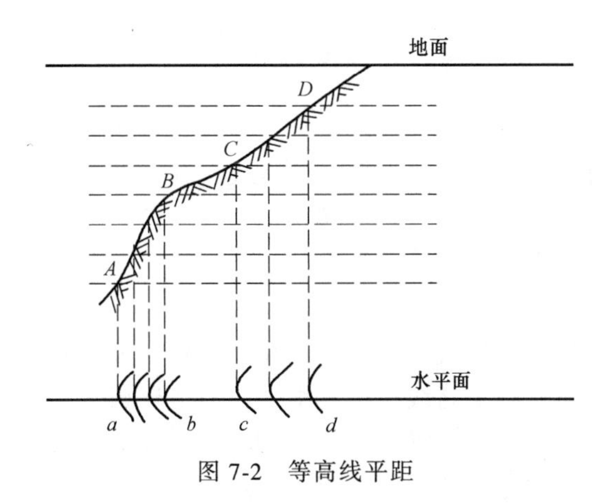

图 7-2　等高线平距

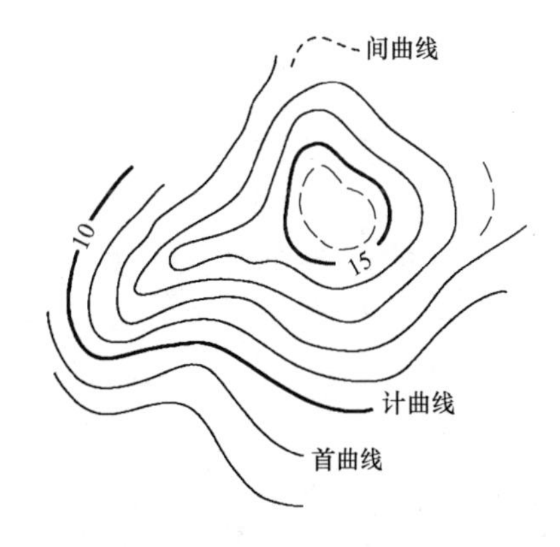

图 7-3　等高线的分类

② 计曲线。为了用图方便，每隔四级首曲线描绘一根较粗的等高线，称为计曲线（或加粗等高线）。如图 7-3 所示的高程为 10m、15m 的等高线，即为计曲线。地形图上只有计曲线注记高程，首曲线上不注记高程。

③ 间曲线。当首曲线不能详细表示地貌特征时，可在首曲线间加绘间曲线。其等高距为基本等高距的 1/2，也称半距等高线，一般用长虚线表示。

④ 助曲线。如采用间曲线仍不能表示较小的地貌特征，则应当在首曲线和间曲线间加绘助曲线。其等高距为基本等高距的 1/4，一般用短虚线表示。

间曲线或助曲线表示局部地势的微小变化，所以在描绘时也可不闭合。如图 7-3 所示的虚线。

（4）典型地貌的等高线

地表形态千变万化，但仔细观察分析，不难发现它都是由山头、山脊、山谷、鞍部和盆地等几种基本地形组合而成的。

隆起而高于四周的高地称为山地，其最高处称为山头，高大的山头称为山峰，如图 7-4a 所示；低于四周的低地称为洼地或凹地，大范围凹地称为盆地，如图 7-4b 所示。从图中可以看出，山头和盆地的等高线形状是相似的，其区别在于山地的等高线高程是由里向外逐渐减小的，而盆地的等高线高程是由外向里逐渐减小的。如果等高线上没有高程注记，区分这两种地形的办法是在某些等高线的高程下降方向垂直于等高线画一些短线，来表示坡度方向，这些短线称为示坡线。

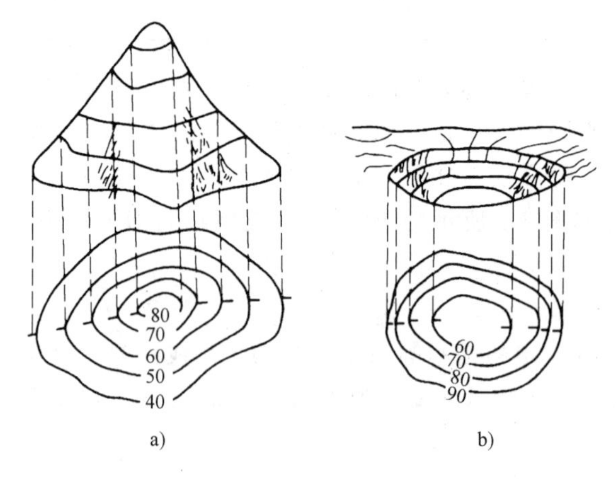

图 7-4　山头和盆地及其等高线

沿一个方向延伸的高地或从山顶到山脚的凸起部分称为山脊，山脊最高点的连线称为山脊线，也称为分水线；沿一个方向延伸的低地称为山谷，山谷最低点的连线称为山谷线，也称为集水线；介于相邻两个山头之间、形似马鞍的低凹部分，称为鞍部，它是两条山脊线和两条山谷线相交之处。图 7-5 为山脊、山谷和鞍部的形态及其等高线。

山脊的等高线特征是凸向低处，山谷则是等高线凸向高处。

近似于垂直的山坡，称为峭壁或绝壁，在峭壁处等高线非常密集，甚至重叠，可用峭壁符号表示。有些峭壁的下部向里凹进去，称为悬崖，其等高线投影到水平面上出现相交，一般将下部凹进的地方等高线用虚线表示。此外，还有冲沟、绝壁、悬崖和阶地等特殊地貌，也要用地形图图式中规定的符号来表示，可参阅有关地形图图例。图 7-6 为一综合性地貌及其等高线。

（5）等高线的特性

① 等高性。同一条等高线上的各点高程相同，但高程相等的点并不一定在同一条等高

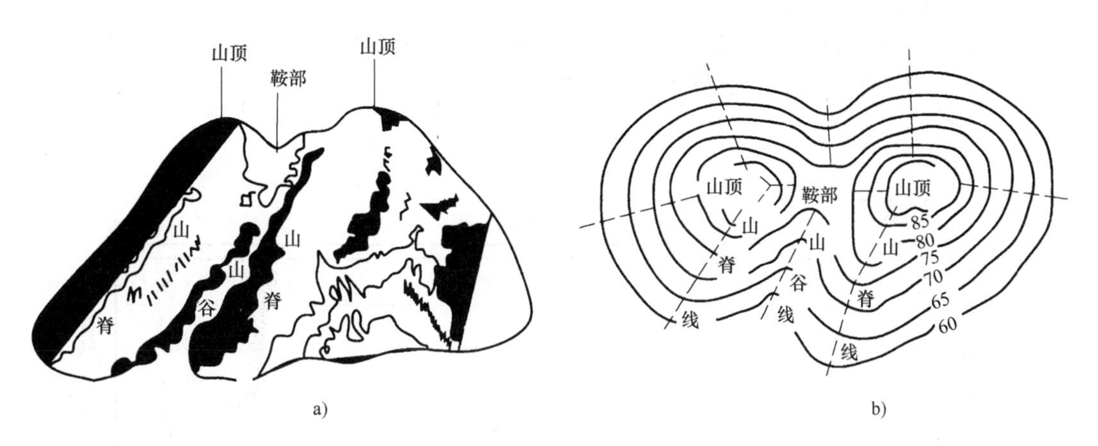

图 7-5　山脊、山谷和鞍部及其等高线

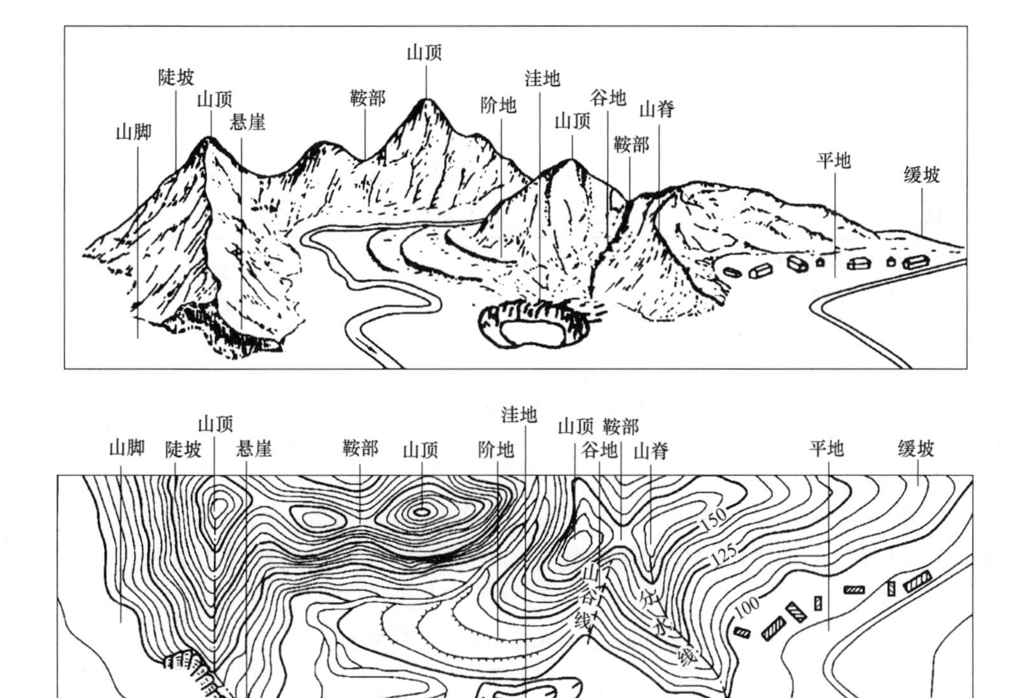

图 7-6　综合地貌及其等高线

线上。

② 非交性。除峭壁或悬崖外，不同高程的等高线既不能重合，也不能相交。同一条等高线不能分叉成两条。

③ 闭合性。等高线为一条闭合的曲线，即使不在本图幅内闭合，也应在其他图幅内闭合，只有在遇到用符号表示的峭壁和坡地时才能断开。

④ 正交性。等高线与山脊或山谷线正交。

⑤ 示坡性。同一幅地形图上等高距相同。等高线越密，表示地面坡度越陡；等高线越稀，表示地面坡度越缓。

4. 地形图的其他注记

为了便于管理和应用，在地形图上还有许多图外注记。如图 7-7 所示，包括图幅、图名、图号、接合图表、比例尺、图廓和坐标格网等。

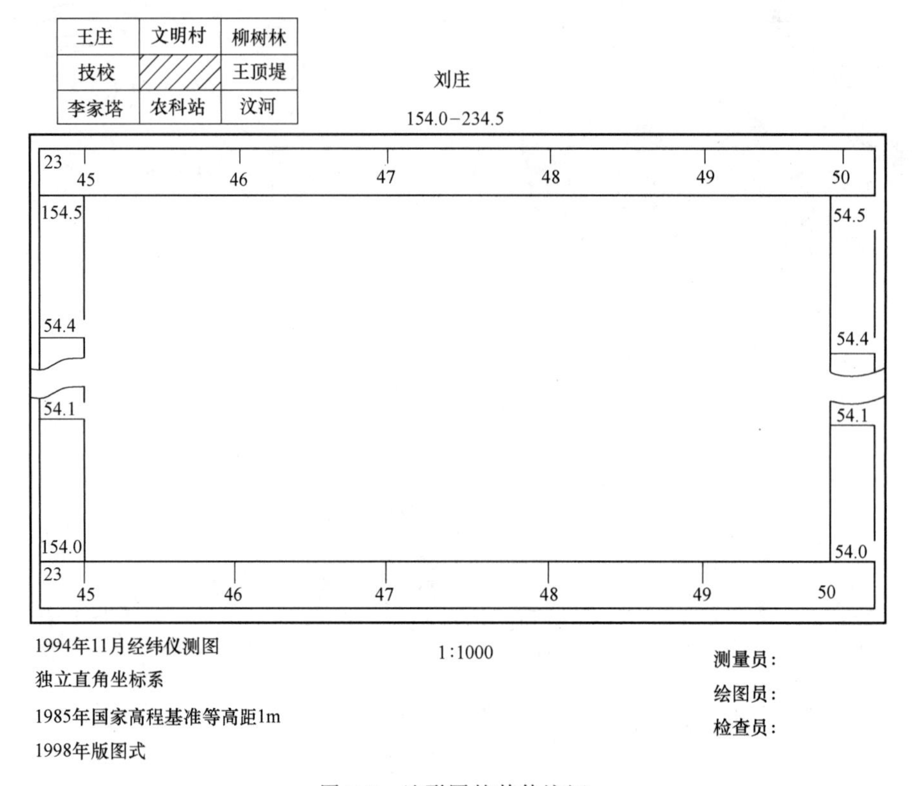

图 7-7　地形图的其他注记

（1）图幅

图幅是指一幅地形图的幅面大小，即一幅图所测绘地貌、地物的范围。1 ∶ 500 至 1 ∶ 5000大比例尺地形图采用按坐标格网划分的矩形分幅法，其图幅为正方形图幅，其图幅大小及尺寸见表 7-4。

表 7-4　正方形图幅的大小及尺寸

比例尺	图幅大小 /(cm×cm)	实地面积 /km^2	一张 1 ∶ 5000 图幅所包括本图幅的数目
1 ∶ 5000	40×40	4	1
1 ∶ 2000	50×50	1	4
1 ∶ 1000	50×50	0. 25	16
1 ∶ 500	50×50	0. 0625	64

（2）图名

地形图的名称简称图名，一般以本幅图内主要的地名（如城镇、村庄或突出的地物等）来命名。如果大比例尺地形图所代表的实地面积很小，往往以拟建工程名称命名或编号。图名写在图幅上方中央，如图 7-7 所示图名为“刘庄”。

(3) 图号

在保管、使用地形图时，为使图纸有序地存放和便于检索，要将地形图进行编号，此编号称为地形图的图号。由于大比例尺地形图采用矩形分幅，其编号一般采用西南角坐标公里数编号法、行列编号法或流水编号法等方法。

① 西南角坐标公里数编号法。以本图幅西南角的纵横坐标（以 km 为单位）来作为图号，并标注在图幅上方图名之下。如图 8-7 所示，图号为“154. 0-234. 5”。

② 行列编号法。将测区范围的图由上到下划分为横行，以字母 *A*，*B*，*C*，…为代号；由左到右划分为纵列，以数字 1，2，3，…为代号；各图幅编号为 *A*-l，*A*-2，…。

③ 流水编号法。将测区范围的图自左向右、从上而下用阿拉伯数字 1，2，3，…表示图幅编号。

(4) 接合图表

接合图表是本幅图与相邻图幅之间相对位置关系的示意图，供查找相邻图幅之用，写在图幅左上方，并给出与本幅图相邻的八幅图的图名，如图 7-7 所示。

(5) 图廓和坐标格网

图廓是图幅四周的边界线，有内、外图廓之分，内图廓线就是测量边界线。内图廓之内绘有 10cm 间隔互相垂直交叉的短线，称为坐标格网。外图廓线是一幅图最外边界，仅起装饰作用，以粗实线表示，如图 7-7 所示。

外图廓线外，除了有接合图表、图名、图号，在每幅图的下方中央标注测图的数字比例尺，有的图则在数字比例尺的下方绘出图示比例尺，还应注明测量所用的平面坐标系、高程坐标系、测绘日期和测绘单位等，如图 7-7 所示。

7.2　大比例尺地形图测绘方法

7.2.1　地形图的分幅与编号

为便于测绘、印刷、保管、检索和使用，所有的地形图均须按规定的大小进行统一分幅并进行系统的编号。地形图的分幅方法有两种：一种是按经纬线分幅的梯形分幅法；另一种是按坐标格网线分幅的矩形分幅法。

1. 梯形分幅与编号

我国基本比例尺地形图（1∶100 万~1∶5000）采用经纬线分幅（即梯形分幅法），地形图图廓由经纬线构成。它们均以 1∶100 万地形图为基础，按规定的经差和纬差划分图幅，行列数和图幅数成简单的倍数关系。

梯形分幅的主要优点是每个图幅都有明确的地理位置概念，适用于很大范围（全国、大洲、全世界）的地图分幅。其缺点是图幅拼接不方便，随着纬度的升高，相同经纬差所限定的图幅面积不断缩小，不利于有效地利用纸张和印刷机版面；此外，梯形分幅还经常会破坏重要地物（如大城市）的完整性。

1992 年国家技术监督局发布了新的《国家基本比例尺地形图分幅和编号》（GBIT 13989—1992）国家标准，自 1993 年 7 月 1 日起实施。

(1) 1∶100 万~1∶5000 比例尺地形图分幅和编号

地形图的分幅、编号标准以 1∶100 万比例尺地形图为为基础，1∶100 万比例尺地的分幅经差 6°、纬差 4°，它们的编号由其所在的行号（字符码）与列号（数字码）组合而成，如北京所在的 1∶100 万地形图的图号是 J50。

1∶50 万～1∶5000 地形图的分幅全部由 1∶100 万地形图依次加密划分而成，编号均以 1∶100 万比例尺地形图为基础，采用行列编号方法，由其所在 1∶100 万比例尺地形图的图号、比例尺代码和图幅的行列号共 10 位码组成。编码长度相同，编码系列统一为一个根部，便于计算机处理，见图 7-8。

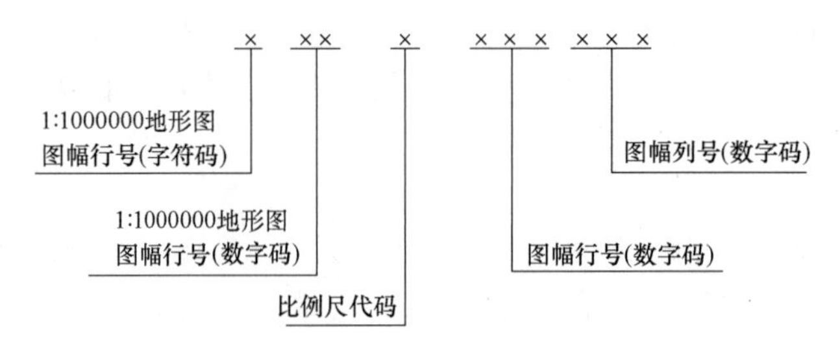

图 7-8　1∶50 万～1∶5000 地形图图号的构成

各种比例尺代码见表 7-5。

表 7-5　比例尺代码

比例尺	1∶500000	1∶250000	1∶100000	1∶50000	1∶25000	1∶10000	1∶5000
代码	B	C	D	E	F	G	H

国家基本比例尺地形图分幅编号关系见表 7-6。

表 7-6　国家基本比例尺地形图分幅编号关系

比例尺		1∶100 万	1∶50 万	1∶25 万	1∶10 万	1∶5 万	1∶2.5 万	1∶1 万	1∶5000
图幅范围	经差	6°	3°	1°30′	30′	15′	7′30″	3′45″	1′52.5″
	纬差	4°	2°	1°	20′	10′	5′	2′30″	1′15″
行、列数量关系	行数	1	2	4	12	24	48	96	192
	列数	1	2	4	12	24	48	96	192
图幅数量关系		1	4 1	16 4 1	144 36 9 1	576 144 36 4 1	2304 576 144 16 4 1	9216 2304 576 64 16 4 1	36846 9216 2304 256 64 16 4

1∶100 万～1∶5000 地形图的行、列编号见图 7-9。

1∶50 万地形图的编号，如图 7-10 中晕线所示图号为 J508001002；1∶25 万地形图的编号，如图 7-11 中晕线所示图号为 J50C003003；1∶10 万地形图的编号，如图 7-12 中交叉晕线所示图号为 J50DOl0010；1∶5 万地形图的编号，如图 7-12 中 135°晕线所示图号为 J50E017016；1∶2.5 万地形图的编号，如图 7-12 中 45°晕线所示图号为 J50F042002；1∶1 万地形图的编号，如图 7-12 中的黑块所示图号为 J50G019036；对于图 7-12 中 1∶100 万比

比例尺																								
1/50万	001												002											
1/25万	001						002						003						004					
1/10千	001		002		003		004		005		006		007		008		009		010		011		012	
1/15万	001	002	003	004	005	006	007	008	009	010	011	012	013	014	015	016	017	018	019	020	021	022	023	024
1/2.5万	001——012						001——024						001——036						037——048					
1/1万	001——024						025——048						049——072						073——096					
1/5千	001——048						049——096						097——144						145——192					

1/50万	1/25万	1/10千	1/15万	1/2.5万	1/1万	1/5千
001	001	001	001 / 002	001	001	001
		002	003 / 004			
		003	005 / 006	012	024	048
	002	004	001 / 002	012	024	048
		005	001 / 002			
		006	001 / 002	012	024	048
002	003	001	001 / 002	025	049	097
		001	001 / 002			
		001	001 / 002	036	072	144
	004	001	001 / 002	037	073	045
		001	001 / 002			
		001	001 / 002	048	096	192

放大图

纬差4°

经差6°

图 7-9　1：100 万～1：5000 地形图的行、列编号

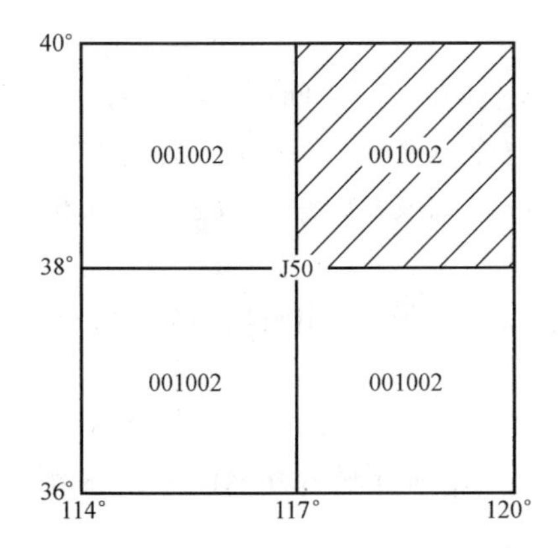

图 7-10　1：50 万地形图的编号

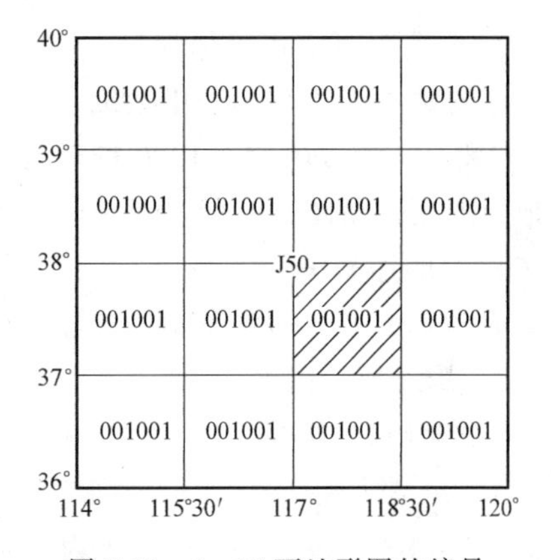

图 7-11　1：25 万地形图的编号

例尺地形图图幅内最东南角的 1∶5000 地形图的图号为 J50H192192。

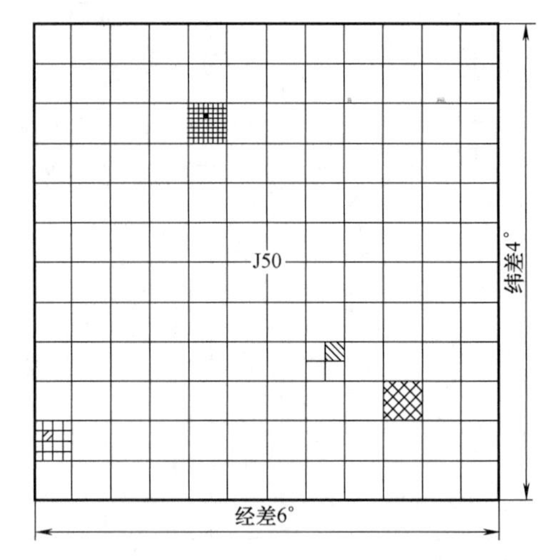

图 7-12 1∶10 万~1∶5000 地形图的编号

（2）编号的应用

已知图幅内某点的经、纬度或图幅西南图廓点的经、纬度，可按下式计算 1∶100 万地形图图幅编号。

$$\left.\begin{aligned} a &= [\phi/4^\circ]+1 \\ b &= [\lambda/6^\circ]+31 \end{aligned}\right\}$$

式中 [ ]——商取整；

a——1∶100 万地形图图幅所在纬度带字符码对应的数字码；

b——1∶100 万地形图图幅所在经度带的数字码；

λ——图幅内某点的经度或图幅西南图廓点的经度；

ϕ——图幅内某点的纬度或图幅西南图廓点的纬度。

2. 矩形分幅与编号

大比例尺地形图的图幅通常采用矩形分幅，图幅的图廓线为平行于坐标轴的直角坐标格网线。以整千米（或百米）坐标进行分幅，图幅大小可分成 40cm×40cm、40cm×50cm 或 50cm×50cm。图幅大小如表 7-7 所示。

表 7-7 几种大比例尺地形图的图幅大小

比例尺	图幅大小/cm^2	实地面积/km^2	1∶5000 图幅内的分幅数
1∶5000	40×40	4	1
1∶2000	50×50	1	4
1∶1000	50×50	0. 25	16
1∶500	50×50	0. 0625	64

矩形分幅图的编号有以下几种方式：

（1）按图廓西南角坐标编号

采用图廓西南角坐标公里数编号，x 坐标在前，y 坐标在后，中间用短线连接。1∶5000 取至 km 数；1∶2000、1∶1000 取至 0. 1km；1∶500 取至 0. 01km。例如：某幅 1∶1000 比例尺地形图西南角图廓点的坐标 $x=83500$m，$y=15500$m，则该图幅编号为 83. 5-15. 5。

（2）按顺序号编号

按测区统一划分的各图幅的顺序号码，从左至右，从上到下，用阿拉伯数字编号。如图 7-13a 中，晕线所示图号为 15。

（3）按行列号编号

将测区内的图幅按行和列分别单独排出序号，再以图幅所在的行和列序号作为该图幅图号。如图 7-13b 中，晕线所示图号为 A-4。

	1	2	3	4	
5	6	7	8	9	10
11	12	13	14	15	16

a)

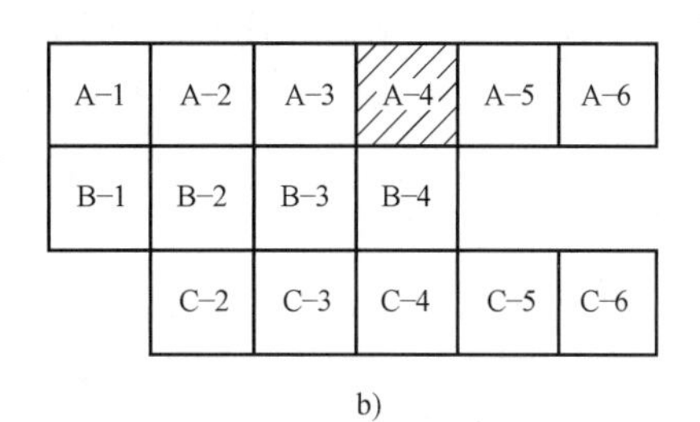

b)

图 7-13 矩形分幅与编号

7.2.2 大比例尺地形图的测绘工作

1. 大比例尺地形图测图前的准备工作

(1) 技术设计以及图纸的准备工作

在测图开始前，应编写技术设计书，拟定作业计划，以保证测量工作在技术上合理、可靠，在经济上节省人力、物力，有计划、有步骤地开展工作。

大比例尺测图的作业规范和图式主要有《工程测量规范》(GB 50026—2007)、《城市测量规范》(CJJ/T 8—2011)、《地籍测绘规范》(CH 5002—1994)、《房产测量规范》(GB/T 17986—2000)、《大比例尺地形图机助制图规范》(GB 14912—1994)、《1∶500、1∶1000、1∶2000 地形图图式》《1∶5000、1∶10000 地形图图式》、《地籍图图式》、《1∶500、1∶1000、1∶2000 地形图要素分类与代码》(GB 14804—1993) 等。

根据测量任务书和有关的测量规范，并依据所收集的资料（包括测区踏勘等资料）来编制技术计划。

技术计划的主要内容包括任务概述、测区情况、已有资料及其分析、技术方案的设计、组织与劳动计划、仪器配备及供应计划、财务预算、检查验收计划以及安全措施等。

测量任务书中应明确工程项目或编号、设计阶段及测量目的、测区范围（附图）及工作量、对测量工作的主要技术要求与特殊要求以及上交资料的种类、日期等内容。

在编制技术计划之前，应预先搜集并研究测区内及测区附近已有测量成果资料，扼要说明其施测单位、施测年代、等级、精度、比例尺、规范依据、范围、平面与高程坐标系统、投影代号、标识保存情况及可以利用的程度等。

根据收集的资料及现场踏勘情况，在旧有地形图（或小比例尺地图）上拟定地形控制的布设方案，进行必要的精度估算。有时需要提出若干方案进行技术要求与经济核算方面的比较。对地形控制网的图形、施测、点的密度和平差计算等因素进行全面的分析，并确定最后采用的方案。实地选点时，在满足技术要求的条件下容许对方案进行局部修改。

(2) 图根控制测量

测区高级控制点的密度不能满足大比例尺测图的需要时，应布置适当数量的图根控制点，又称图根点，直接供测图使用。图根控制点布设，是在各等级控制点的控制下进行加密，一般不超过两次附合。在较小的独立测区测图时，图根控制可作为首级控制。

图根平面控制点面的布设，可采用图根导线、图根三角、交会方法和 GPS RTK 等方法。图根点的高程可采用图根水准和图根三角高程测定。图根点的精度，相对于邻近等级控制点的点位中误差，不应大于图上 0.1mm，高程中误差不应大于测图基本等高距的 1/10。

图根控制点（包括已知高级点）的密度，应根据地形复杂、破碎程度或隐蔽情况而定。数字测图中每平方千米图根点的密度，对于 1∶2000 比例尺测图不少于 4 个，对于 1∶1000 比例尺测图不少于 16 个，对于 1∶500 比例尺测图不少于 64 个。

（3）测站点的测定

测图时应尽量利用各级控制点作为测站点，但由于地表上的地物、地貌有时是极其复杂、零碎的，要全部在各级控制点上测绘所有的碎部点往往是困难的，因此，除了利用各级控制点外，还要增设测站点。

尤其是在地形琐碎、合水线地形复杂地段，小沟、小山脊转弯处，房屋密集的居民地，以及雨裂冲沟繁多的地方，对测站点的数量要求会多一些，但要切忌增设测站点作大面积测图。

增设测站点是在控制点或图根点上，采用极坐标法、交会法和支导线测定测站点的坐标和高程。数字测图时，对于测站点的点位精度，相对于附近图根点的中误差不应大于图上 0.2mm，高程中误差不应大于测图基本等高距的 1/6。

2. 地物和地貌测绘

（1）地物测绘的一般原则

地物可分为表 7-8 所示的几种类型。

地物的类别、形状、大小及其在图上的位置，是用地物符号表示的。地物在地形图上表示的原则：凡能按比例尺表示的地物，则将它们的水平投影位置的几何形状依照比例尺描绘在地形图上，如房屋、双线河等，或将其边界位置按比例尺表示在图上，边界内绘上相应的符号，如果园、森林、耕地等；不能按比例尺表示的地物，在地形图上是用规定的地物符号表示在地物的中心位置上，如水塔、烟囱、纪念碑等；凡是长度能按比例尺表示，而宽度不能按比例尺表示的地物，其长度按比例尺表示，宽度以相应符号表示。

表 7-8　地物分类

地物类型	地物类型举例
水系	江河、运河、沟渠、湖泊、池塘、井、泉、堤坝、闸等及其附属建筑物
居民地	城市、集镇、村庄、窑洞、蒙古包以及居民地的附属建筑物
道路网	铁路、公路、乡村路、大车路、小路、桥梁、涵洞以及其他道路附属建筑物
独立地物	三角点等各种测量控制点、亭、塔、碑、牌坊、气象站、独立石等
管线与垣墙	输电线路、通信线路、地面与地下管道、城墙、围墙、栅栏、篱笆等
境界与界碑	国界、省界、县界及其界碑等
土质与植被	森林、果园、菜园、耕地、草地、沙地、石块地、沼泽等

地物测绘中必须根据规定的比例尺，按规范和图式的要求，进行综合取舍，将各种地物表示在地形图上。

（2）地物测绘

① 居民地测绘。居民地是人类居住和进行各种活动的中心场所，是地形图上一项重要的组成内容。对居民地进行测绘时，应在地形图上表示出居民地的类型、形状、质量和行政意义等。

居民地房屋的排列形式很多，多数农村中以散列式即不规则的房屋较多，城市中的房屋排列比较整齐。

测绘居民地时，根据测图比例尺的不同，在综合取舍方面有所不同。对于居民地的外部轮廓，都应准确测绘。1：1000 或更大的比例尺测图，各类建筑物、构筑物及主要附属设施，应按实地轮廓逐个测绘，其内部的主要街道和较大的空地应以区分，图上宽度小于 0.5mm 的次要道路不予表示，其他碎部可综合取舍。房屋以房基角为准立镜测绘，并按建筑材料和质量分类予以注记；对楼房，还应注记层数。圆形建筑物如油库、烟囱、水塔等，应尽可能实测出中心位置测量直径。房屋和建筑物轮廓的凸凹在图上小于 0.4mm（简单房屋小于 0.6mm）时可用直线连接。对于散列式的居民地、独立房屋，应分别测绘。1：2000 比例尺测图中，房屋可适当综合取舍，围墙、栅栏等可根据其永久性、规整性、重要性等综合取舍。

② 独立地物测绘。独立地物是判定方位、确定位置、指定目标的重要标志，必须准确测绘并按规定的符号予以正确表示。

③ 道路测绘。道路包括铁路、公路及其他道路。所有铁路、有轨电车道、公路、大车路、乡村路均应测绘。车站及其附属建筑物、隧道、桥涵、路堑、路堤、里程碑等均须表示出来。在道路稠密地区，次要的人行路可适当取舍。

a. 铁路测绘应立镜于铁轨的中心线，对于 1：1000 或更大比例尺测图，依比例绘制铁路符号，标准规矩为 1.435m。铁路线上应测绘轨顶高程，曲线部分测取内轨顶面高程。路堤、路堑应测定坡顶、坡脚的位置及高程。铁路两旁的附属建筑物，如信号灯、扳道房、里程碑等都应按实际位置测绘。

铁路与公路或其他道路在同一水平面内相交时，铁路符号不得中断，而是将另一道路符号中断表示；不在同一水平面相交的道路交叉点处，应绘以相应的桥梁、涵洞或隧道等符号。

b. 公路应实测路面位置，并测定道路中心高程。高速公路应测出收费站、两侧围建的栏杆，中央分隔带视用图需要测绘。公路、街道一般在边线上取点立镜，并量取路的宽度，或牵在路两边取点立镜。当公路弯道有圆弧时，至少要测取起、中、终三点，并用圆滑曲线连接。

路堤、路堑均应按实地宽度绘出边界，并应在其坡顶、坡脚适当注记高程。公路路堤（堑）应分别绘出路边线与堤（堑）边线，二者重合时，可将其中之一移位 0.2mm 表示。

公路、街道按路面材料划分为水泥、沥青、碎石、砾石等，以文字注记在图上，路面材料改变处应实测其位置并用点线分离。

c. 其他道路测绘。其他道路有大车路、乡村路和小路等，测绘时，一般在中心线上取点立镜；道路宽度能依比例表示时，按道路宽度的 1/2 在两侧绘出平行线。对于宽度在图上小于 0.6mm 的小路，选择路中心线立镜测定，并用半比例符号表示。

d. 桥梁测绘。铁路、公路桥应实测桥头、桥身和桥墩位置，桥面应测定高程，桥面上的人行道图上宽度大于 1mm 的应实测。各种人行桥，图上宽度大于 1mm 的，应实测桥面位置；不能依比例的，实测桥面中心线。

有围墙、垣栅的公园、工厂、学校、机关等内部道路，除通行汽车的主要道路外均按内部道路绘出。

④ 管线与垣栅测绘。永久性的电力线、通信线的电杆、铁塔位置应实测。同一杆上架

有多种线路时，应表示其中的主要线路，并要做到各种线路走向连贯、线类分明。居民地、建筑区内的电力线、通信线可不连线，但应在杆架处绘出连线方向。电杆上有变压器时，变压器的位置按其与电杆的相应位置绘出。

地面上的、架空的、有堤基的管道应实测，并注记输送物质的类型。当架空的管道直线部分的支架密集时，可适当取舍。对地下管线检修井，测定其中心位置并按类别以相应符号表示。

城墙、围墙以及永久性的栅栏、篱笆、铁丝网、活树篱笆等均应实测。

境界线应测绘至县和县级以上。乡与国营农、林、牧场的界线应按需要进行测绘。两级境界重合时，只绘高一级符号。

⑤ 水系的测绘。测绘水系时，海岸、河流、溪流、湖泊、水库、池塘、沟渠、泉、井以及各种水工设施均应实测。河流、沟渠、湖泊等地物，通常无特殊要求时均以岸边为界，如果要求测出水崖线（水面与地面的交线）、洪水位（历史上最高水位的位置）及平水位（常年一般水位的位置）时，应按要求在调查研究的基础上进行测绘。

河流的两岸形状一般不规则，在保证精度的前提下，对于小的弯曲和岸边不甚明显的地段，可进行适当取舍。河流的图上宽度小于0.5mm、沟渠实际宽度小于1m（1∶500测图时小于0.5m）时，不必测绘其两岸，只要测出中心位置即可。渠道比较规则，有的两岸有堤，测绘时可以参照公路的测法。对于那些田间临时性的小渠，不必测出，以免影响图面清晰。

湖泊的边界经人工整理、筑堤、修有建筑物的地段是明显的，在自然耕地的地段大多不甚明显，测绘时要根据具体情况和用图单位的要求来确定，一般以湖岸或水崖线为准。在不甚明显的地段确定湖岸线时，可采用调查平水位的边界或根据农作物的种植位置等方法来确定。

对于水渠，应测注渠边和渠底高程；对于时令河，应测注河底高程；对于堤坝，应测注顶部及坡脚高程；对于泉、井，应测注泉的出水口及井台高程，并根据需要注记井台至水面的深度。

⑥ 植被与土质测绘。测绘植被时，对于各种树林、苗圃、灌木林丛、散树、独立树、行树、竹林、经济林等，要测定边界。若边界与道路、河流、栏栅等重合时，则可不绘出地类界；但与境界、高压线等重合时，地类界应移位表示。对经济林，应加以种类说明注记。要测出农村用地的范围，并区分出稻田、旱地、菜地、经济作物地和水中经济作物区等。一年几季种植不同作物的耕地，以夏季主要作物为准。田埂的宽度在图上大于1mm（1∶500测图时大于2mm）时用双线描绘，田块内要测注有代表性的高程。

地形图上要测绘沼泽地、沙地、岩石地、龟裂地、盐碱地等。

（3）几种典型地貌的测绘

地貌形态虽然千变万化、千姿百态，但归纳起来，不外乎由山地、盆地、山脊、山谷、鞍部等基本地貌组成。地球表面的形态，可看作是由一些不同方向、不同倾斜面的不规则曲面组成。其中，两相邻倾斜面相交的棱线，称为地貌特征线（或称为地性线），如山脊线、山谷线即为地性线。在地性线上比较显著的点，有山顶点、洼地的中心点、鞍部的最低点、谷口点、山脚点、坡度变换点等，这些点称为地貌特征点。

① 山顶。山顶是山的最高部分。山地中凸出的山顶，有很好的控制作用和方位作用，因此，山顶要按实地形状来描绘。山顶的形状很多，有尖山顶、圆山顶、平山顶等，山顶的

形状不同，等高线的表示方法也不同，如图 7-14 所示。

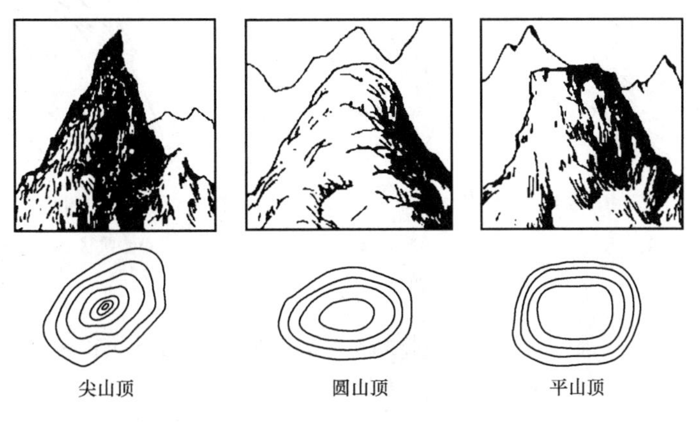

图 7-14　山顶等高线

在尖山顶的山顶附近坡面倾斜较为一致，因此，尖山顶的等高线之间的平距大小相等，即使在顶部，等高线之间的平距也没有多大的变化。测绘时，除在山顶立镜外，其周围山坡适当选择一些特征点就够了。

圆山顶的顶部坡度比较平缓，然后逐渐变陡，等高线的平距在离山顶较远的山坡部分较小，距山顶越近，等高线平距逐渐增大，在顶部最大。测绘时，山顶最高点应立镜，在山顶附近坡度逐渐变化处也需要立镜。

平山顶的顶部平坦，到一定范围时坡度突然变化。因此，等高线的平距在山坡部分较小，但不是向山顶方向逐渐变化，而是到山顶突然增大。测绘时，必须特别注意在山顶坡度变化处立镜，否则地貌的真实性将受到显著影响。

② 山脊。山脊是山体延伸的最高棱线。山脊的等高线均向下坡方向凸出，两侧基本对称。山脊的坡度变化反映了山脊纵断面的起伏状况，山脊等高线的尖圆程度反映了山脊横断面的形状。地形图上山地地貌显示得真不真实，主要看山脊与山谷，如果山脊测绘得真实、形象，整个山形就较逼真。测绘山脊时要真实地表现其坡度和走向，特别是大的分水线、坡度变换点以及山脊、山谷转折点，应形象地表示出来。

根据形状山脊可分为尖山脊、圆山脊和台阶状山脊，它们都可通过等高线的弯曲程度表现出来。如图 7-15 所示，尖山脊的等高线依山脊延伸方向呈尖角状；圆山脊的等高线依山脊延伸方向呈圆弧状；台阶状山脊的等高线依山脊延伸方向呈疏密不同的方形。

尖山脊的山脊线比较明显，测绘时，除在山脊线上立镜外，两侧山坡也应有适当的立镜点。

圆山脊的脊部有一定的宽度，测绘时需特别注意正确确定山脊线的实地位置，然后立镜；此外，对山脊两侧山坡也必须注意其坡度变化情况，恰如其分地选定立镜点。

对于台阶状山脊，应注意由脊部至两侧山坡坡度变化的位置，测绘时，应恰当地选择立镜点，才能控制山脊的宽度。不得将台阶状山脊的地貌测绘成圆山脊甚至尖山脊的地貌。

山脊往往有分歧脊，测绘时，在山脊分歧处必须立镜，以保证分歧山脊的位置正确。

③ 山谷。山谷等高线表示的特点与山脊等高线所表示的相反。山谷的形状可分为尖底谷、圆底谷和平底谷。如图 7-16 所示，尖底谷底部尖窄，等高线通过谷底时呈尖状；圆底

a) 尖山脊　　b) 圆山脊　　c) 台阶状山脊

图 7-15　山脊等高线

谷的底部近于圆弧状，等高线通过谷底时呈圆弧状；平底谷的谷底较宽、底坡平缓、两侧较陡，等高线通过谷底时在其两侧趋近于直角状。

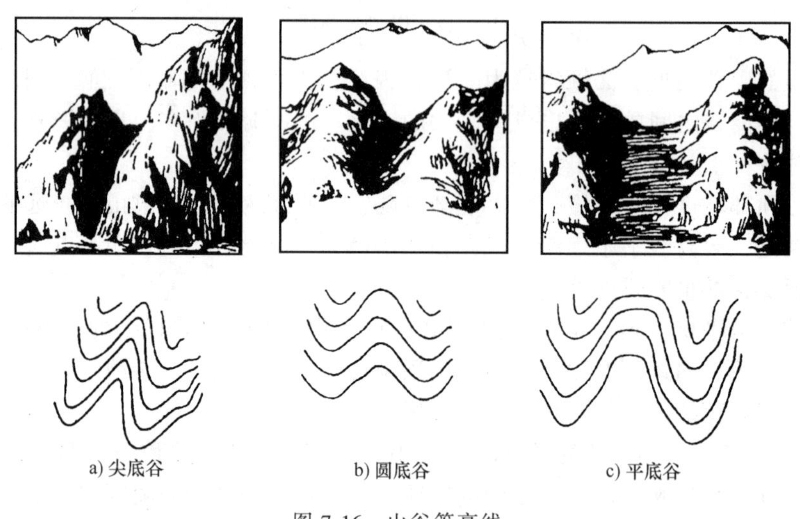

a) 尖底谷　　b) 圆底谷　　c) 平底谷

图 7-16　山谷等高线

尖底谷的下部常常有小溪流，山谷线较明显，测绘时，立尺点应选在等高线的转弯处。圆底谷的山谷线不太明显，所以测绘时应注意山谷线的位置和谷底形成的地方。

平底谷多系人工开辟耕地后形成的，测绘时，立镜点应选择在山坡与谷底相交的地方，以控制山谷的宽度和走向。

④ 鞍部。鞍部是两个山脊会合处呈马鞍形的地方，是山脊上一个特殊的部位，可分为窄短鞍部、窄长鞍部和平宽鞍部。鞍部往往是山区道路通过的地方，有重要的方位作用。测绘时，在鞍部的最低处必须有立镜点，以便使等高线的形状正确；鞍部附近的立镜点应视坡度变化情况选择。鞍部的中心位于分水线的最低位置上，鞍部有两对同高程的等高线，即一对高于鞍部的山脊等高线，一对低于鞍部的山谷等高线，这两对等高线近似地对称，如图 7-17 所示。

⑤ 盆地。盆地是四周高、中间低的地形，其等高线的特点与山顶等高线相似，但其高低相反，即外圈等高线的高程高于内圈等高线。测绘时，除在盆底最低处立镜外，对于盆底四周及盆壁地形变化的地方，适当选择立镜点才能正确显示出盆地的地貌。

⑥ 山坡。山坡是山脊、山谷等基本地貌间的连接部位，由坡度不断变化的倾斜面组成。测绘时，应在山坡上坡度变化处立镜，坡面上地形变化实际也就是一些不明显的小山脊、小

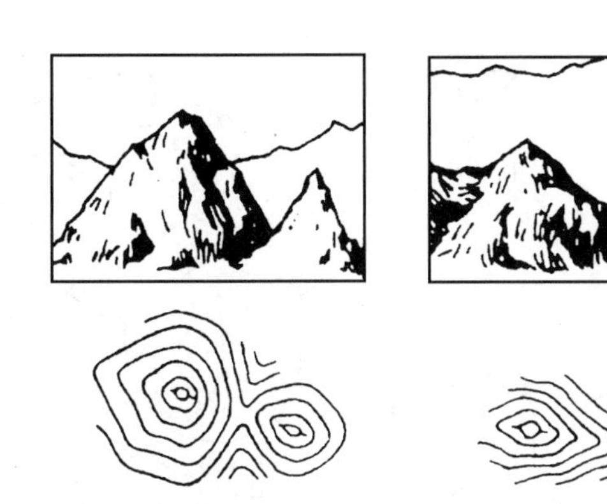
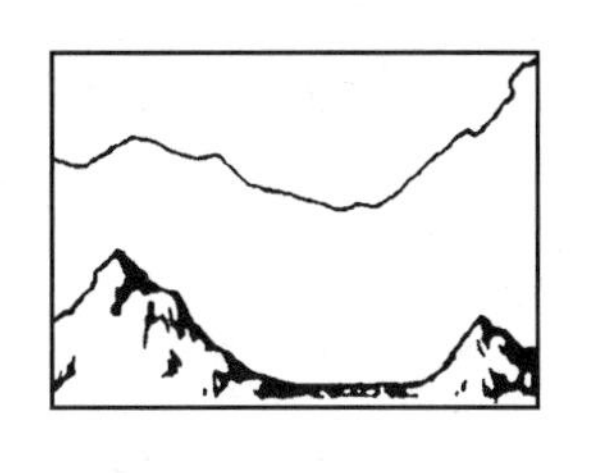
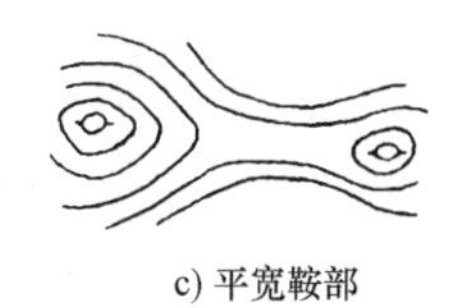

a) 窄短鞍部　　b) 窄长鞍部　　c) 平宽鞍部

图 7-17　鞍部等高线

山谷，等高线的弯曲不大。因此，必须特别注意选择立镜点的位置，以显示出微小的地貌。

⑦ 梯田。梯田是在高山上、山坡上及山谷中经人工改造的地貌。梯田有水平梯田和倾斜梯田两种。测绘时，沿梯坎立镜，在地形图上一般以等高线、梯田坎符号和高程注记(或比高注记) 相配合表示梯田，如图 7-18 所示。

⑧ 特殊地貌测绘。除了用等高线表示的地貌以外，有些特殊地貌如冲沟、雨裂、砂崩崖、土崩崖、陡崖、滑坡等不能用等高线表示。对于这些地貌，用测绘地物的方法测绘出轮廓位置，并用图式规定的符号表示。

(4) 等高线的手工勾绘

传统测图中，常常以手工方式绘制等高线。其方法是：测定地貌特征点后，对照实际地形先将地性点连成地性线。通常用实线连成山脊线，用虚线连成山谷线，如图 7-19 所示。然后在同一坡度的两相邻地貌特征点间按高差与平距成正比关系求出等高线通过点(通常用目估内插法来确定等高线通过点)。最后，根据等高线的特性，把高程相等的点用光滑曲线连接起来，即为等高线。等高线勾绘出来后，还要对等高线进行整饰，即按规定每隔四条基本等高线加粗一条计曲线，并在计曲线上注记高程。高程注记的字头应朝向高处，但不能倒置，如图 7-20 所示。在山顶、鞍部、凹地等坡向不明显处的等高线应沿坡度降低的方向加绘示坡线。

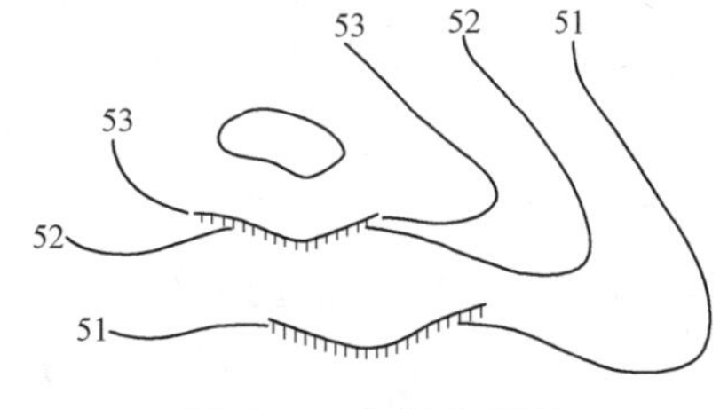

图 7-18　梯田等高线

3. 测定碎部点的基本方法

在地面测图中，测定碎部点的基本方法主要有极坐标法、方向交会法、距离交会法和直角坐标法等。

(1) 极坐标法

所谓极坐标法，即在已知坐标的测站点 P 上安置全站仪，在测站定向后，观测测站点至碎部点的方向、天顶距和斜距，进而计算碎部点的平面直角坐标。极坐标法测定碎部点，在多数情况下，棱镜中心能安置在待测碎部点上，如图 7-21 所示的 O 点，则该点的坐标为

$$\left.\begin{aligned}x&=x_P+S_O\cdot\cos\alpha_O\\y&=y_P+S_O\cdot\sin\alpha_O\end{aligned}\right\}\tag{7-3}$$

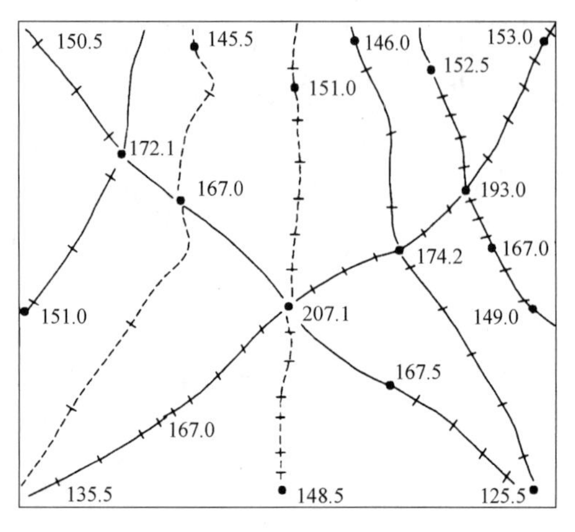

图 7-19　地性线连线

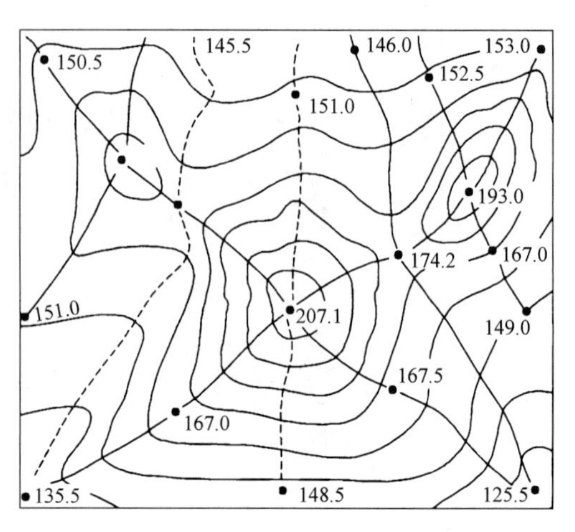

图 7-20　等高线勾绘

（2）前方交会

实际测量当中有部分碎部点不能到达时，可利用前方交会法计算碎部点的坐标。如图 7-22 所示，A、B 为已知控制点，其坐标分别为（x_A，y_A）和（x_B，y_B），J 为待定碎部点，A、B 和 J 构成逆时针方向排列，则其坐标可用余切公式计算或按下列公式计算：

$$\alpha_{AJ}=\alpha_{AB}-\alpha$$

$$S_{AJ}=S_{AB}\cdot\frac{\sin\beta}{\sin(\alpha+\beta)}$$

$$\left.\begin{array}{l}x_J=x_A+S_{AJ}\cdot\cos\alpha_{AJ}\\ y_J=y_A+S_{AJ}\cdot\sin\alpha_{AJ}\end{array}\right\}\tag{7-4}$$

式中　α_{AJ}——测站 AJ 的坐标方位角；

S_{AJ}——测站点 A 到碎部点 J 的计算距离；

α，β——观测角。

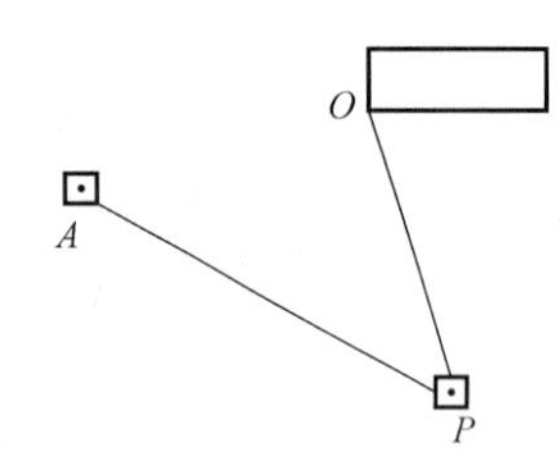

图 7-21　极坐标法

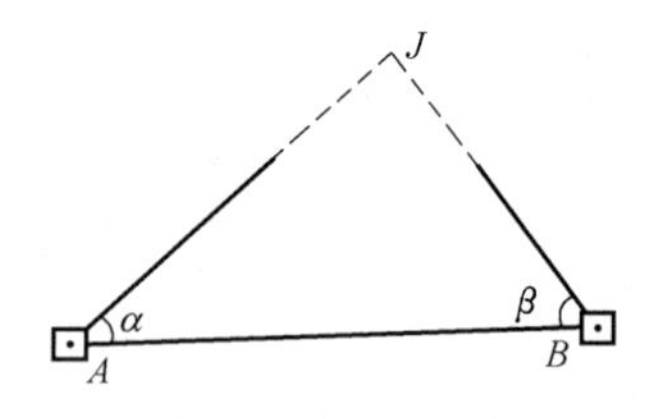

图 7-22　前方交会

（3）距离交会法

如果部分碎部点受到通视条件的限制，不能用全站仪直接观测计算坐标，则可根据周围已知点通过丈量距离计算碎部点的坐标。

（4）碎部点高程的计算

在地形测图中，通常采用三角高程测量测定碎部点的高程。计算碎部点高程的公式如下：

$$H=H_0+D\cdot\sin\alpha+i-v\tag{7-5}$$

式中　H_0——测站点高程；

i——仪器高；

v——镜高；

D——斜距；

α——垂直角。

4. 大平板仪测图和经纬仪测图

测绘大比例尺地形图是工程测量在工程勘察设计阶段的一项主要测量工作。传统的测图方法有大平板仪测图和经纬仪测图。传统测图方法实质是图解测图，即通过测量地物、地貌点并展绘在图纸上，以手工方式用地形图符号描绘地物、地貌。大平板仪测图和经纬仪测图劳动强度大、周期长、精度低，随着测绘技术的发展，目前已被地面数字测图方法和航空摄影测量测图方法所替代。

（1）大平板仪测图

① 大平板仪的构造。大平板仪是地形测图专用仪器，由照准仪、测板和基座等构成。测板一般由60cm×60cm大小、厚度为2~4cm的优质木材制成，测图时在测板上铺放图纸。照准仪由望远镜、竖直度盘、支架和直尺组成，其作用与经纬仪的照准部相似，所不同的是用直尺用作画方向线代替水平度盘。当瞄准目标后，直尺边离开测站点时，可不动照准仪而用平行尺使其直尺边对准测站点画方向线，如图7-23所示。

图7-23　大平板仪

1—照准仪　2—测板

3—基座　4—三脚架

② 大平板仪测图步骤。在测站点上安置大平板仪，进行对中、整平和定向，并量取仪器高。

用照准仪瞄准碎部点上的标尺，读取测站至标尺的视距、垂直角以及目标高，并计算出测站至标尺的水平距离和碎部点的高程。

按测图比例尺，用卡规在复式比例尺（或三棱尺）上截取水平距离在图上的长度，使照准仪的直尺边正确通过图板上测站点的刺孔，沿照准仪的直尺边将碎部点展绘在图板上，并在点位旁注记高程。

重复上述步骤，将测站四周所要测的全部碎部点测完为止。

根据所测的碎部点，按规定的图式符号，着手描绘地物、地貌，并随时注意和实地对照检查。同时，要求必须经过全面检查后，方可迁至下一测站。

（2）经纬仪测图

经纬仪测图采用经纬仪（或全站仪）与分度规（即量角器）配合进行。经纬仪测图方法如图7-24所示，将经纬仪安置在测站点A上，并量取仪器高，选择另一个已知点B作为起始方向（或称零方向）。在测站点A附近适当位置安置图板，并将分度规的中心圆孔固定在图板上相应的a点。之后用经纬仪照准碎部点P上的标尺，读取碎部点方向与起始方向间的水平角、垂直角和斜距，计算出测站点至碎部点的水平距离和碎部点的高程，按碎部点方向放置分度规，并在分度规直径刻划线上依照比例尺量取测站点至碎部点水平距离的图上长度，即可定出P点在图上的位置，并在点旁注记碎部点的高程。

（3）地形图的拼接、整饰

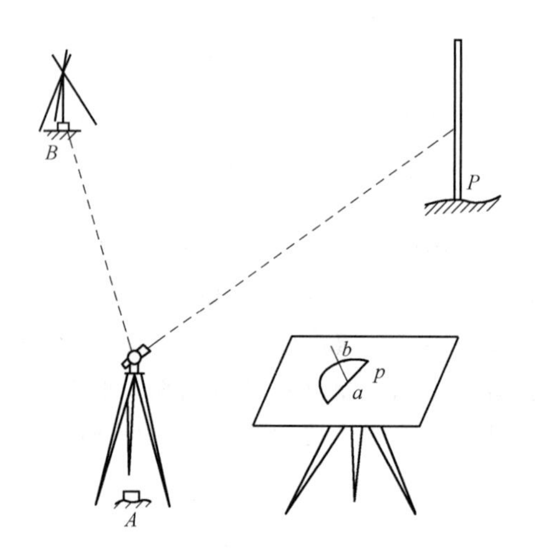

图 7-24 经纬仪测图

大平板测图和经纬仪测图属分幅测图，在相邻图幅的连接处地物轮廓线和等高线都不会完全重合，必须对相邻图幅进行拼接。为便于拼接，测图时图边应超测 2cm 左右，拼接时一般取平均位置作修正；如拼接误差超限，应重测。

地形图经过拼接、检查和修正后，应进行清绘和整饰。整饰的次序是先图框内后图框外，先注记后符号，先地物后地貌，最后整饰图框。

7.3 数字化测图基本知识

地面数字化测图是指对利用全站仪、GPS 接收机等仪器采集到的数据及其编码，通过计算机图形处理而自动绘制地形图的方法。地面数字测图的基本硬件包括全站仪或 GPS 接收机、计算机和绘图仪等；软件的基本功能主要有：野外数据的输入与处理、图形文件生成、等高线自动生成、图形编辑与注记和地形图自动绘制。与传统测图作业相比，地面数字化测图具有以下特点：

1）传统测图中，在野外基本完成地形原图的绘制，在获得碎部点的平面坐标和高程后，还需手工绘制地形图；地面数字化测图中，外业测量工作实现了自动记录、自动解算处理、自动成图，因此，地面数字化测图具有较高的自动化程度。

2）地面数字化测图具有较高的测图精度。

3）传统测图是以一幅图为单元组织施测，这种规则的划分测图单元给图幅边缘测图造成困难，并带来图幅接边问题；地面数字化测图在测区内可不受图幅的限制，作业小组的任务可按河流、道路等自然分界线划分，以便于碎部测图，也减少了图幅接边问题。

4）在传统测图中，测图员可对照实地用的简单几何作图法测绘规则的地物轮廓，用目测法绘制细小地物和地貌形态；而运用地面数字法测图时，必须有足够的特征点坐标才能绘制地物符号，有足够而又分布合理的地形特征点才能绘制等高线。因此，地面数字化测图中直接测量碎部点的数目比传统测图有所增加，且碎部点（尤其是地形特征点）的位置选择尤为重要。

7.3.1　数据采集

大比例尺数字测图野外数据采集按碎部点测量方法的不同，分为全站仪测量方法和 GPS RTK 测量方法，目前主要采用全站仪测量方法。在控制点、加密的图根点或测站点上架设全站仪，全站仪经定向后，观测碎部点上放置的棱镜，得到方向、竖直角（或天顶距）和距离等观测值，记录在电子手簿上或全站仪内存内；或者由记录器程序计算碎部点的坐标和高程，记入电子手簿或全站仪内存。如果观测条件允许，也可采用 GPS RTK 测定碎部点，将直接得到碎部点的坐标和高程。野外数据采集时除需碎部点的坐标数据外，还需要有与绘图有关的其他信息，如碎部点的地形要素名称、碎部点连接线型等，然后由计算机生成图形文件，进行图形处理。为了便于计算机识别，碎部点的地形要素名称、碎部点连接线型信息也都用数字代码或英文字母代码来表示，这些代码称为图形信息码。根据给以图形信息码的方式不同，野外数据采集的工作程序分为两种：一种是在观测碎部点时，绘制工作草图，在工作草图上记录地形要素名称、碎部点连接关系；然后在室内将碎部点显示在计算机屏幕上，根据工作草图，采用人机交互方式连接碎部点，输入图形信息码和生成图形。另一种是采用笔记本电脑和 PDA 掌上电脑作为野外数据采集记录器，在观测碎部点之后，对照实际地形输入图形信息码和生成图形。

大比例尺数字测图野外数据采集除硬件设备外，需要有数字测图软件来支持。不同的数字测图软件在数据采集方法、数据记录格式、图形文件格式和图形编辑功能等方面会有一些差别。

7.3.2　地形图要素分类和代码

按照《1∶500　1∶1000　1∶2000 地形图要素分类与代码》（GB 14804—1993）标准，地形图要素分为 9 个大类：测量控制点、居民地与垣栅、工矿建（构）筑物及其他设施、交通及附属设施、管线及附属设施、水系及附属设施、境界、地貌以及土质、植被。地形图要素代码由四位数字码组成，从左到右，第一位是大类码，用 1~9 表示，第二位是小类码，第三、第四位分别是一、二级代码。部分地形要素代码见表 7-9。

7.3.3　地形图符号的自动绘制

1. 地物符号的自动绘制

地物符号按图形特征可分为三类，即独立符号、线状符号和面状符号。

（1）独立符号的自动绘制

首先建立表示这些符号特征点信息的符号库，即以符号的定位点作为坐标原点，将符号特征点坐标存放在独立符号库中，符号以图形显示时，可按照地图上要求的位置和方向对独立符号信息数据中的坐标进行平移和旋转，然后绘制该独立符号。

（2）线状符号的自动绘制

线状符号按轴线的形状可分为直线、圆弧和曲线三种。根据不同线型和符号的几何关系用数学表达式来计算符号特征点的坐标，然后绘制线状符号。

表 7-9 地形图要素代码

代 码	名 称	代 码	名 称
1113	三等三角点	5111	地面上的高压电力线
1151	一级导线点	5121	地面上的低压电力线
1214	四等水准点	5713	架空的工业管道
1330	C 级 GPS 点	6112	双线河水涯线
2110	一般房屋	6240	池塘
2120	简单房屋	6510	水井
2320	台阶	7150	县界
2430	围墙	7160	乡雾
3262	纪念碑	7220	自然保护区界
3271	烟囱	8431	土质陡崖
3313	粮仓群	8512	加固斜坡
3611	纪念碑	8521	未加固陡坎
4110	一般铁路	9110	稻田
4310	高速公路	9210	果园
4321	一级公路	9350	苗圃
4330	等外公路	9410	天然草地
4642	不依比例人行桥	9610	地类界

（3）面状符号的自动绘制

面状符号分为轮廓线的绘制和填充符号的绘制，轮廓线按线状符号绘制，按晕线的方位计算晕线与轮廓线的交点来绘制晕线；填充符号，是在轮廓区域内计算填充符号的中心位置，再绘制点状符号。

2. 等高线的自动绘制

根据不规则分布的数据点自动绘制等高线可采用网格法和三角网法。网格法是由小的长方形或正方形排列成矩阵式的网格，每个网格点的高程以不规则数据点为依据，按距离加权平均或最小二乘曲面拟合地表面等方法求得；三角网法是直接由不规则数据点连成三角形网，在构成网格或三角形网后，再在网格边或三角形边上进行等高线点位的寻找、等高线点的追踪、等高线的光滑和绘制等高线。

7.3.4 数字地形图编辑和输出

野外采集的碎部数据，在计算机上显示图形，经过计算机人机交互编辑，生成数字地形图。计算机地形图的编辑是操作测图软件（或菜单）来完成的。大比例尺地面数字测图软件具有以下功能：

（1）碎部数据的预处理

碎部数据的预处理包括在交互模式下碎部点的坐标计算及编码、数据的检查及修改、图形显示、数据的图幅分幅等。

（2）地形图的编辑

地形图的编辑包括地物图形文件生成、等高线文件生成、图形修改、地形图注记和图廓生成等。

(3) 地形图的绘制

大比例尺地形图在完成编辑后，可储存在计算机内或其他介质上，或者由计算机控制绘图仪绘制地形图。

绘图仪分为矢量绘图仪和点阵绘图仪。其中矢量绘图仪又称有笔绘图仪，绘图时逐个绘制图形，绘图的基本元素是直线段；点阵绘图仪又称无笔绘图仪，这类绘图仪有喷墨绘图仪、激光绘图仪等。绘图时，将整幅矢量图转换成点阵图像，逐行绘出，绘图的基本元素是点。

由于点阵绘图仪的绘图速度较矢量绘图仪快，因此，目前大比例尺地形图多数采用属于点阵绘图仪的喷墨绘图仪绘制。

7.4 地形图的应用

7.4.1 地形图的识读

地形图既详细又如实地反映了地面上各种地物分布、地形起伏及地貌特征等情况，因此它是国家各个部门和各项工程建设中必需的资料，在军事与国防建设中也是极为重要的资料。一幅内容丰富完善的地形图，可为解决各种工程问题获得必要的资料，通过阅读地形图，就可以了解到图内区域的地形变化、交通路线、河流方向、水源分布、居民点的位置、人口密度及自然资源种类分布等情况。

地形图上都注有比例尺，并具有一定的密度，因此利用地形图可以求取许多重要数据，如求取地面点的坐标、高程，量取线段的距离、直线方位角以及面积等；同时，在地形图上进行工程设计，可确定最短线路、工程土方量、水库的库容量等土木工程必需的设计资料。

识读地形图的目的是正确使用地形图，为各种工程的规划、设计提供合理、准确的资料。每幅地形图是该图幅的地物、地貌的综合，而地物、地貌是用地形图图式符号和等高线以及各种注记在图上表示的。因此，熟悉这些符号和等高线的特性是识读地形图的前提。此外，识读时要讲究方法，要分层次地进行识读，即从图外到图内，从整体到局部，逐步深入到要了解的具体内容。这样，对图幅内的地形有了完整的概念后，才能对可以利用的部分提出恰当、准确地用图方案。下面以图 7-25 为例，说明识读地形图的步骤和方法。

1. 识读图廓外注记

从图廓外注记中可了解到测图年月、成图方法、坐标系统、高程基准、等高距、所用图式、成图比例尺、行政区划和相邻图幅的名称。根据成图比例尺即可确定其用途，如比例尺小于 1：1000 时就不能用于建筑设计，但可用于建筑规划和公路建设的初步设计。如果测图年代已久，实际地形又发生了很大变化，应测绘新图才能满足要求。

2. 识读地貌

如图 7-25 所示的等高线形状和密集程度可以看出，其大部分地貌为丘陵地，东北部白沙河两岸为平坦地、东部山脚至图边为缓坡。由于丘陵地内小山头林立，山脊、山谷交错，沟壑纵横，地貌显得有些破碎；从图中的高程注记和等高线注记来看，最高的山顶为图根点N_4，其高程为108.23m，最低的等高线为78m，图内最大高差30m。图内丘陵地的一般坡度为10%左右，这种坡度的地形对各种工程的施工并不困难。在图的中部有一宽阔的长山谷，底部很平缓，也是工程建设可以利用的地形。

3. 识读地物和植被

大部分人工地物都建在平坦地区，而地物的核心部分是居民地，有了居民地则有电力线、通信线等相应的设施和通往的道路。因此，识读地形图时以居民地为线索，即可了解一些主要地物的来龙去脉。如图7-25所示，沙湾是唯一的居民点，各级道路由沙湾向四周辐

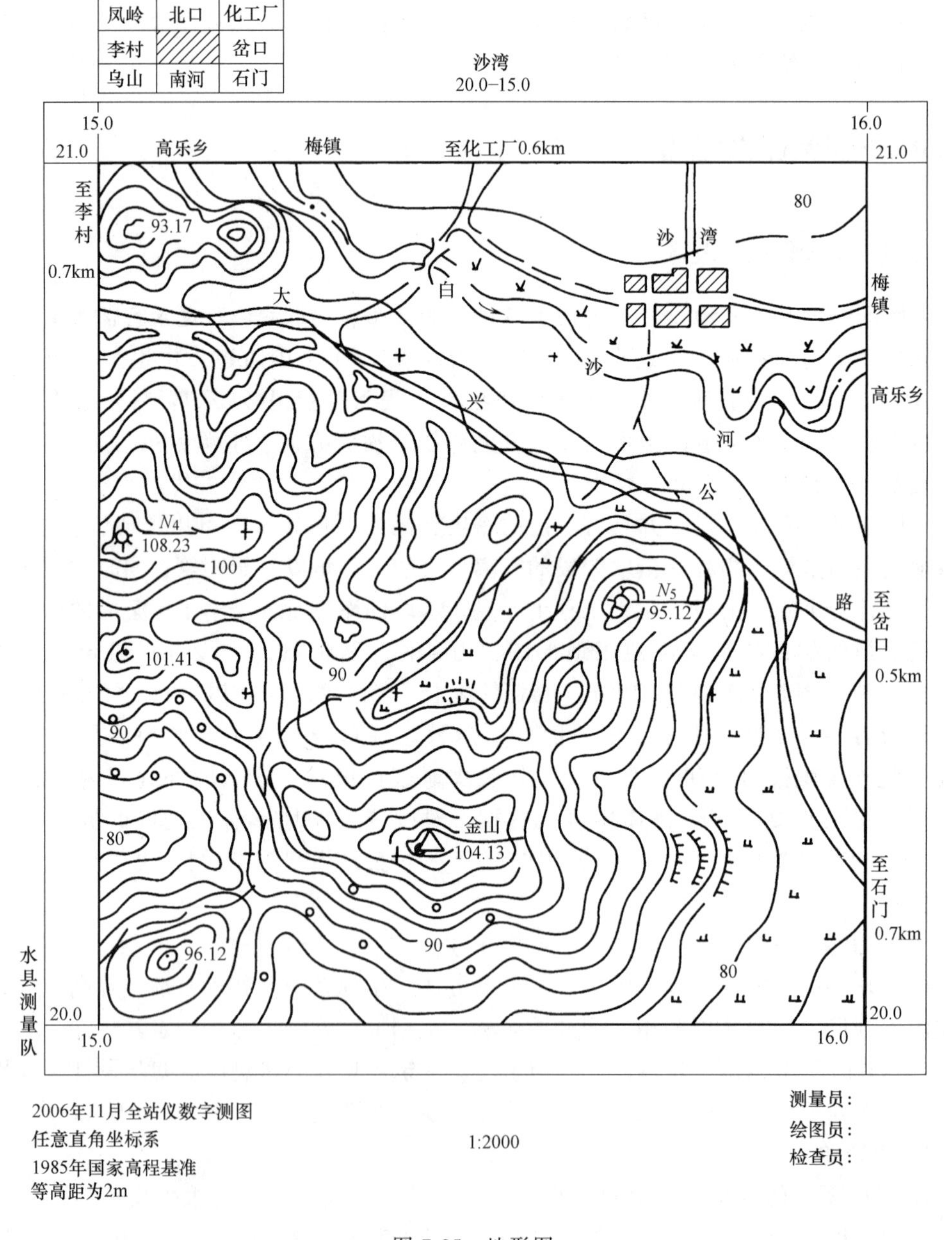

图7-25　地形图

射，有贯穿东西方向的大车路，通向北图边的简易公路，还有向南经过白沙河沙场通往金山的乡村路。横跨全图的大兴公路，其支线通过白沙河的公路桥向北出图，其主干线从东南出图，通往岔口和石门图内另一主要地物为白沙河，自图幅西北进入本图，流经沙湾南侧，至东北出图，此河也是高乐乡和梅镇的分界线。

如图 7-25 所示，植被分布也是与地形相联系的，菜园和耕地多分布在居民区附近和地势平坦地区；森林则多在山区。如白沙河北岸和通过沙湾的大车路之间的植被是菜地，图幅中部的平山谷和东部的山脚平缓处都是耕地和小块梯田，自金山至西图边的北山坡分布有零星树木和灌木。

不同地区的地形图有不同的特点，要在识图实践中熟悉地形图所反映的地形变化规律，从中选择满足工程要求的地形，为工程建设服务。由于国民经济和城乡建设的迅速发展，新增地物不断出现，有时当年测绘的地形图也会落后于现实的地形变化。因此，通过地形图的识读了解到所需要的地形情况后，仍需到实地勘察对照，才能对所需地形有切合实际的了解。

7.4.2 地形图的基本应用

在工程建设规划设计时，往往要用解析法或图解法在地形图上求出任意点的坐标和高程，确定两点之间的距离、方向和坡度，量测指定区域面积等，这就是用图的基本内容，现分述如下：

1. 确定图上点的坐标

图 7-26 是比例尺为 1∶1000 的地形图坐标格网的示意图，以此为例说明求图上点 A 坐标的方法。首先根据 A 的位置找出它所在的坐标方格网口 bcd，过点 A 作坐标格网的平行线 ef 和 gh。然后用直尺在图上量得 $ag=62.3\text{mm}$，$ae=55.4\text{mm}$；由内、外图廓间的坐标标注知 $x_a=40.1\text{km}$，$y_a=30.2\text{km}$。则点 A 坐标为

$$
\begin{aligned}
x_A &= x_a+ag\cdot M=40100\text{m}+62.3\text{mm}\times1000=40162.3\text{m}\\
y_A &= y_a+ae\cdot M=30200\text{m}+55.4\text{mm}\times1000=30255.4\text{m}
\end{aligned}
\tag{7-6}
$$

如果图纸有伸缩变形，为了提高精度，可按下式计算

$$
\left.
\begin{aligned}
x_A &= x_a+ag\cdot M\cdot\frac{l}{ad}\\
y_A &= y_a+ae\cdot M\cdot\frac{l}{ab}
\end{aligned}
\right\}
\tag{7-7}
$$

式中 M——比例尺分母；

l——方格 $abcd$ 边长的理论长度（一般为 10cm）；

ad、ab——分别用直尺量取的方格边长。

如果有电子版的地形图，则可用地形图绘图软件打开图形，直接用查询点坐标的方式快速获取图上任意点的平面坐标，注意点位捕捉的正确性。

2. 确定两点间的水平距离

如图 7-26 所示，欲确定 AB 间的水平距离，可用如下两种方法求得：

（1）直接量测（图解法）

用卡规在图上直接卡出线段长度，再与图示比例尺比量，即可得其水平距离。也可以用

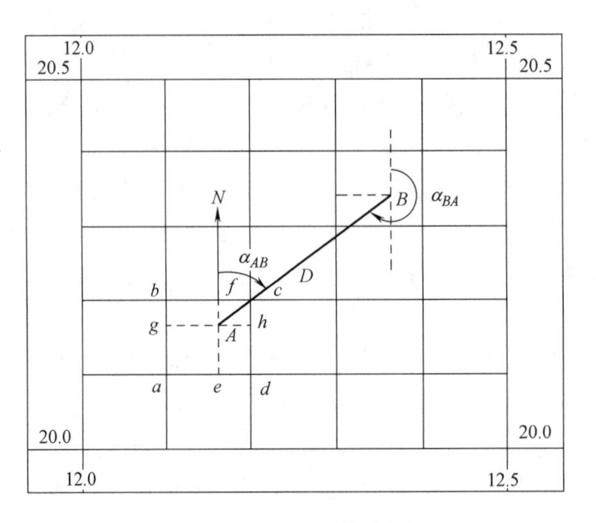

图 7-26 地形图的应用

刻有毫米的直尺取图上长度 d_{AB}并按比例尺（M 为比例尺分母）换算为实地水平距离，即

$$D_{AB}=d_{AB}\cdot M \tag{7-8}$$

或用比例尺直接量取直线长度。

如果有电子版的地形图，则可用地形图绘图软件打开图形，直接用查询两点距离的方式快速获取图上任意两点间的水平距离，注意点位捕捉的正确性。

（2）解析法

按式（7-7），先求出 A、B 两点的坐标，再根据 A、B 两点坐标由下式计算：

$$D_{AB}=\sqrt{(x_B-x_A)^2+(y_B-y_A)^2} \tag{7-9}$$

3. 确定两点间直线的坐标方位角

欲求图 7-26 上直线 AB 的坐标方位角，可有下述两种方法。

（1）解析法

首先确定 A、B 两点的坐标，然后按式（7-10）确定直线 AB 的坐标方位角。

$$\tan\alpha_{AB}=\frac{\Delta y_{AB}}{\Delta x_{AB}}=\frac{y_B-y_A}{x_B-x_A} \tag{7-10}$$

（2）图解法

在图上先过点 A 和点 B 分别做出平行于纵坐标轴的直线，然后用量角器分别度量出直线 AB 的正、反坐标方位角 α_{AB} 和 α_{BA}，取这两个量测值的平均值作为直线 AB 的坐标方位角，即

$$\alpha_{AB}=\frac{1}{2}(\alpha'_{AB}+\alpha'_{BA}\pm180°) \tag{7-11}$$

式中，若 $\alpha'_{BA}>180°$，取“$-180°$”；若 $\alpha'_{BA}<180°$，取“$+180°$”。

4. 确定点的高程

利用等高线可以确定点的高程，如图 7-27 所示，点 A 在 28m 等高线上，则它的高程为 28m。点 M 在 27m 和 28m 等高线之间，过点 M 作一直线基本垂直这两条等高线，得交点 P、

Q，则点 M 高程为

$$H_M = H_P + \frac{d_{PM}}{d_{PQ}} \cdot h \tag{7-12}$$

式中　H_P——点 P 高程；

h——等高距；

d_{PM}、d_{PQ}——分别为图上 PM、PQ 线段的长度。

例如，设用直尺在图上量得 $d_{PM}=5\text{mm}$、$d_{PQ}=12\text{mm}$，已知 $H_P=27\text{m}$，等高距 $h=1\text{m}$，把这些数据代入式（7-12）得

$$h_{PM} = \frac{d_{PM}}{d_{PQ}} \cdot h = 5\text{mm}/12\text{mm} \times 1\text{m} = 0.4\text{m}$$

$$H_M = H_P + \frac{d_{PM}}{d_{PQ}} \cdot h = 27\text{m} + 0.4\text{m} = 27.4\text{m}$$

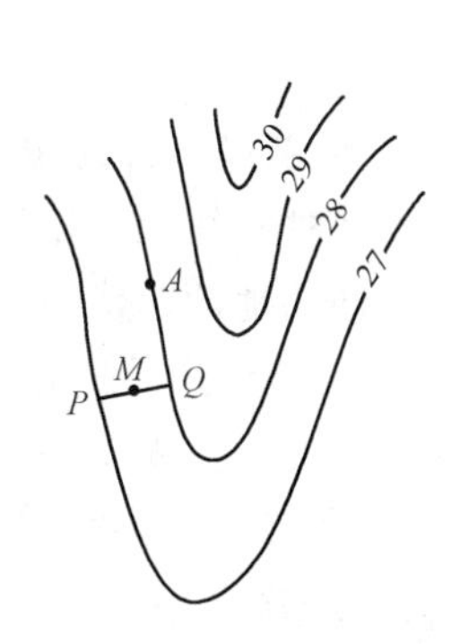

图 7-27　确定点的高程

5. 确定两点间直线的坡度

A、B 两点间的高差 h_{AB} 与实地水平距离 D_{AB} 之比，就是 A、B 间的平均坡度 i_{AB}，即

$$i_{AB} = \frac{h_{AB}}{D_{AB}} \tag{7-13}$$

如 $h_{AB} = H_B - H_A = 86.5\text{m} - 49.8\text{m} = +36.7\text{m}$，设 $D_{AB} = 876\text{m}$，

则　　$i_{AB} = +36.7\text{m}/876\text{m} \approx +0.04 = +4\%$

坡度一般用百分数或千分数表示。$i_{AB}>0$ 表示上坡；$i_{AB}<0$ 表示下坡。若以坡度角表示，则

$$\alpha = \arctan \frac{h_{AB}}{D_{AB}} \tag{7-14}$$

应该注意到，虽然 A、B 是地面点，但 A、B 连线坡度不一定是地面坡度。

7.4.3　地形图在工程建设中的应用

1. 地形图在建筑设计中的应用

（1）根据地形图确定建筑物的面积和形状

在建筑设计之前，首先使用反映拟建场地及其周围地形的地形图，根据地形的有关情况及城市规划要求拟定建筑物的形状和面积，上报城市规划部门审批。

（2）根据地形来确定建筑物±0.000 的标高及其构造形式

根据地形图上拟建地面标高及排污管道的标高来确定建筑物±0.000 的标高。±0.000 标高确定以后，根据地形高差状况来确定±0.000 以下的构造形式。

拟建场地较平，当其标高不低于±0.000 标高时，按常规设计；当其标高低于±0.000 标高时，采取填高至±0.000 或建地下室，或采用支撑柱悬空，也可采用支撑柱悬空与地下室相结合。具体选择哪种形式要根据具体情况，通过比较看哪种构造形式最经济、合理。拟建场地为坡地时，根据±0.000 标高，采取悬空，半悬空或整平等几种形式，如图 7-28 所示。

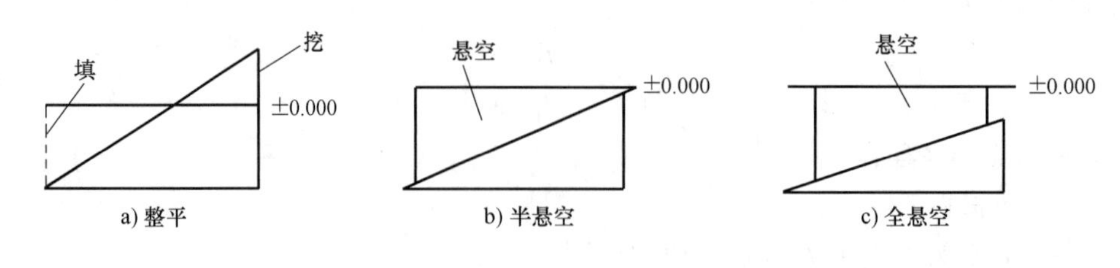

图 7-28　构造形式

2. 绘制设计方向线的纵断面图

在各种管线工程设计中，为了进行填挖方量的概算，合理确定管线的坡度，都需要了解沿线方向的地面起伏情况，为此常利用地形图绘制指定方向的纵断面图。如图 7-29 所示，*pq* 的方向已定，要做出 *pq* 方向的断面图，可先将 *pq* 直线与图上等高线的交点以及山脊和山谷的方向变化点 *b*、*e* 标明，然后按该地形图的比例尺，把图上点 *p*、*a*、*b*、*c*、*d*、*e*、*f*、*g*、*h*、*q* 转绘在一水平线上。过水平线上各点，作水平线的垂线，在各垂线上按比例尺截取出各点相应的高程，最后用平滑曲线连接这些顶点，便得到 *pq* 线的断面图。为了使断面图能明显地表示地面的起伏情况，常把高程的比例尺增大为距离比例尺的 10 倍或 20 倍来描绘。

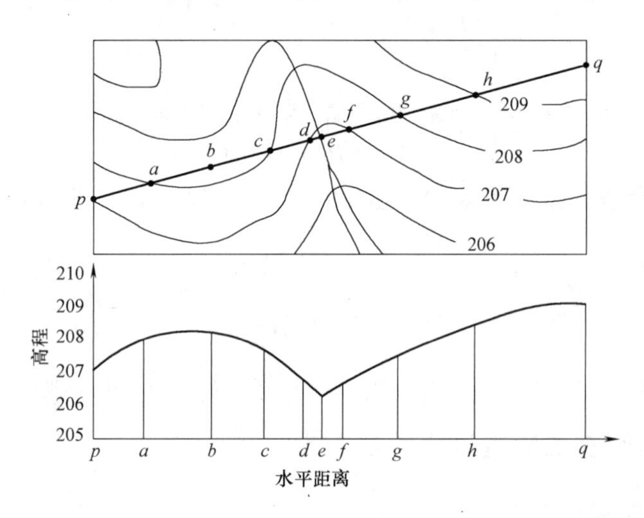

图 7-29　纵断面图

3. 绘制横断面图

在进行道路土方量计算时，单有纵断面图是不够的，还要用到横断面图。横断面图就是垂直于纵断面方向的剖面图，其画法与纵断面图完全一样。

4. 按限制坡度选择最短路线

如图 7-30 所示，设从公路旁点 *A* 到山头点 *B* 先定一条路线，限制坡度为 6%，地形图比例尺为 1∶2000，等高距为 1m。为了满足限制坡度的要求，可根据式（7-13）求出该路线通过相邻两条等高线的最小等高平距（在地形图上的长度）

$$d=\frac{h}{i \cdot M}=\frac{1\text{m}}{0.06\times2000}\approx0.0083\text{m}=8.3\text{mm}$$

然后，用卡规张开 8.3mm，先以点 *A* 为圆心作圆弧，交 81m 等高线于点 1；再以点 1 为圆心作圆弧，交 82m 等高线于点 2；依此类推，直至点 *B*。连接相邻点，便得同坡度路线 *A*-1-2-…-*B*。若所作圆弧不能与相邻等高线相交，则以最小等高线平距直接相连，这样，该线段为坡度小于 6%的最短路线，符合设计要求。在图上尚可沿另一方向定出第二条路线 *A*-1′-2′-…-*B*，可以作为比较方案。在实际工作中，还需在野外考虑工程上其他因素，如少占或不占良田、避开不良地质、工程费用最少等进行修改，最后确定一条最佳路线。

当线路经过高差较大的山地时，在满足道路坡度要求的前提下，是绕山走还是劈山或打隧道，具体采用何种方案要通过对各种方案工程造价的比较才能确定。

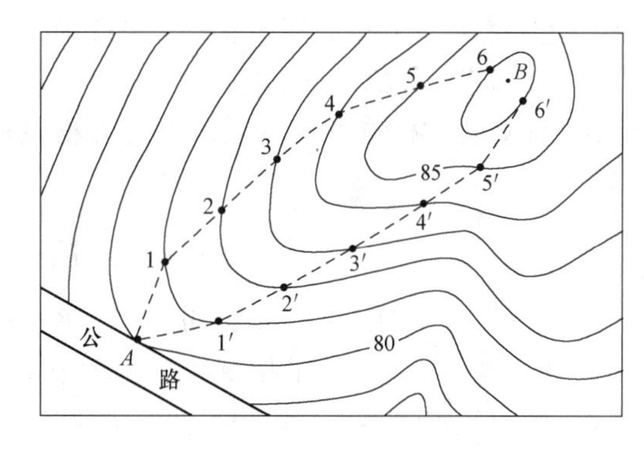

图 7-30　选线

5. **地形图上土方量的计算**

在各种工程建设中，除对建筑物要作合理的平面布置外，往往还要对原地貌作必要的改造，以便适于布置各类建筑物，排除地面水以及满足交通运输和敷设地下管道等。这种地貌改造称之为平整土地。

在平整土地工作中，常需预算土、石方的工程量，即利用地形图进行填挖土（石）方量的概算。其方法有多种，其中方格网法是应用最广泛的一种。下面分两种情况介绍该方法。

（1）要求平整成水平面

平整场地需先作“场平设计”，确定平整后的场地高程，并应作土方计算。其具体步骤如下。

1）绘制方格网。在场地地形图上拟建范围内绘制方格网，方格大小根据地形复杂程度、地形图比例尺以及要求的精度而选定。方格的边长以 10～40m 为宜（一般多用 20m）。根据等高线计算各方格顶点的高程，称为“地面高程”，标注于各顶点的右上角（亦可用水准仪，以视线高法测出各顶点的高程）。方格网编号，横向按 1，2，3，…编，纵向按 *A*，*B*，*C*，…编，方格用Ⅰ，Ⅱ，Ⅲ，…编，如图 7-31a 所示，各方格顶点编号即用纵横向编号来编定，标注在该点的左下角，如图 7-31b 所示。

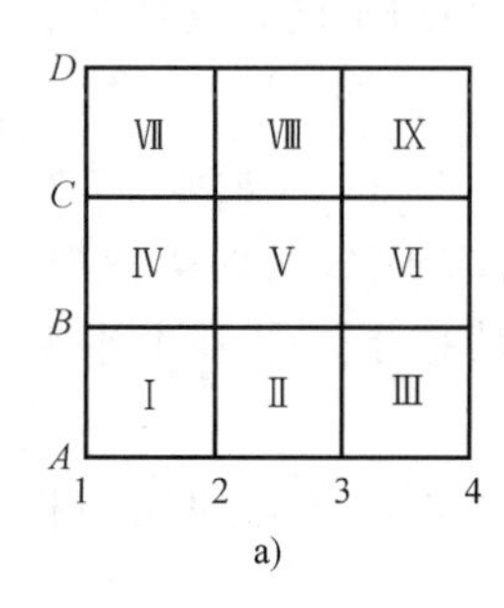

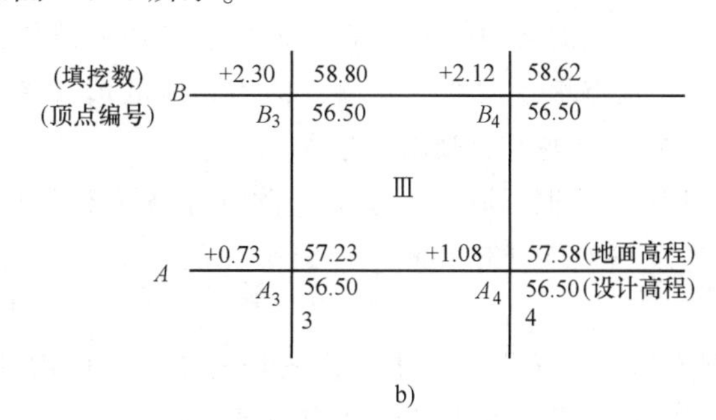

图 7-31　方格网法土方计算

场地平整后的地面高程称为“设计高程”，标注于方格顶点的右下角。原地面标高与设计高程之差称为“填挖数”，规定挖方为“+”，填方为“−”，标注在方格顶点的左上角，如图 7-31b 所示。

2）计算设计高程。要使工程量最少，必须使填挖土方量平衡，即需要算出使填挖土方量平衡的设计高程。计算时，先将每一小方格顶点的高程加起来除以 4，就得到各方格的平均高程 H。再把每一方格的平均高程相加除以方格总数，就得到设计高程 $H_{设}$ 为

$$H_{设}=\frac{\sum H_i}{n} \quad (i=1,2,\cdots) \tag{7-15}$$

式中 H_i——每一方格的平均高程，单位为 m；

n——方格总数，个。

3）计算各方格点的填挖数。由各方格点的地面高程与设计高程就可计算出各点的填挖数：

$$h_i=H_{地i}-H_{设} \quad (i=1,2,\cdots) \tag{7-16}$$

当 h_i 为“+”时表示下挖，为“-”时表示上填。

由式（7-16）计算出的填挖数 h_i 标注在各方格点的左上角，如图 7-31b 所示。

4）求出填挖边界线。用内插法在方格网上求出高程为 $H_{设}$ 的点，把各点相连即为填挖边界线，在该线上既不填也不挖即填挖数为零，该线也称为零线。在该线高程低的一侧画上小短线，以示填方区，另一侧则为挖方区。

5）计算土方量。由填挖边界线把方格网分割成以下三种形式。

① 全挖的方格。该方格的下挖土方量为各方格点下挖数的平均值与方格面积的乘积，即

$$V_{挖i}=\frac{1}{4}\sum h_{挖i}\cdot A \tag{7-17}$$

式中 A——每方格的面积，单位为 m^2。

② 全填的方格。该方格的上填土方量计算方法与全挖方格计算相同，即

$$V_{填i}=\frac{1}{4}\sum h_{填i}\cdot A \tag{7-18}$$

式中 A——每方格的面积，单位为 m^2。

③ 有挖也有填的方格。由于填挖边界线穿过该方格，使得该方格内既有填方区，也有挖方区，计算土方量时各自分开计算。根据填挖边界线所分割的不同几何图形，计算出其面积乘以该图形各顶点填挖数的平均值，即为相应的填（挖）土方量。

（2）设计成一定坡度的倾斜场地

如图 7-32 所示，根据原地形情况，欲将方格网范围内平整成从北到南的坡度为-0.5%，从西到东坡度为-3%的倾斜平面，倾斜平面的设计高程应填挖土方量基本平衡。其设计步骤如下。

1）绘制方格网，按设计要求方格网长为 20m，用内插法求出各点地面高程，并标注于图上各方格点的右上角，左下角标注点号。

2）按填挖方平衡的原则计算出设计高程，根据式（7-15）计算出设计高程 $H_{设}$ = 93.15m，也就是场地的几何图形重心点 G。

3）从重心点 G，根据其高程、各方格网点的间隔和设计坡度，沿方格方向，向四周推算各方格点的设计高程。

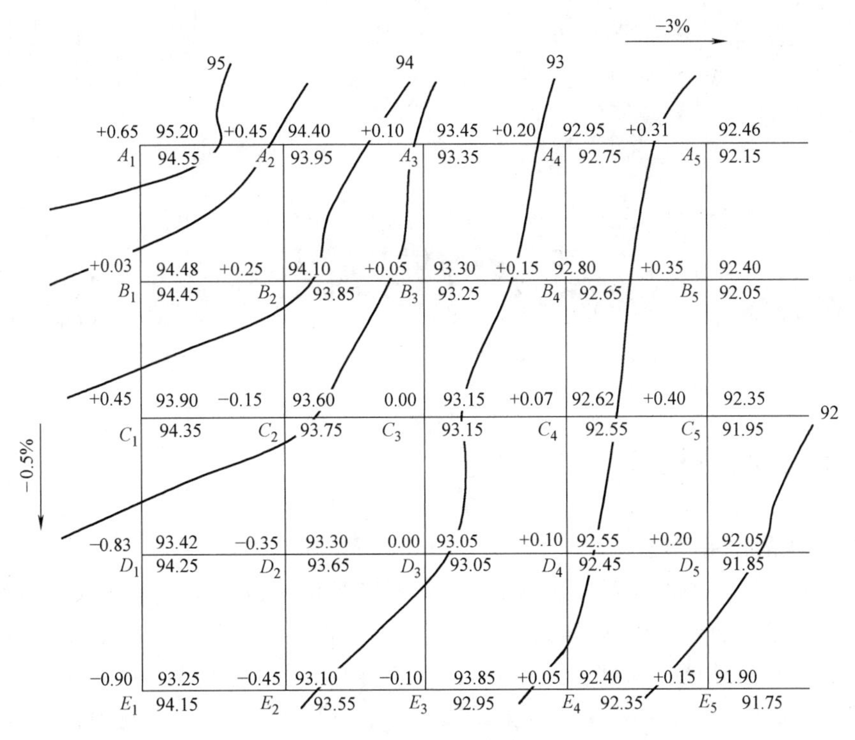

图 7-32　平整为倾斜面

如图 7-32 所示，南北两方格点间的设计高差 $h=20\text{m}\times0.5\%=0.10\text{m}$；东西两方格点间设计高差 $h=20\text{m}\times3\%=0.60\text{m}$。

重心点 G 的设计高程为 93.15m，其北点 B_3 的设计高程为 $H_{B_3}=93.15\text{m}+0.10\text{m}=93.25\text{m}$，$A_3$ 的设计高程为 $H_{A_3}=93.25\text{m}+0.10\text{m}=93.35\text{m}$，其南 D_3 的设计高程为 $H_{D_3}=93.15\text{m}+0.10\text{m}=93.05\text{m}$，$H_{E_3}=93.05\text{m}-0.10\text{m}=92.95\text{m}$。同理可推得其余各方格点的设计高程，并注在方格点右下角。对于各点推算出的设计高程应按下列方法进行检核：从一个角点起沿边界逐点推算一周后回到起点，设计高程应该闭合；对角线上各点间设计高程的差值应相等。

4）由各点的地面高程减去设计高程就为各点的填、挖数，标注在方格点左上角。

5）由各方格点的填、挖数，确定出填挖的边界线，就可分别计算出各方格内的填、挖土方量及总的填、挖土方量。

Chapter 08

区域控制测量

8.1 控制测量概述

1. 控制测量的作用和概念

在地形图的测绘和各种工程的放样中，必须用各种测量方法确定地面点的坐标和高程。任何测量均不可避免地带有某种程度的误差，为了防止误差的积累，保证测图和放样的精度，就必须遵守“从整体到局部，先控制后碎部”的原则。首先建立控制网，进行控制测量，然后根据控制网点再进行碎部测量和测设。控制测量就是在测区内选择若干有控制意义的点（称为控制点），构成一定的几何图形（称为控制网），用精密的仪器工具和精确的方法观测并计算出各控制点的坐标和高程。控制测量分为平面控制测量和高程控制测量两种，平面控制测量就是求得各控制点的平面坐标（x，y），高程控制测量是求得各控制点的高程（H）。

2. 控制测量的分类

1）按控制形式分。平面控制测量（包括三角测量和导线测量）、高程控制测量（包括水准测量和三角观测测量）和 GPS 控制测量。

2）按测量精度分。国家级分为一等、二等、三等和四等。等外级分为一级、二级和三级。

3）按测量方法分。天文测量、常规测量（有三角测量、导线测量、三边测量、水准测量和三角高程测量等）和 GPS 定位测量。

4）按区域分。国家控制测量、城市控制测量、小区域控制测量和施工场地控制测量。

3. 国家控制网

对于全国性的平面控制测量，由于国土幅员广阔，必须采取分等级布置的办法，才能既符合精度要求又合乎经济的原则。国家平面控制网按精度分为一、二、三、四等，精度由高级到低级逐步建立。国家平面控制网是以一等三角锁（网）为骨干，再加密二等三角网，依次再加密三等、四等三角网，如图 8-1 所示。建立国家平面控制网，主要采用三角测量的方法和 GPS 定位测量。

国家高程控制网也分为一、二、三、四等。一等水准网是国家高程控制网的骨干；二等水准网布设于一等水准网内，是国家高程控制网的全面基础；三、四等水准网是国家高程控制网的进一步加密，如图 8-2 所示。国家一、二等高程控制网的建立是采用精密水准测量的方法。

国家的平面与高程控制网是研究地球形状与大小的依据，也是测绘各种地形图和国民经济建设的依据。在城市和厂矿地区，应在国家控制网的基础上，根据测区大小和施工测量的要求，布设不同等级的平面与高程控制网，以供测图和施工放样使用。

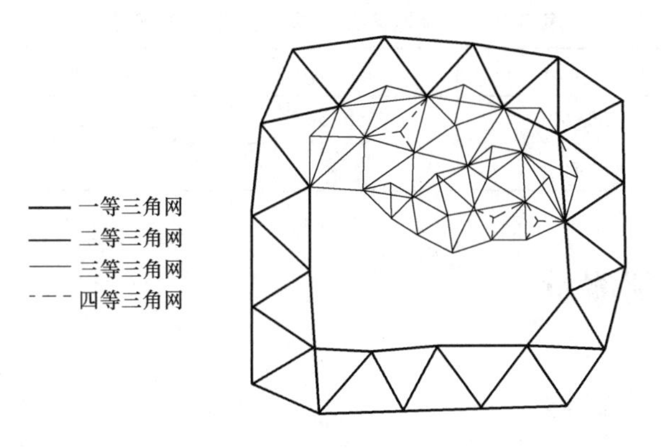

图 8-1 平面控制网

4. 城市控制网

为了满足城市规划、施工及管理的需要，为了测绘大比例尺地形图、市政工程和建筑工程放样的需要，在国家控制网的控制下建立的控制网，称为城市控制网。

城市平面控制网一般根据街道布设为导线网。首级控制的精度，应取决于城市或厂矿的规模。

城市高程控制网一般按二、三、四等水准测量要求布设。它是城市进行大比例尺测图及工程测量的高程控制网。

大多数城市根据其地理位置及海拔高度，建立起城市独立的平面坐标及高程控制系统，方便实际使用。

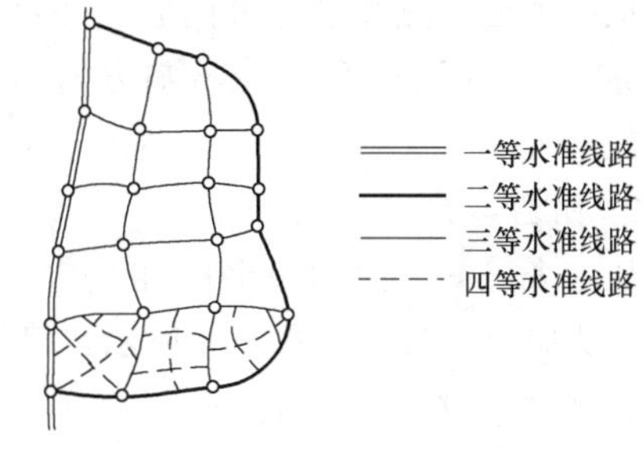

图 8-2 高程控制网

5. 小地区控制网的布设

在小地区范围内，为满足测图和施工放样所进行的平面和高程控制测量称为小区控制测量。它主要包括导线测量、小三角测量以及三、四等水准测量和三角高程测量等。

《工程测量规范》（GB 50026—2007）规定，小地区平面控制测量，根据测区面积的大小应分级建立测区的首级控制和图根控制，其关系见表 8-1。

表 8-1 首级控制和图根控制的关系

测区面积/km^2	首级控制	图根控制
2~15	一级小三角或一级导线	两级图根
0.5~2	二级小三角或二级导线	两级图根
0.5 以下	图根控制	—

直接供测绘地形图使用的控制点称为图根控制点，简称图根点。测量图根点位置的工作称为图根控制测量。图根点的密度（包括高级点）取决于测图比例尺大小以及地物、地貌的复杂程度。在平坦开阔的地区，图根点的密度可参考表 8-2 的规定；而在特殊困难地区或山区，图根点数应适当增多。

表 8-2　一般地区三类解析图根点的密度

测图比例尺	1∶500	1∶1000	1∶2000	1∶5000
图幅面积/cm×cm	50×50	50×50	50×50	40×40
解析控制点/个	8	12	15	30

8.2　平面控制测量

8.2.1　导线测量概述

在测区内选择若干个点，将各点用直线连接而构成的折线称为导线，这些点就称为导线点。顺次观测各转折角和各边长度，依据起始点坐标和起始边方位角，推算各边的方位角，从而求得各导线点的坐标，称为导线测量。如果用钢尺量距，经纬仪观测转折角称为经纬仪导线。若用光电测距仪测量边长，经纬仪观测转折角，则称为光电测距导线。

导线测量作为平面控制的一种方法，适用于地形复杂、建筑物较多、隐蔽的狭长地区。导线根据测区地形特点和已有控制点的情况，布设成闭合导线、附合导线和支导线三种形式。

1. 闭合导线

从一个已知点和已知方向起，经过各导线点，再闭合到原来的起始点和起始方向，称为闭合导线。如图 8-3 所示，已知方向为 *AB*，已知点为 *B*，经点 1、2、3、4，再闭合到点 *B* 和 *AB* 方向。

2. 附合导线

从一个已知方向和一个已知点起，经过各导线点，附合到另一个已知方向和一个已知点，称为附合导线。如图 8-4 所示，已知起始方向为 *AB*，已知点为 *B*，经过点 1、2、3，附合到另一已知方向 *CD* 和已知点 *C*。

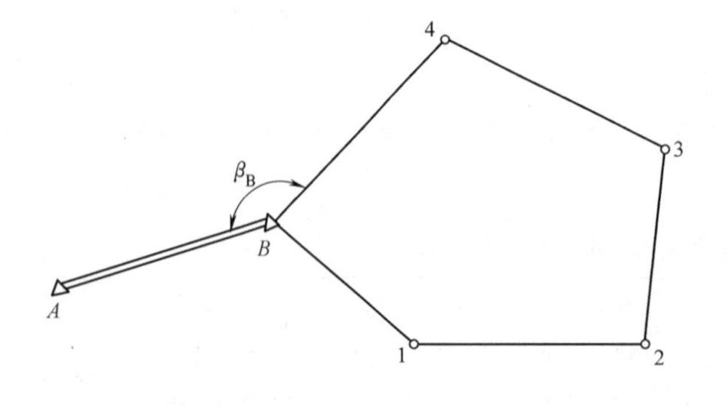

图 8-3　闭合导线

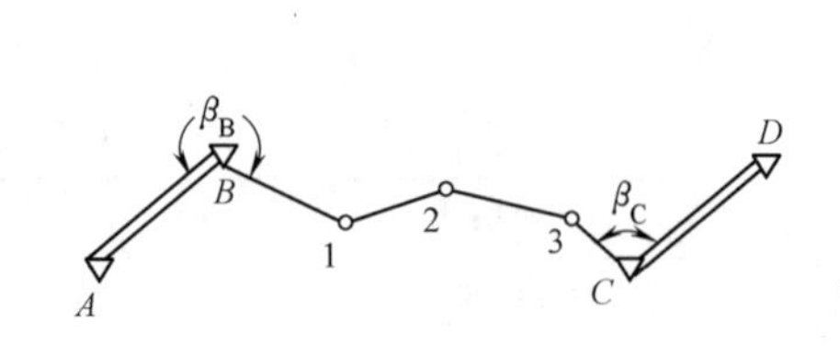

图 8-4　附合导线

3. 支导线

从一个已知方向和一个已知点起，经过几个导线点，导线既不闭合在起始点和起始方向，又不附合到另一已知方向和已知点上，称为支导线。如图 8-5 所示，已知方向为 AB，已知点为 B，导线点只有 1、2 两点。

从图 8-3、图 8-4、图 8-5 可以看出，闭合导线起始方向和起始点与终止方向和终止点同为一个，如果起始方位角和坐标值有错，通过导线本身是无法检查出来的，所以对闭合导线的起始数据需反复检核无误后，才能确保导线点的计算坐标正确可靠。附合导线起讫方向和已知点分别都是两个，外业观测及计算有误差通过导线本身检查，同时还能校核起始数据是否正确。支导线无论观测还是起始数据的错误均不能校核。

综上所述，在选择导线形式时应尽量采取附合导线，没有十分必要不选取闭合导线，在万不得已的情况下才可选用支导线，但在观测时要采取一定的措施，保证观测的正确，导线不应过长，导线点一般不超过两个。

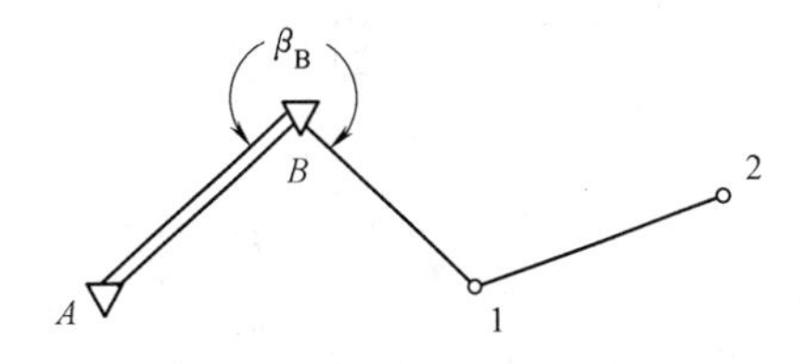

图 8-5　支导线

8.2.2　导线测量的外业作业

1. 踏勘选点

首先应收集测区及相邻测区已有的测量资料，包括各种控制点的位置、数量、坐标和高程以及已有的各种比例尺地形图。然后，根据总体设计和方案，根据测图与施工的要求，在图上制订导线初步方案，最后到实地依据现场具体情况选定点位。导线分为一级、二级、三级和图根导线几种，根据《工程测量规范》（GB 50026—2007）规定各级导线技术要求见表 8-3。

表 8-3　导线测量的主要技术要求

等级	附合导线长度/km	平均边长/m	往返丈量较差相对误差	测角中误差/(″)	测回数		方位角闭合差/(″)	导线全长相对闭合差
					DJ_2	DJ_6		
一级	4	400	1/30000	±5	2	4	$\pm10\sqrt{n}$	1/15000
二级	2.4	200	1/14000	±8	1	3	$\pm16\sqrt{n}$	1110000
三级	1.2	100	1/7000	±12	1	2	$\pm24\sqrt{n}$	1/3000
图根	1.0M	不大于测图视距的 1.5 倍	1/3000	一般 ±30 首级 ±20		1	一般 $\pm60\sqrt{n}$ 首级 $\pm40\sqrt{n}$	1/2000

注：1. M 为测图比例尺分母。

2. 图根导线在特殊困难地区全长相对闭合差不大于 1/1000。

3. n 为测角个数。

导线选点时应注意以下几点：

① 相邻点间通视应良好，地势应平坦，便于测角和量距。

② 点位应选在土质坚实、便于安置仪器观测且能长期保存的地方。

③ 点位周围地势开阔，便于施测碎部或进行施工放样。

④ 导线长度及平均边长应符合表 8-3 的规定，各边长应大致相等，除闭合导线外，导线应尽量布设成直伸形。

⑤ 导线点的密度合理，应满足测图或施工测量的需要。

2. 设置标志

导线点选定后，根据性质及用途埋设临时性标志和永久性标志。

图根点一般只做临时性标志，可在地面钉一木桩，木桩周围浇上混凝土，顶上钉一铁钉(图 8-6)；也可在水泥地面用红油漆画一圆圈，圆圈内钉一水泥钉或点一小点。

对于需要长期保存的导线点可以埋设混凝土桩或石桩，桩顶埋设金属标志（图 8-7）或刻一“+”字做标记，也可以将标志嵌入石中或直接刻在岩石上，作为永久性标志。

导线点应根据等级及顺序编号，为便于寻找，应建立“点之记”，即将导线点至附近明显地物的距离、方向标明在图上，如图 8-8 所示。

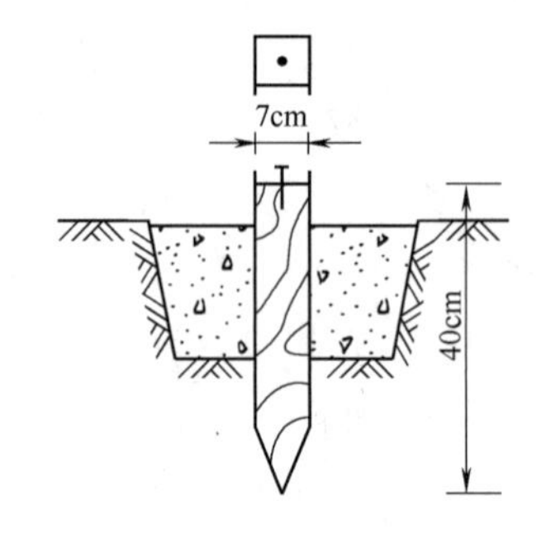

图 8-6　临时性标志

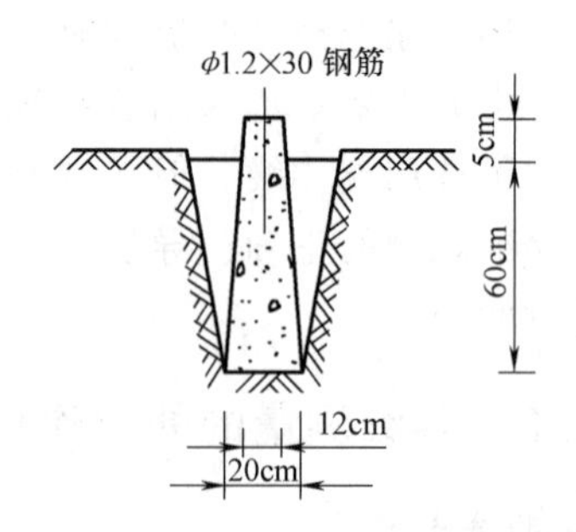

图 8-7　永久性标志

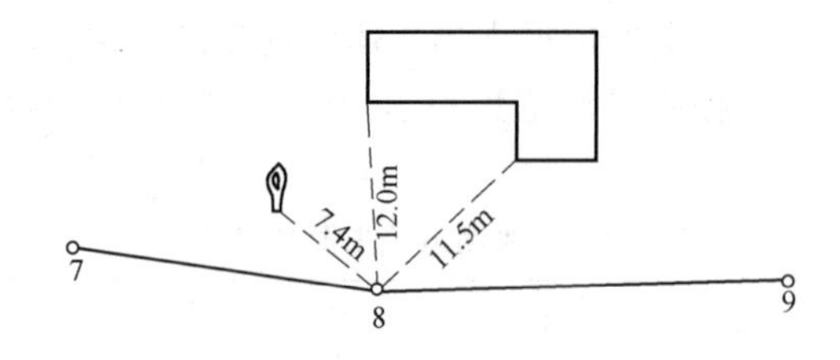

图 8-8　点之记

3. 距离测量

对于图根导线的边长采用合格的钢尺直接丈量。往返各丈量一次，相对精度应不低于表 8-3 中的规定（特殊困难地区允许为 1/1000，若丈量的是斜距，还应改为水平距离）。

对于等级导线应采用检定过的钢尺丈量边长。为了满足表 8-3 中的规定，可参考表 8-4 中的具体要求。丈量的距离要进行尺长、温度与倾斜改正。

表 8-4　钢尺量距的技术要求

边长丈量较差相对误差	作业尺数	丈量总次数	定线最大偏差/mm	尺段高差较差/mm	读数次数	估读/mm	温度读至(℃)	同尺各次或同段各尺的较差/mm	丈量方法
1/30000	2	4	50	5	3	0.5	0.5	2	据钢尺检定及地形条件而定
1/20000	1~2	2	50	10	3	0.5	0.5	2	
1/10000	1~2	2	10	10	2	0.5	0.5	2	

各级导线边长可以用光电测距仪进行观测，技术要求应满足表8-5的规定。边长计算的气象改正按所给定的公式计算，加、乘常数的改正应按仪器检定结果进行，水平距离按下式计算：

$$D=\sqrt{S^2-h^2} \tag{8-1}$$

式中　D——水平距离，单位为m；

S——倾斜距离，单位为m；

h——仪器至棱镜的高差，单位为m。

表8-5　电磁波测距技术要求

等级	仪器等级	观测次数		总测回数	一测回较差/mm	单程测回间较差/mm	往返较差/mm
		往	返				
一级	Ⅱ	1		2	10	15	10
	Ⅲ			4	20	30	
二、三级	Ⅱ	1		1~2	10	15	15
	Ⅲ			2	20	30	

注：1. 测回的含义是照准目标（反光镜）一次，读数2~4次（可根据读数的离散程度确定）；

2. 根据具体情况，测边可采取不同时间段观测代替往返观测。

光电测距应选择成像清晰、气象条件稳定的时间观测。精度要求较高时，宜在日出后1h或日落前1h左右的时间内进行，启动仪器3min后开始观测。

导线边跨越河流、池塘等障碍不能直接量距时，可采用间接量距的办法。图8-9中导线边2-3跨过一河流不能直接量距，可在河岸一边选一点K，量2-K的距离D，用经纬仪观测α、β、γ三个角，先求出三角形闭合差$f=\alpha+\beta+\gamma-180°$，将闭合差反号平均分配在所观测的三个角度上，利用三角形正弦定理即可求得D_{23}的长度为

$$D_{23}=D\frac{\sin\alpha}{\sin\gamma} \tag{8-2}$$

在布置间接量距的三角形时，三角形内角不应小于30°，所量距离D的长度不应小于所要求边长D_{23}的一半。

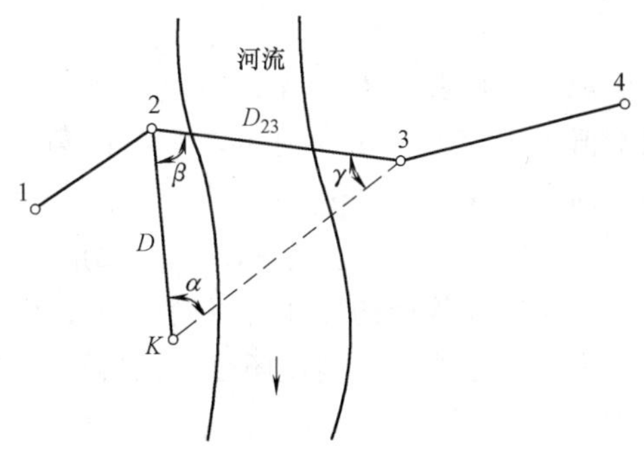

图8-9　间接量距

4. 水平角观测

用DJ_2型或DJ_6型的经纬仪在导线点上观测每个转折角。闭合导线观测内角，附合导线观测左角，支导线左角和右角都必须观测以便校核。为了使闭合导线内角也是左角，闭合导线点按逆时针方向编号。

5. 连接测量

导线起始边、终止边与已知边的夹角称为连接角（如图8-3、图8-4、图8-5所示的β_B、β_C），观测连接角的工作称为连接测量。

如果已知控制点在测区附近，且相距不太远，应进行导线的连测。如图8-10所示，观测β_B、β_1量取D_{B1}的长度，可将控制点坐标传递至点1上，将已知方位角传递至边1-5上。在测区内或附近如果没有已知的控制点，可用罗盘测定导线起始边的磁方位角，并假定起始

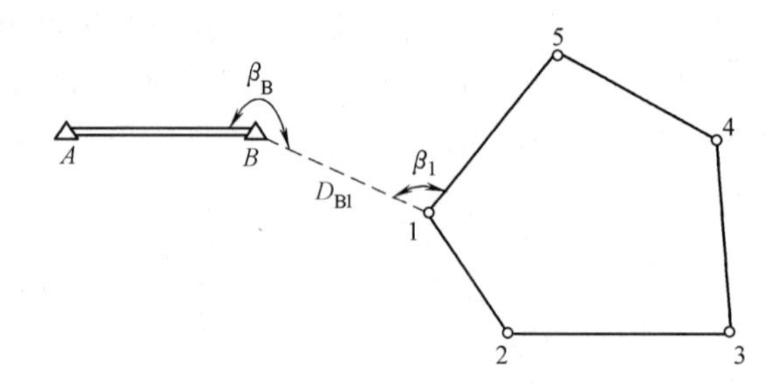

图 8-10　连接测量

点的坐标作为导线的起始数据。

8.2.3　导线测量的内业作业

导线内业计算的最终目的就是根据起始点坐标、起始边的坐标方位角和外业观测各转折角、边长，求得各导线点的坐标值。

在计算中，边长与坐标值取至 0.001m，角度与方位角取至 1″。图根导线在计算中边长与坐标取至 0.001m，角度与方位角可取至 6″或 10″，最后采用的坐标值可取至 0.01m。

内业计算之前，首先要检查外业观测资料，角度观测和边长丈量是否正确，是否符合精度要求，有无遗漏，起始数据是否正确、完整。然后，绘出导线的观测略图，对应地注上所测角度与边长，再列表进行计算。

1. 闭合导线计算

图 8-11 为一图根闭合导线的观测略图，已将外业观测数据注在图中的相应位置。已知起始边方位角 $\alpha_{41}=215°53'17''$，点 1 的坐标 $x_1=500.000\text{m}$，$y_1=500.000\text{m}$。先将已知数据、观测数据填入表 8-6 相应的栏中。

（1）角度闭合差的计算及调整

如图 8-11 所示，闭合导线是一多边形，多边形内角之和理论上应为 180°（$n-2$），n 为多边形的边数，故

$$\sum\beta_{理}=180°(n-2) \tag{8-3}$$

由于观测的角度含有误差，所以观测的各内角之和与理论值不相等。观测的内角之和与内角和的理论值之差值即为角度闭合差 f_β 即

$$f_\beta=\sum\beta_{测}-180°(n-2) \tag{8-4}$$

不同精度等级的导线有不同的角度闭合差容许值。本例为图根导线，故角度闭合差的容许值为

$$f_{\beta容}=\pm60''\sqrt{n} \tag{8-5}$$

式中　n——测角的个数。

当 $f_\beta \leqslant f_{\beta容}$ 时，认为测角符合要求，将闭合差反号平均分配在各观测角上，即

$$\beta=\beta_{测}-\frac{f_\beta}{n} \tag{8-6}$$

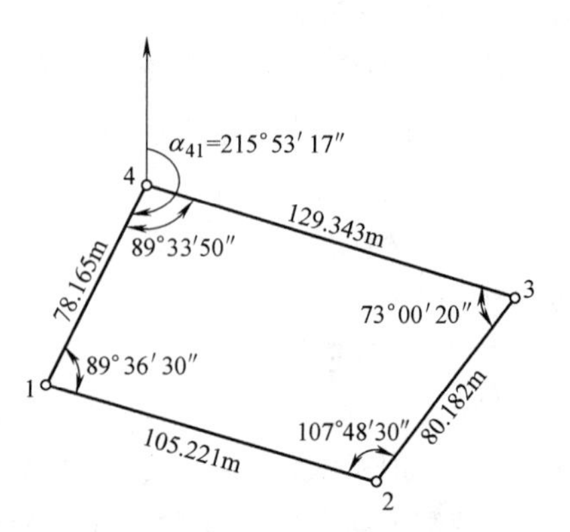

图 8-11　闭合导线观测略图

表 8-6 闭合导线内业计算

点号	观测角(左角)/(° ′ ″)	改正数(″)	改正后角值/(° ′ ″)	坐标方位角/(° ′ ″)	边长 D/m	坐标增量 Δx/m	坐标增量 Δy/m	改正后坐标增量 Δx/m	改正后坐标增量 Δy/m	坐标 x/m	坐标 y/m	点号
1	2	3	4=2+3	5	6	7	8	9	10	11	12	13
4												4
				215 53 17								
1	89 36 30	+13	89 36 43							500.000	500.000	1
				125 30 00	105.221	−0.024 −61.102	+0.020 +85.662	−61.126	+85.682			
2	107 48 30	+12	107 48 42							438.874	585.682	2
				53 18 42	80.182	−0.018 +47.906	+0.015 +64.298	+47.888	+64.313			
3	73 00 20	+12	73 00 32							486.762	649.995	3
				306 19 14	129.343	−0.029 +76.610	+0.025 −104.214	+76.581	−104.189			
4	89 33 50	+13	89 34 03							563.343	545.806	4
				215 53 17	78.165	−0.017 −63.326	+0.015 −45.821	−63.343	−45.806			
1										500.000	500.000	1
Σ	359 59 10	+50	360 00 00		392.911	(−0.088) +0.088	(+0.075) −0.075	0.000	0.000			

校核计算

$$\sum\beta_{测}=359°59'10''$$
$$-)\ \sum\beta_{理}=360°$$
$$f_\beta=-50''$$
$$f_{\beta容}=\pm60''\sqrt{4}=\pm120''$$

$f_x=\sum\Delta x=+0.088$ $f_y=\sum\Delta y=-0.075$

导线全长闭合差 $f=\pm\sqrt{f_x^2+f_y^2}=\pm0.116\text{m}$

相对闭合差 $K=\dfrac{f}{\sum D}=\dfrac{1}{3390}$

容许相对闭合差 $K_{容}=\dfrac{1}{2000}$

$\alpha_{41}=215°53'17''$
4
129.343m
89°33′50″
3
73°00′20″
78.165m
89°36′30″
1
80.182m
107°48′30″
105.221m
2

否则，应重新检查计算，甚至重新测角。

本例中，n 为 4，$\sum\beta_{测}=359°59'10''$，$f_{\beta容}=\pm120''$，$f_\beta=-50''<f_{\beta容}$，说明测角精度合格。将角度改正数$-\frac{f_\beta}{n}$填入表 8-6 的第 3 栏中，求各角度改正后的角度值 β 填入第 4 栏中，并校核 $\sum\beta_{测}=180°\times(n-2)=360°00'00''$，说明计算无误。

（2）导线各边坐标方位角的推算

利用改正后的角度值 α，根据起始边的方位角，计算导线各条边的方位角，填入表 8-6 中的第 5 栏内。如

$$\alpha_{12}=\alpha_{41}+180°+\beta_1=215°53'17''+180°+89°36'43''=125°30'00''$$

$$\alpha_{23}=\alpha_{12}+180°+\beta_2=125°30'00''+180°+107°48'42''=53°18'42''$$

$$\alpha_{34}=\alpha_{23}+180°+\beta_3=53°18'42''+180°+73°00'32''=306°19'14''$$

为了校核，还必须再求出起始方位角，与原来数值一致时，即

$$\alpha_{41}=\alpha_{34}+180°+\beta_4=306°19'14''+180°+89°34'03''=215°53'17''$$

说明计算正确无误。

（3）坐标增量的计算

如图 8-11 所示，点 1 的坐标（x_1，y_1），1-2 边的边长 D_{12}及坐标方位角 α_{12}均已知，欲求点 2 坐标（x_2，y_2），利用坐标正算的方法进行，其他各边同此。可用函数计算器坐标正算的固定程序进行计算，将结果填入表 8-6 中的第 7 栏和第 8 栏。不论用何种方法计算，计算器都会直接显示 Δx 和 Δy 的符号。

（4）坐标增量闭合差的计算及调整

闭合导线为一多边形，它的起点与终点是同一个点位，由平面几何知识可知

$$\left.\begin{aligned}\sum\Delta x=0\\ \sum\Delta y=0\end{aligned}\right\} \tag{8-7}$$

由于测量不可避免带有误差，闭合差为观测值与理论值的差值，因理论值为零，故纵、横坐标增量的闭合差 f_x 和 f_y 为

$$\left.\begin{aligned}f_x=\sum\Delta x_{测}\\ f_y=\sum\Delta y_{测}\end{aligned}\right\} \tag{8-8}$$

由表 8-6 的第 7、第 8 栏的总和即为闭合差，$f_x=+0.088\text{m}$，$f_y=-0.075\text{m}$。用 f_x、f_y 可求得导线全长闭合差，即

$$f=\pm\sqrt{f_x^2+f_y^2} \tag{8-9}$$

在本例中 $f=\pm\sqrt{(0.088\text{m})^2+(-0.075\text{m})^2}=\pm0.116\text{m}$

通过 f 及导线总长 $\sum D$ 可求得导线全长相对闭合差 K，K 为分子是 1 的一个分数，即

$$K=\frac{f}{\sum D}=\frac{1}{\sum D/f}$$

$$K=\frac{0.116}{392.911}=\frac{1}{3390} \tag{8-10}$$

因为是图根导线，$K_{容}=\frac{1}{2000}$，显然 $K<K_{容}$，导线精度合格。

当导线全长相对闭合差合格后，将坐标增量闭合差反号，按与边长成正比例的原则分配在各坐标增量上，即

$$\left.\begin{aligned} v_{x_i} &= -\frac{f_x}{\sum D} \cdot D_i \\ v_{y_i} &= -\frac{f_y}{\sum D} \cdot D_i \end{aligned}\right\} \tag{8-11}$$

式中　v_{x_i}、v_{y_i}——第 i 边的纵、横坐标增量改正数，单位为 m；

D_i——第 i 边的边长，单位为 m；

$\sum D$——边长总和，单位为 m。

将各段坐标增量改正数写在表 8-6 中第 7、第 8 栏内相应坐标增量的上方，再将改正后的坐标增量 Δx 和 Δy 写在表 8-7 中第 9、第 10 栏内。填好以后还要求得 $\sum\Delta x$ 与 $\sum\Delta y$ 值，看其是否为零，进行校核。因为改正数是在精度合格的情况下将闭合差用数学的方法人为地“分配”掉，使坐标增量的总和满足理论要求，所以改正数的总和应与闭合差绝对值相等而符号相反。即

$$\left.\begin{aligned} \sum v_{x_i} &= -f_x \\ \sum v_{y_i} &= -f_y \end{aligned}\right\} \tag{8-12}$$

利用式（8-12）可以校核改正数计算是否正确。

（5）导线点坐标计算

依据已知点坐标值及改正后的坐标增量，用下式逐点计算导线点的坐标：

$$\left.\begin{aligned} x_i &= x_{i-1} + \Delta x_i \\ y_i &= y_{i-1} + \Delta y_i \end{aligned}\right\} (i=1,2,3,\cdots) \tag{8-13}$$

填入表 8-6 的第 11、第 12 栏内，最后再求至起始点的坐标校核计算是否正确。

2. 附合导线计算

图 8-12 为一级光电测距导线观测略图，A、B、C、D 为已知高级控制点，α_{AB} 和 α_{CD} 为已知方位角，点 B 和点 C 为起点和终点，坐标已知，将已知数据及观测数据填入表 8-7 的相应栏内。

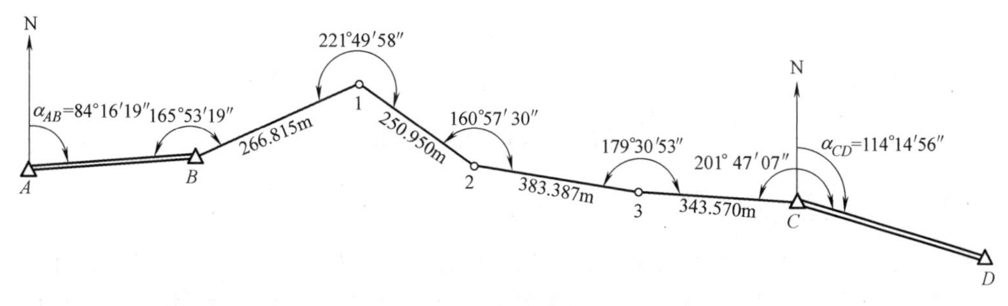

图 8-12　附合导线观测略图

（1）方位角闭合差计算及调整

根据方位角的推算可知

$$\alpha_{B1} = \alpha_{AB} \pm 180° + \alpha_B$$

$$\alpha_{12}=\alpha_{B1}\pm180°+\alpha_1=\alpha_{AB}+\alpha_1+\alpha_B\pm2\times180°$$

用此法一直求下去，即得到边 CD 的观测方位角

$$\alpha'_{CD}=\alpha_{AB}+\sum\beta_i\pm n180°$$

而 α_{CD} 方位角为已知值，故闭合差为

$$f_\beta=\alpha'_{CD}-\alpha_{CD}=\alpha_{AB}+\sum\beta_i\pm n\times180°-\alpha_{CD}$$

将上式整理即可得

$$f_\beta=\alpha_{AB}-\alpha_{CD}+\sum\beta_i\pm n\times180° \tag{8-14}$$

式（8-14）就是附合导线角度闭合差的计算公式。

由表 8-7 可知

$$\sum\beta_i=929°58'47''$$

$$\alpha_{AB}-\alpha_{CD}=84°16'19''-114°14'56''=-29°58'37''$$

$$f_\beta=\alpha_{AB}-\alpha_{CD}+\sum\beta_i-n180°=-29°58'37''+929°58'47''-5\times180°=+10''$$

一级导线 $f_{\beta容}=\pm10''\sqrt{n}=\pm22''>f_\beta$，故精度合格。

按式（8-6）将闭合差反号平均分配在各观测角上，计算改正后角度值，分别填入表8-7中第 3、第 4 栏内。

（2）计算各边方位角

利用起始边方位角 α_{AB} 和改正后角度 β 计算各边方位角，填入表 8-7 中第 5 栏内，最后计算方位角 α_{CD} 是否与已知值相符以便校核计算是否正确。

（3）坐标增量闭合差计算及调整

用函数计算器的固定程序计算坐标增量，填入表 8-7 中第 7、第 8 栏内。

坐标增量闭合差为

$$f_x=\sum\Delta x_i-(x_C-x_B) \tag{8-15}$$

$$f_y=\sum\Delta y_i-(y_C-y_B) \tag{8-16}$$

例中，$f_x=+15\text{mm}$，$f_y=-23\text{mm}$。

导线全长闭合差为

$$f=\pm\sqrt{f_x^2+f_y^2}\approx\pm27\text{mm}$$

相对闭合差为

$$K=\frac{f}{\sum D}=\frac{0.027}{1244.722}=\frac{1}{46100}$$

一级导线 $K_{容}=\dfrac{1}{15000}>K$，故精度合格。

将坐标增量闭合差反号按与边长成正比例分配在各纵、横坐标增量上，计算改正后的坐标增量［按式（8-11）、式（8-12）计算］，填入表 8-7 中第 9、第 10 栏内。改正数的总和与坐标增量闭合差绝对值相等而符号相反，用来校核改正数的计算正确与否。

（4）计算导线点坐标

用式（8-13）逐点由已知点坐标及改正后坐标增量计算导线各点坐标，填入表 8-7 中第 11、第 12 栏内。最后计算至终点（点 C）的坐标应与已知值相等，以此校核。

表 8-7　附合导线内业计算

点号	观测角（左角）/(° ′ ″)	改正数 /(″)	改正后角值 /(° ′ ″)	坐标方位角 /(° ′ ″)	边长 D/m	坐标增量 Δx/m	坐标增量 Δy/m	改正后坐标增量 Δx/m	改正后坐标增量 Δy/m	坐标 x/m	坐标 y/m	点号
1	2	3	4=2+3	5	6	7	8	9	10	11	12	13
A												A
				84 16 19								
B	165 53 19	-2	165 53 17							2293.735	4 479.549	B
				70 09 36	266.815	-0.003 +90.556	+0.005 +250.978	+90.553	+250.983			
1	221 49 58	-2	221 49 56							2384.288	4 730.531	1
				111 59 32	250.950	-0.003 -93.976	+0.005 +232.690	-93.979	+232.095			
2	160 57 30	-2	160 57 28							2 290.309	4 963.226	2
				92 57 00	383.387	-0.005 -19.731	+0.007 +382.079	-19.736	+382.886			
3	179 30 53	-2	179 30 51							2 270.573	5 346.112	3
				92 27 51	343.570	-0.004 -14.772	+0.006 +343.252	-14.776	+343.258			
C	201 47 07	-2	201 47 05							2 255.797	5 689.370	C
				114 14 56								
D												D
Σ	929 58 47	-10	929 58 37		1 244.722	-37.923	+1 209.799	-37.938	+1 209.822			

校核计算

$\alpha_{AB}=84°16'19''$

$+)\ \sum\beta_{测}=929°58'47''$

$=1014°15'06''$

$-)\ 5\times180°=900°$

$=114°15'06''$

$-)\ \alpha_{CD}=114°14'56''$

$f_\beta=+10''$

$f_{\beta容}=\pm10\sqrt{n}=\pm22''$

$\sum\Delta x=-37.923$　　$\sum\Delta y=+1209.799$

$-)\ x_C-x_B=-37.938$　　$-)\ y_C-y_B=+1209.822$

$f_x=+0.015$　　$f_y=-0.023$

导线全长闭合差　$f=\pm\sqrt{f_x^2+f_y^2}=\pm0.027$（m）

相对闭合差　$K=\dfrac{0.027}{1244.722}=\dfrac{1}{46100}$

容许相对闭合差　$K_{容}=\dfrac{1}{15000}$

8.3 高程控制测量

小地区高程控制测量主要包括三、四等水准测量、图根水准测量和三角高程测量等方法，现分别介绍如下。

8.3.1 三、四等水准测量

三、四等水准测量是对国家一、二等水准网的加密，可以作为小地区首级高程控制网。三、四等水准测量也是建筑施工测量中水准线路检测或引测水准点的主要方法。如果测区附近没有高级水准点，也可用三、四等水准测量构成闭合线路，作为测区独立系统的首级控制。

根据《国家三、四等水准测量规范》（GB/T 12898—2009）规定，三、四等水准测量的技术要求见表8-8。

表8-8 水准测量的主要技术要求

等级	水准仪	水准尺	附合路线长度/km	视线长度/m	视线离地面最低高度/m	前后视距差/m	前后视距累积差/m	基本分划辅助分划（黑红面）读数之差/mm	一测站所测高差之差/mm	观测次数		往返较差附合或环形闭合差	
										与已知点联测	附合或环形	平地/mm	山地/mm
三	DS_1	因瓦	50	100	0.3	3	6	1.0	1.5	往返各一次	往一次	$\pm12\sqrt{L}$	$\pm4\sqrt{n}$
	DS_2	双面		75				2.0	3.0		往返各一次		
四	DS_3	双面	16	100	0.2	5	10	3.0	5.0	往返各一次	往一次	$\pm20\sqrt{L}$	$\pm6\sqrt{n}$
图根	DS_3	单面	5	100						往返各一次	往一次	$\pm40\sqrt{L}$	$\pm12\sqrt{n}$

注：L为线路长，以km为单位；n为测点数。

三、四等水准测量采用双面尺法或两次仪器高法，在通视良好、成像清晰稳定的情况下进行观测。在此，主要介绍双面尺法。

1. 观测顺序

三等水准测量一个测站的观测顺序如下：

后视黑尺面，下、上、中丝读数为（1）、（2）、（3）。

前视黑尺面，中、下、上丝读数为（4）、（5）、（6）。

前视红尺面，中丝读数为（7）。

后视红尺面，中丝读数为（8）。

以上三等水准测量观测顺序可称为“后→前→前→后”与“黑→黑→红→红”。这种观测顺序可以有效地抵消水准尺与水准仪下沉对测量结果所造成的影响。（1）~（8）为观测记录的顺序，记录手簿格式见表8-9。

四等水准测量采用“后→后→前→前”与“黑→红→黑→红”的观测顺序。

表 8-9 三、四等水准测量记录手簿

测 自______ 天气： 观测者：
至______ 成像： 记录者：
年 月 日 始： 时 分
终： 时 分

测站编号	后尺 下丝	前尺 下丝	方向及尺号	标尺读数		K+黑-红	高差中数	备注
	后尺 上丝	前尺 上丝		黑面	红面			
	后距	前距						
	视距差 d	$\sum d$						
	(1)	(5)	后	(3)	(8)	(10)		
	(2)	(6)	前	(4)	(7)	(9)		
	(15)	(16)	后-前	(11)	(12)	(13)	(14)	
	(17)	(18)						
1	1571	739	后 12	1384	6171	0		
	1197	363	前 13	0551	5239	-1		
	37.4	37.6	后-前	+0.833	+0.932	+1	0.8325	
	-0.2	-0.2						
2	2121	2196	后 13	1934	6621	0		
	1747	1821	前 12	2008	6796	-1		
	37.4	37.5	后-前	-0.074	-0.175	+1	-0.075	
	-0.1	-0.3						
3	1914	2055	后 12	1726	6513	0		
	1539	1678	前 13	1866	6554	-1		$K_{12}=4787$
	37.5	37.7	后-前	-0.140	-0.041	+1	-0.1405	$K_{13}=4687$
	-0.2	-0.5						
4	1965	2141	后 13	1832	6519	0		
	1700	1874	前 12	2007	6793	+1		
	26.5	26.7	后-前	-0.175	-0.274	-1	-0.1745	
	-0.2	-0.7						
5	565	2792	后 12	0365	5144	-1		
	127	2356	前 13	2574	7261	0		
	43.8	43.6	后-前	-2.218	-2.117	+1	-2.2175	
	0.2	-0.5						
6	1540	2813	后 13	1284	5971	0		
	1069	2357	前 12	2580	7368	-1		
	47.1	45.6	后-前	-1.296	-1.397	+1	-1.2965	
	1.5	1.0						
校核计算								

2. 测站上的计算与校核

(1) 高差部分

(11)-(3)-(4)

(12)-(8)-(7)

(14)-[(11)+(12)±0.100]

$=\frac{1}{2}$

(2) 视距部分

(15)=(1)-(2)

(16)=(5)-(6)

(17)=(15)-(16)

(18)=(17)+上站(18)

(3) 校核部分

(9)=(4)+K-(7)

(10)=(3)+K-(8)

(13)=(10)-(9)-(11)=(12)±100

$$(14)=(11)-\frac{1}{2}(13)=(12)+\frac{1}{2}(13)\pm0.100=\frac{1}{2}[(11)+(12)\pm0.100]$$

在上述的计算与校核公式中，K 为黑、红面零点的差值，$K=4.687\text{m}$ 或 $K=4.787\text{m}$，(11) 为黑面高差，(12) 为红面高差，因两个 K 值相差 0.100m，故黑、红面高差总是相差 0.100m，(14) 为高差中数，(15) 为后视距离，(16) 为前视距离，(17) 为前后视距离差，(18) 为前后距离累积差。

3. 观测后的计算与校核

(1) 高差部分

$$\Sigma(3)-\Sigma(4)=\Sigma(11)=h_{黑}$$

$$\Sigma(8)-\Sigma(7)=\Sigma(12)=h_{红}$$

$$h_{中}=\frac{1}{2}[h_{黑}+(h_{红}+0.100)]$$

$$\Sigma(10)-\Sigma(9)=\Sigma(11)-\Sigma(12)=\Sigma(13)$$

式中　$h_{黑}$、$h_{红}$——一测段里黑面、红面所得高差；

$h_{中}$——高差中数。

上述公式只有在一测段测站数为偶数时才能成立。

(2) 视距部分

$$末站(18)=\Sigma(15)-\Sigma(16)$$

$$总视距=\Sigma(15)+\Sigma(16)$$

两次仪器高法是用单面水准尺安置两次仪器在一站点观测，或用两台仪器同时观测。

三、四等水准测量每站观测只能在完成测站校核确认无误后才能迁至下一站观测，否则该站必须重测。每完成一测段后要进行线路校核，确认符合规范要求后再继续进行下一测段，否则这一测段必须重测。

4. 高差闭合差的计算与调整

根据三、四等水准测量高差闭合差的限差要求，高差闭合差计算、调整及高程计算的方法同普通水准测量。

8.3.2　图根水准测量

图根水准测量是为了测量图根点的高程，作为各种比例尺测图的高程控制，也可用于要求不太高的（如农田建设等）高程控制网。它的精度比三、四等水准测量要求低，故称为等外水准测量，具体技术要求见表 8-8。

8.3.3　三角高程测量

用水准测量方法测量控制点高程，精度高但速度慢，在地形起伏较大的山区比较困难，利用三角高程测量法则比较容易观测。

1. 三角高程测量的原理

三角高程测量是根据两点间的水平距离和竖直角，用三角原理计算出两点之间的高差。如图 8-13 所示，A、B 为不同高度的两点，在点 A 安置经纬仪，仪器横轴到点 A 的垂直距离为 i，在点 B 竖一觇标，觇标顶端到 B 点的垂直距离为 v，A、B 两点的水平距离为 D。用安置在 A 点经纬仪的中丝瞄准 B 点觇标顶端的竖直角为 α，根据三角原理可知 A、B 两点间的高差 h_{AB} 为

$$h_{AB}=D\tan\alpha+i-v \tag{8-17}$$

如果 A 的高程 H_A 为已知，则 B 点的高程 H_B 为

$$H_B=H_A+D\tan\alpha+i-v \tag{8-18}$$

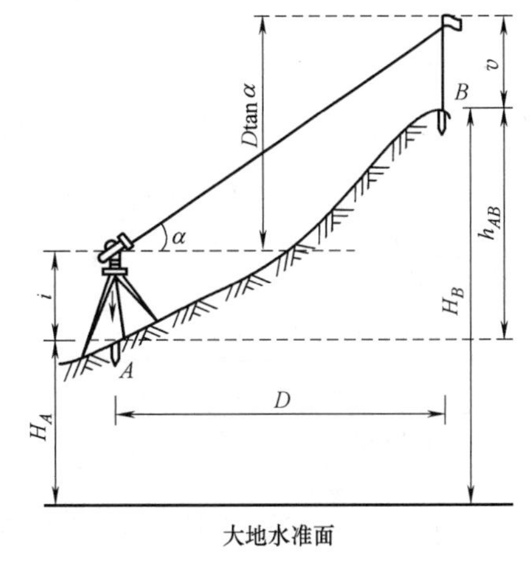

图 8-13　三角高程测量

A、B 两点间的距离 D 一般用视距法或其他方法间接测量，精度略低，所以三角高程测量主要用于精度较低的高程测量。目前各种类型的中、短程光电测距仪广泛应用于施工测量中，两点的距离可用测距仪直接测出，精度又较高，适当提高测角精度，可以达到四等水准测量的精度要求。用中、短程光电测距仪测量距离，用经纬仪测竖直角进行三角高程测量，就是电磁波测距三角高程测量。《工程测量规范》（GB 50026—2007）规定其技术要求见表 8-10。

表 8-10　电磁波测距三角高程测量主要技术要求

等级	仪器	测回数		指标差较差/(″)	竖直角较差/(″)	对向观测高差较差/mm	附合或环形闭合差/mm
		三丝法	中丝法				
四等	DJ2		3	7	7	$\pm40\sqrt{D}$	$\pm20\sqrt{[D]}$
等外	DJ2	1	2	10	10	$\pm60\sqrt{D}$	$\pm30\sqrt{[D]}$

注：D 为电磁波测距边长度，以 km 为单位。

2. 光电测距三角高程测量的实施

要达到四等水准测量精度的光电测距三角高程测量应进行对向观测，即由 A 向 B 观测

（直觇），又由 B 向 A 观测（反觇）。对向观测可以抵消大气折光和地球曲率（也叫作球气差）的影响。

距离测定应采用不低于Ⅱ级的测距仪，四等水准往返各一测回，等外水准一测回。仪器高、棱镜高或觇标高应在观测前后用测杆量取，四等水准测量量至1mm，不超过2mm时取平均值，等外水准测量量至1mm，不超过4mm时取平均值。

四等竖直观测宜采用觇牌为照准目标，中丝法三测回。每照准一次读数两次，读数之差不超过±3″时取中值。

内业计算竖直角应取至0.1″，高程取至1mm。

如采用一、二级小三角测量和三角高程测量（等外水准精度）作为测图控制时，技术要求见表8-10。

三角高程测量的计算见表8-11。

表8-11 电磁波三角高程测量计算

所求点	B	
起算点	A	
觇法	直	反
平距 D/m	324.685	324.680
竖直角 α/(°′″)	8°12′10.1″	-8°10′23.5″
$D\tan\alpha$/m	46.804	-46.632
仪器高/m	1.148	1.502
觇标高/m	-1.880	-1.245
两差改正/m		
高差 h/m	46.372	-46.375
平均高差/m	46.374	
起算点高程/m	78.508	
所求点高程/m	124.882	

光电测距三角高程测量应从高级水准点起，构成闭合图形。如果闭合差符合要求，将闭合差反号按距离成正比例分配在各测段上，最后求各点的高程。

8.4 卫星定位测量

8.4.1 GPS测量概述

全球定位系统（Global Positioning System，简称GPS）是随着现代科学技术的迅速发展而建立起来的新一代精密卫星定位系统。由美国国防部于1973年开始研制，历经方案论证、系统论证和生产实验三个阶段，于1993年建设完成。该系统是以卫星为基础的无线电导航定位系统，具有全能性、全球性、全天候、连续性和实时性的导航、定位和定时的功能，能为各类用户提供精密的三维坐标、速度和时间。

随着GPS定位技术的发展，其应用的领域在不断拓宽。不仅用于军事上各兵种和武器的导航定位，而且广泛应用于民用上，如飞机、船舶和各种载运工具的导航、高精度的大地测量、精密工程测量、地壳形变监测、地球物力测量、航空救援、水文测量、近海资源勘探、航空发射及卫星回收等。

8.4.2 GPS 的组成

全球定位系统（GPS）包括三大组成部分，即空间星座部分、地面监控部分和用户设备部分。

1. 空间星座部分

全球定位系统的空间卫星星座由 24 颗卫星组成，其中包括 21 颗工作卫星和 3 颗随时可以启用的备用卫星。如图 8-14 所示，卫星分布在 6 个轨道面内，每个轨道面上均匀分布有 4 颗卫星。卫星轨道平面相对地球赤道面的倾角约为 55°，各轨道平面升交点的赤经相差 60°。在相邻轨道上，卫星的升交距角相差 30°。轨道平均高度约为 20200km，卫星运行周期为 11 小时 58 分。因此，同一观测站上，每天出现的卫星分布图形相同，只是每天提前约 4 分钟。每颗卫星每天约有 5 个小时在地平线以上，同时位于地平线以上的卫星数目，随时间和地点的不同而异，最少为 4 颗，最多可达 11 颗。

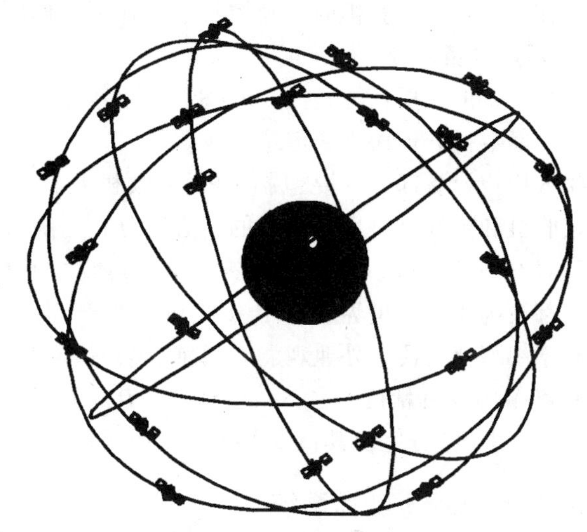

图 8-14 GPS 卫星星座

在 GPS 系统中，GPS 卫星的基本功能如下：

（1）接收和储存由地面监控站发来的导航信息，接收并执行监控站的控制指令。

（2）向广大用户连续发送定位信息。

（3）卫星上设有微处理机，进行部分必要的数据处理工作。

（4）通过星载的高精度铯钟和铷钟提供精密的时间标准。

（5）在地面监控站的指令下，通过推进器调整卫星的姿态和启用备用卫星。

2. 地面监控部分

地面监控系统为确保 GPS 系统的良好运行发挥了极其重要的作用，目前主要由分布全球的 5 个地面站所组成，其中包括主控站、卫星监测站和信息注入站。

（1）主控站

主控站一个，设在美国本土科罗拉多州斯本斯空间联合执行中心。主控站除协调和管理地面监控系统的工作外，其主要任务是根据本站和其他监测站的所有跟踪观测数据，计算各卫星的轨道参数、钟差参数以及大气层的修正系数，编制成导航电文并传送至各注入站；主控站还负责调整偏离轨道的卫星，使之沿预定轨道运行。必要时启用备用卫星以代替失效的工作卫星。

（2）监测站

监测站是在主控站控制下的数据自动采集中心。全球现有的5个地面站均具有监测站的功能。其主要任务是为主控站提供卫星的观测数据。每个监测站均用GPS接收机对可见卫星进行连续观测，以采集数据和监测卫星的工作状况，所有观测数据连同气象数据传送到主控站，用以确定卫星的轨道参数。

（3）注入站

三个注入站分别设在南大西洋的阿松森群岛、印度洋的迪戈加西亚岛和南太平洋的卡瓦加兰岛。其主要任务是在主控站的控制下，将主控站推算和编制的卫星星历、钟差、导航电文和其他控制指令等，注入相应卫星的存储系统，并监测注入信息的正确性。

整个GPS的地面监控部分，除主控站外均无人值守。各站间用现代化的通信网络联系起来，在原子钟和计算机的精确控制下，各项工作实现了高度的自动化和标准化。

3. 用户设备部分

用户设备的主要任务是接受GPS卫星发射的无线电信号，以获得必要的定位信息及观测量，并经数据处理而完成定位工作。

GPS用户设备部分主要包括GPS接收机及其天线、微处理器及其终端设备和电源等。其中接收机和天线，是用户设备的核心部分，一般习惯上统称为GPS接收机。

随着GPS定位技术的迅速发展和应用领域的不断开拓，世界各国对GPS接收机的研制与生产都极为重视。世界上GPS接收机的生产厂家约有数百家，型号超过数千种，而且越来越趋于小型化，便于外业观测。目前，各种类型的GPS测地型接收机用于精密相对定位时，其双频接收机精度可达$5mm+10^{-6}\cdot D$，单频接收机在一定距离内精度可达$10mm+2\times10^{-6}\cdot D$。用于差分定位其精度可达分米级至厘米级。

8.4.3 GPS坐标系统

GPS是全球性的定位导航系统，其坐标系统也必须是全球性的，通常称为协议地球坐标系CTS（Conventional Terrestrial System，简称CTS）。目前，GPS测量中所用的协议坐标系统称为WGS-84。其几何定义是：原点位于地球质心，Z轴指向BIH1984.0定义的协议地球极（CTP）方向，X轴指向BIH1984.0的零子午面和CTP赤道的交点，Y轴与Z、X轴构成右手坐标系。

WGS-84椭球及其常数采用国际大地测量（IAG）和地球物理联合会（IUGG）第17届大会对大地测量常数的推荐值，四个基本常数如下。

① 长半轴：$\alpha=(6378137\pm2)\mathrm{m}$。

② 地心引力常数（含大气层）：$GM=(3986005\pm0.6)\times10^{8}(\mathrm{m}^{3}\cdot\mathrm{s}^{-2})$。

③ 正常化二阶带谐系数：$\overline{C}_{2.0}=-484.16685\times10^{-6}\pm1.30\times10^{-9}$。

④ 地球自转角速度：$\omega=7292115\times10^{-11}\pm0.1500\times10^{-11}\mathrm{rad}\cdot\mathrm{s}^{-1}$。

利用以上4个基本常数，可计算出其他椭球常数，如第一偏心率e，第二偏心率e'和扁率α分别为

$$e^{2}=0.00669437999013$$

$$e'^{2}=0.00673949674227$$

$$\alpha=1/298.257223563$$

在实际工程中，测量成果往往是属于某一国家坐标系或地方坐标系，因此必须进行坐标

转换。

8.4.4 GPS 定位原理

GPS 的定位原理，简单来说，是利用空间分布的卫星以及卫星与地面点间进行距离交会来确定地面点位置。因此若假定卫星的位置为已知，通过一定的方法可准确测定出地面点 A 至卫星间的距离，那么 A 点一定位于以卫星为中心、以所测得距离为半径的圆球上。若能同时测得点 A 至另两颗卫星的距离，则该点一定处在三圆球相交的两个点上。根据地理知识，很容易确定其中一个点是所需要的点。从测量的角度看，则相似于测距后方交会。卫星的空间位置已知，则卫星相当于已知控制点，测定地面点 A 到三颗卫星的距离，就可实现 A 点的定位，如图 8-15 所示。这就是 GPS 卫星定位的基本原理。

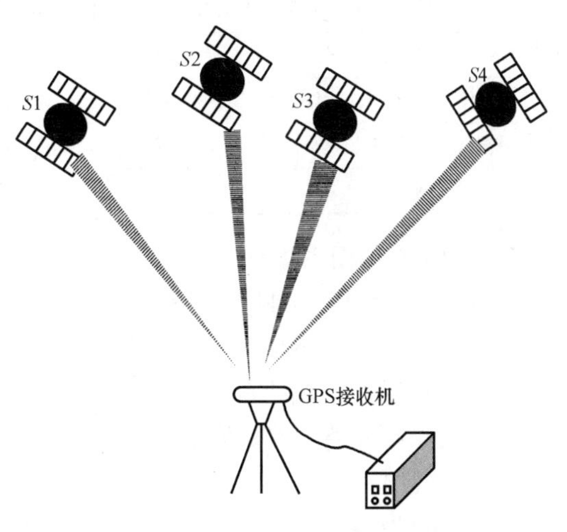

图 8-15　GPS 定位原理示意图

8.4.5 GPS 控制网设计

GPS 测量与常规测量工作相似，按照 GPS 测量实施的工作程序可分为以下几个步骤：方案设计、选点埋石、外业准备、外业观测、成果检核和数据处理。考虑到以载波相位观测量为根据的相对定位法，是当前 GPS 测量中普遍采用的精密定位方法，所以下面将主要介绍实施这种高精度 GPS 测量工作的基本程序与作业模式。

GPS 控制网的技术设计是进行 GPS 测量工作的第一步，其主要内容包括精度指标的合理确定，网的图形设计和网的基准设计等。

1. GPS 网测量精度指标

GPS 网测量精度指标的确定取决于网的用途。设计时应根据实际需要和可以实现的设备条件，恰当地确定 GPS 网的精度等级。我国根据不同的任务，制定了不同行业的规范与规程，如国家测绘局颁布实施的《全球定位系统（GPS）测量规范》（GB/T 18314—2001）及建设部发布的《全球定位系统城市测量技术规程》（CJJT 73—2010）。

GPS 网的精度指标通常以网中相邻点之间的距离误差 m_r 来表示：

$$m_r = a + b \times 10^{-6} D \tag{8-19}$$

式中　m_r——网中相邻点间的距离误差，单位为 mm；

a——GPS 固定误差，单位为 mm；

b——比例误差单位为 ppm；

D——相邻点平均距离，单位为 km。

根据我国 2001 年所颁布的全球定位系统测量规范，GPS 基线向量网被分成了 AAA、B、C、D、E 六个级别。不同类级 GPS 网的精度指标见表 8-12。

表 8-12　GPS 网的类级精度指标

类级	测量类型	固定误差 a/mm	比例误差 b/ppm	相邻点平均距离 D/km
AA	全球性地球动力学、地壳形变测量、精密定轨	≤3	≤0.01	1000
A	区域性地壳形变测量或国家高精度 GPS 网	≤5	≤0.1	300
B	国家基本控制测量、精密工程测量	≤8	≤1	70
C	控制网加密、城市测量、工程测量	≤10	≤5	10~15
D	工程控制网	≤10	≤10	5~10
E	测图网	≤10	≤20	0.2~5

2. GPS 网的图形设计

在 GPS 测量中，控制网的图形设计是一项十分重要的工作。由于控制网中点与点不需要相互通视，因此其图形设计具有较大的灵活性。GPS 网的图形布设通常有点连式、边连式、网连式和混连式四种基本形式。图形布设形式的选择取决于工程所要求的精度、GPS 接收机台数和野外条件等因素。

（1）点连式

点连式是指只通过一个公共点将相邻的同步图形连接在一起。点连式布网由于不能组成一定的几何图形，形成一定的检核条件，图形强度低，而且一个连接点或一个同步环发生问题，影响到后面所有的同步图形。因此这种布网形式一般不能单独使用，如图 8-16 所示。

a) 点连式　　b) 边连式　　c) 混连式

图 8-16　GPS 网的布设形式

（2）边连式

边连式是通过一条边将相邻的同步图形连接在一起。与点连式相比，边连式观测作业方式可以形成较多的重复基线与独立环，具有较好的图形强度与较高的作业效率。

（3）网连式

网连式就是相邻的同步图形间有 3 个以上的公共点，相邻图形有一定的重叠。采用这种形式所测设的 GPS 网具有很强的图形强度，但作业效率很低，一般仅适用于精度要求较高的控制网。

（4）混连式

在实际作业中，由于以上几种布网方案存在这样或那样的缺点，一般不单独采用一种形式，而是根据具体情况，灵活地采用以上几种布网方式，称为混连式。混连式是实际作业中最常用的作业方式。

3. GPS 网的基准设计

通过 GPS 测量可以获得 WGS-84 坐标系下的地面点间的基准向量，需要转换成国家坐标系或独立坐标系的坐标。因此对于一个 GPS 网，在技术设计阶段就应首先明确 GPS 成果所采用的坐标系统和起算数据，即 GPS 网的基准设计。

GPS 网的基准包括网的位置基准、方向基准和尺度基准。位置基准一般根据给定起算点的坐标确定，方向基准一般根据给定的起算方位确定，也可以将 GPS 基线向量的方位作为方向基准，尺度基准一般可根据起算点间的反算距离确定，也可利用电磁波测距边作为尺度基准，或者直接根据 GPS 边长作为尺度基准。可见只要 GPS 的位置、方向和尺度基准确定了，该网也就确定下来了。

8.4.6 GPS 外业测量工作

在进行 GPS 测量之前，必须做好一切外业准备工作，以保证整个外业工作的顺利实施。外业准备工作一般包括测区的踏勘、资料收集、技术设计书的编写、设备的准备与人员安排、观测计划的拟订、GPS 仪器的选择与检验。GPS 观测工作主要包括天线安置、观测作业、观测记录、观测成果的外业检核四个过程。因此，GPS 外业测量的主要工作如下。

1. 选点、埋石

由于 GPS 测量不需要点间通视，而且网的结构比较灵活，因此选点工作较常规测量要简便。但点位选择的好坏关系到 GPS 测量能否顺利进行，关系到 GPS 成果的可靠性，因此，选点工作十分重要。选点前，收集有关布网任务、测区资料、已有各类控制点、卫星地面站的资料，了解测区内交通、通信、供电、气象等情况。对一个 GPS 点，其点位的基本要求有以下几项。

1）周围便于安置接收设备和操作，视野开阔，视场内障碍物的高度角不宜超过 15。

2）远离大功率无线电发射源（如电视台、电台、微波站等），其距离应大于 200m；远离高压电线和微波无线电传送通道，其距离应大于 50m。

3）附近不应有强烈反射卫星信号的物件（如大型建筑物）。

4）交通方便，有利于其他测量手段扩展和联测。

5）地面基础稳定，易于点的保存。

6）埋石与其他控制点埋设方法相似。

2. 安置天线

天线一般应尽可能利用三脚架直接安置在标志中心的垂直方向上，对中误差不大于 3mm。架设天线不宜过低，一般应距地面 1.5m 以上。天线架设好后，在圆盘天线间隔 120°。方向上分别量取三次天线高，互差须小于 3mm，取其平均值记入测量手簿。为消除相位中心偏差对测量结果的影响，安置天线时用罗盘定向使天线严格指向北方。

3. 外业观测

将 GPS 接收机安置在距天线不远的安全处，连接天线和电源电缆，并确保无误。按规定时间打开 GPS 接收机，输入测站名、卫星截止高度角和卫星信号采样间隔等。一个时段的测量工作结束后要查看仪器高和测站名是否输入，确保无误后再关机、关电源、迁站。为削弱电离层的影响，安排一部分时段在夜间观测。

4. 观测记录

外业观测过程中，所有的观测数据和资料都应妥善记录。观测记录主要由接收设备自动完成，均记录在存储介质（如磁带、磁卡或记忆卡等）上。记录的数据包括载波相位观测值及相应的观测历元、同一历元的测码伪距观测值、GPS卫星星历及卫星钟差参数、大气折射修正参数、实时绝对定位结果、测站控制信息及接收机工作状态信息。

5. 观测成果检核

观测成果的外业检核是确保外业观测质量和实现定位精度的重要环节。因此，外业观测数据在测区时就要及时进行严格检查，对外业预处理成果，按规范要求进行严格检查、分析，根据情况进行必要的重测和补测，确保外业成果无误后方可离开测区。对每天的观测数据及时进行处理，及时统计同步环与异步环的闭合差，对超限的基线及时分析并重测。

8.4.7 GPS测量数据处理

GPS测量数据处理是指从外业采集的原始观测数据到最终获得测量定位成果的全过程。大致可以分为数据的粗加工、数据的预处理、基线向量解算、GPS基线向量网平差或与地面网联合平差等几个阶段。数据处理的基本流程如图8-17所示。

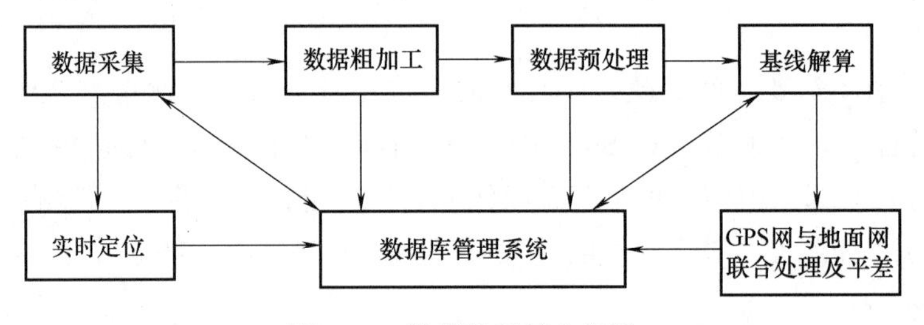

图8-17 数据处理基本流程

图中第一步数据采集和实时定位在外业测量过程中完成；数据的粗加工至基线向量解算一般用随机软件（后处理软件）将接收机记录的数据传输至计算机，进行预处理和基线解算；GPS网平差可以采用随机软件进行，也可以采用专用平差软件包来完成。

POWERADJ是由武汉大学测绘学院研制的全汉化GPS网和地面网平差软件包。该软件要求在Windows环境下运行，它所采用的原始数据是GPS基线向量和它们的方差——协方差阵，或者是具有方向观测值、边长观测值等地面网数据，可进行测角网、边角网、测边网、导线网以及GPS基线向量网单独平差，混合平差以及常规网与GPS网的二维、三维联合平差，平差得到的是国家或地方坐标系成果。二维平差的最后结果见表8-13。

表8-13 二维平差的最后结果

点号	X	Y	距离	方位角	目标点	x残差/cm	y残差/cm
100	148083.0000	114136.0000	1289.7703	202 32 21	101	0.26	0.13
101	146891.7463	113641.6094	1764.2147	123 5 847	A	0.15	0.06
			5243.7120	103 01 50	D	0.13	-0.08
A	145905.7287	115104.5594	1360.1438	126 18 54	B	0.06	0.16
B	145100.2172	116200.5257	1517.3356	98 57 56	C	-0.16	0.17
			3123.7204	304 59 47	101	0.31	0.07

（续）

点号	X	Y	距离	方位角	目标点	x 残差/cm	y 残差/cm
C	144863. 7567	117699. 3232	1348. 9689	51 10 39	D	-0. 17	0. 06
D	145709. 4378	118750. 2944	1357. 5632	17 34 53	100	0. 09	0. 18
			2621. 5400	256 33 44	B	0. 19	-0. 21

为提高 GPS 测量的精度与可靠度，基线解算结束后，应及时计算同步环闭合差、非同步环闭合差以及重复边的检查计算，各环闭合差应符合规范要求。

同步环：同步环坐标分量及全长相对闭合差不得超过 2PPM 与 3PPM。

非同步环：非同步环闭合差

$$W_x = \sum_{i=1}^{n} \Delta x_i \leqslant 2\sqrt{n}\sigma$$

$$W_y = \sum_{i=1}^{n} \Delta y_i \leqslant 2\sqrt{n}\sigma$$

$$W_z = \sum_{i=1}^{n} \Delta z_i \leqslant 2\sqrt{n}\sigma$$

$$W = \sqrt{W_x^2 + W_y^2 + W_z^2} \leqslant 2\sqrt{3n\sigma}$$

POWERADJ 软件二维约束平差示例：

已知数据信息

固定点数：2

点号：100x = 148083. 0000y = 114136. 0000

点号：101x = 146891. 7463y = 113641. 6094

固定方位角数：0

固定距离数：0

8. 4. 8　北斗卫星导航系统简介

1. 概述

北斗卫星导航系统［BeiDou（COMPASS）Navigation Satellite System］是我国正在实施的自主发展、独立运行的全球卫星导航系统。系统建设的目标是建成独立自主、开放兼容、技术先进、稳定可靠的覆盖全球的北斗卫星导航系统，促进卫星导航产业链形成，形成完善的国家卫星导航应用产业支撑、推广和保障体系，推动卫星导航在国民经济社会各行业的广泛应用。

北斗卫星导航系统由空间段、地面段和用户段三部分组成，空间段包括 5 颗静止轨道卫星和 30 颗非静止轨道卫星；地面段包括主控站、注入站和监测站等若干个地面站；用户段包括北斗用户终端以及与其他卫星导航系统兼容的终端。

2. 发展过程

卫星导航系统是重要的空间信息基础设施。中国高度重视卫星导航系统的建设，一直在努力探索和发展拥有自主知识产权的卫星导航系统。2000 年，首先建成北斗导航试验系统，使我国成为继美、俄之后的世界上第三个拥有自主卫星导航系统的国家。该系统已成功应用于测绘、电信、水利、渔业、交通运输、森林防火、减灾救灾和公共安全等诸多领域，产生了显著的经济效益和社会效益。特别是在2008年北京奥运会、汶川抗震救灾中发挥了重要作用。为更好地服务于国家建设与发展，满足全球应用需求，我国启动实施了北斗卫星导航系统建设。

3. 服务特点

北斗卫星导航系统的建设与发展，以应用推广和产业发展为根本目标，不仅要建成系统，更要用好系统，强调质量、安全、应用、效益，遵循以下建设原则：

（1）开放性

北斗卫星导航系统的建设、发展和应用将对全世界开放，为全球用户提供高质量的免费服务，积极与世界各国开展广泛而深入的交流与合作，促进各卫星导航系统间的兼容与互操作，推动卫星导航技术与产业的发展。

（2）自主性

中国将自主建设和运行北斗卫星导航系统，北斗卫星导航系统可独立为全球用户提供服务。

（3）兼容性

在全球卫星导航系统国际委员会（ICG）和国际电联（ITU）框架下，使北斗卫星导航系统与世界各卫星导航系统实现兼容与互操作，使所有用户都能享受到卫星导航发展的成果。

（4）渐进性

中国将积极稳妥地推进北斗卫星导航系统的建设与发展，不断完善服务质量，并实现各阶段的无缝衔接。

4. 发展展望

目前，我国正在实施北斗卫星导航系统建设，已成功发射两颗北斗导航卫星。根据系统建设总体规划，至2012年，系统已具备覆盖亚太地区的定位、导航和授时以及短报文通信服务能力。计划到2020年，建成覆盖全球的北斗卫星导航系统。

5. 服务方式

北斗卫星导航系统致力于向全球用户提供高质量的定位、导航和授时服务，包括开放服务和授权服务两种方式。开放服务是向全球免费提供定位、测速和授时服务，定位精度10m，测速精度0.2m/s，授时精度10ns。授时服务是为有高精度、高可靠卫星导航需求的用户，提供定位、测速、授时和通信服务以及系统完好性信息。

2

第二篇　工程测量工作实务

Chapter 09

建筑施工测量

9.1 施工测量概述

9.1.1 施工测量的目的与任务

施工测量是以地面控制点为基础，根据图纸上的建筑物的设计数据，计算出建（构）筑物各特征点与控制点之间的距离、角度、高差等数据，将建（构）筑物的特征点在实地标定出来，以便施工，这项工作称为测设，又称施工放样。

施工测量的目的与一般测图工作相反，它是按照设计和施工的要求将设计的建（构）筑物的平面位置和高程测设在地面上，作为施工的依据，并在施工过程中进行一系列的测量工作，以衔接和指导各工序之间的施工。

施工测量贯穿于整个施工过程中。从场地平整、建筑物定位、基础施工，到建筑物构件安装等工序，都需要进行施工测量，才能使建（构）筑物各部分的尺寸、位置符合设计要求。其主要任务包括以下几项。

1）施工控制网的建立。在施工场地建立施工控制网，作为建（构）筑物详细测设的依据。

2）建（构）筑物的详细测设。将图纸上设计建（构）筑物的平面位置和高程标定在实地上。

3）检查、验收。每道施工工序完工之后，都要通过测量检查工程各部位的实际位置及高程是否与设计要求相符。

4）变形观测。随着施工的进展，测定建筑物在平面和高程方面产生的位移和沉降，收集整理各种变形资料，作为鉴定工程质量和验证工程设计、施工是否合理的依据。

9.1.2 施工测量的原则与要求

施工测量应遵照《工程测量规范》（GB 50026—2007）开展工作。

为了保证施工能满足设计要求，施工测量与一般测图工作一样，也必须遵循“由整体到局部，先控制后碎部”的原则，即先在施工现场建立统一的施工控制网，然后以此为基础，再测设建筑物的细部位置。采取这一原则，可以减少误差积累，保证测设精度，免除因建筑物众多而引起测设工作的紊乱。

此外，施工测量责任重大，稍有差错，就会酿成工程事故，给国家造成重大损失，因此，必须加强外业和内业的检核工作。检核是测量工作的灵魂。

9.1.3 施工测量的精度

施工测量的精度取决于建（构）筑物的大小、材料、用途和施工方法等因素。一般情况下的测设精度，大型建（构）筑物高于中、小型建（构）筑物，高层建筑物高于低层建筑物，钢结构厂房高于钢筋混凝土结构厂房，装配式建筑物高于非装配式建筑物，工业建筑高于民用建筑。

另外，建（构）筑物施工期间和建成后的变形测量，关系到施工安全和建（构）筑物的质量以及建成后的使用维护，所以，变形测量一般需要有较高的精度，并应及时提供变形数据，以便做出变形分析和预报。

9.1.4 施工测量的施测程序

施工测量遵循“由整体到局部，先控制后碎部”的原则，首先在图纸上布设施工控制网，施工控制网有三角网、导线网、建筑基线、建筑方格网等形式，并将施工控制网测设到施工现场，这个过程所进行的测量叫作施工控制测量，然后以现场施工控制网为基础，测设建筑物的细部位置。

9.2 高程控制

9.2.1 网点布设

1. 高程网点布设的准备工作

确定高程基准点和工作基点位置，应符合下列规定：

1）基准点和工作基点应避开交通干道主路、地下管线、仓库堆栈、水源地、河岸、松软填土、滑坡地段、机器振动区以及其他可能使标石、标志易遭腐蚀和破坏的地点。

2）基准点应选设在变形影响范围以外且稳定、易于长期保存的地方。在建筑区内，其点位与邻近建筑物的距离应大于建筑物基础最大宽度的2倍，其标石埋深应大于邻近建筑物基础的深度。

3）基准点、工作基点之间宜便于进行水准测量。当使用电子测距三角高程测量方法进行观测时，应尽可能使各点周围的地形条件一致；当使用静力水准测量方法进行沉降观测时，用于联测观测点的工作基点宜与沉降观测点设在同一高程面上，点间高差不应超过±10mm，当不能满足这一要求时，应设置上下高程不同但位置垂直对应的辅助点，以传递高程。

2. 高程网点布设的实施

高程基准点和工作基点标石的选型及埋设应符合下列规定：

1）水准点的标石应埋设在基岩层或原状土层中，可根据点位所在处的不同地质条件，选埋水准基点可按高程控制点标石的形式进行埋设。

2）高程控制点标石的形式。

① 基岩水准基点标石应按图9-1的形式埋设。

② 浅埋钢管水准标石应按图 9-2 的规格埋设。

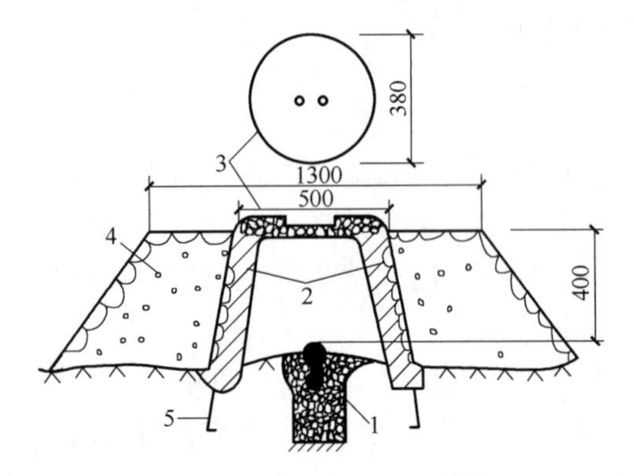

图 9-1 岩层水准基点标石（单位：cm）

1—耐腐蚀金属标志 2—钢筋混凝土井圈 3—井盖

4—砌石土丘 5—井圈保护层

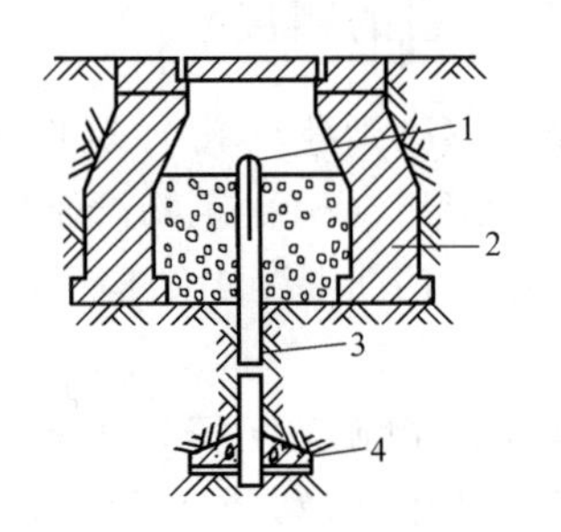

图 9-2 浅埋钢管水准标石

1—特制水准标石 2—保护井

3—钢管 4—混凝土底座

③ 混凝土三角高程点墩标标石应按图 9-3 的规格埋设。

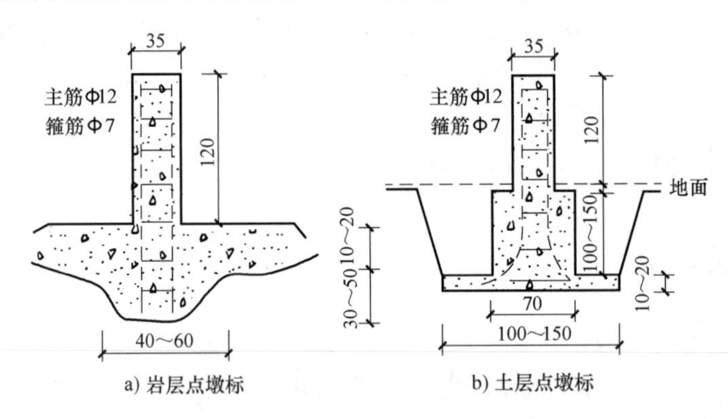

图 9-3 混凝土三角高程点墩标标石

④ 铸铁或不锈钢墙水准标石应按图 9-4 的规格埋设。

⑤ 混凝土三角高程点建筑物顶标石应按图 9-5 的规格埋设。

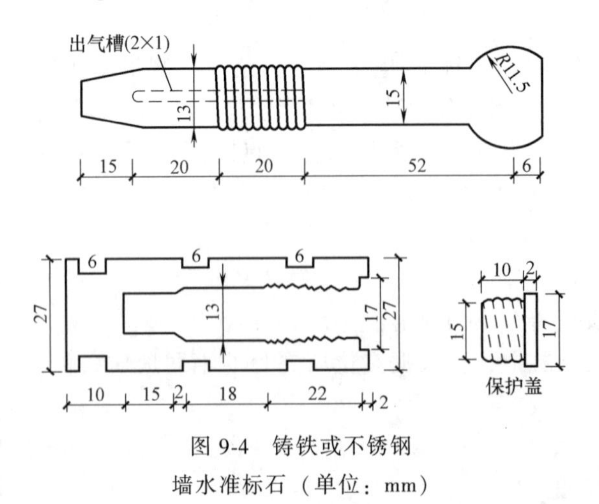

图 9-4 铸铁或不锈钢墙水准标石（单位：mm）

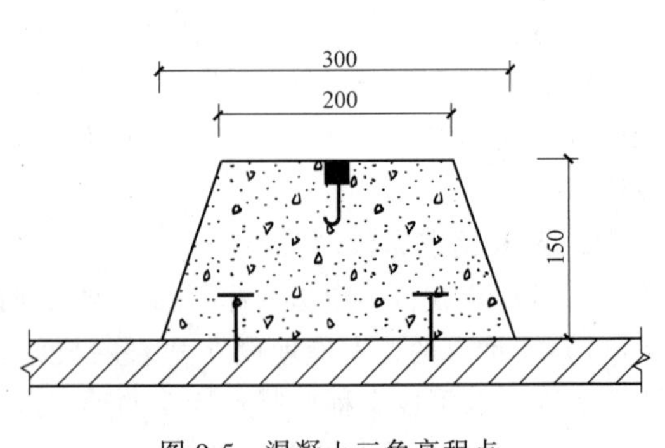

图 9-5 混凝土三角高程点建筑物顶标石（单位：cm）

3）工作基点的标石可按点位的不同要求，选埋浅埋钢管水准标石、混凝土普通水准标石或墙脚、墙上水准标志等。

4）标石的形式可按本施工工艺高程控制点标石形式的规定执行。特殊土地区和有特殊要求的标石规格及埋设，应另行设计。

5）高程控制测量宜使用水准测量方法。对于二、三级沉降观测的高程控制测量，当不便使用水准测量时，可使用电子测距三角高程测量方法。具体技术要求应符合 9.2.2 节和 9.2.3 节的规定。

9.2.2　几何水准测量

1. 应用几何水准测量方法进行各等级高程控制测量或沉降观测的规定

1）对特级、一级测量，应使用 DSZ_{05} 或 DS_{05} 型光学水准仪或电子水准仪配因瓦合金标尺或条码标尺，按光学测微法或自动观测法观测；对二级测量，应使用 DSZ_1、DS_1 或 DSZ_{05}、DS_{05} 型光学水准仪或电子水准仪配因瓦合金标尺或条码标尺，按光学测微法或自动观测法观测；对三级测量，可使用 DSZ_3、DS_3 型仪器、区格式木质标尺，按中丝读数法观测，亦可用不低于 DSZ_3、DS_3 型的各类仪器配因瓦合金标尺或条码标尺，按光学测微法或自动观测法观测。

2）光学测微法和中丝读数法的每测站观测顺序和方法，应按现行国家水准测量规范的规定执行。自动观测法的每测站观测顺序与光学测微法相同，自动观测法每测站观测前、后视两次照准的尺面相同。

3）各等级观测中，每周期的观测线路数 r 可根据所选等级精度和使用的仪器类型，按式（9-1）估算并作调整后确定：

$$r=(m_d/m_o)^2 \tag{9-1}$$

式中　m_o——所选等级的测站高差中误差，单位为 mm；

m_d——不同类型水准仪的单程观测每测站高差中误差估值，单位为 mm，可按下列经验公式计算：

$$DS_{05}、DSZ_{05}\text{型}: m_d=0.025+0.0029d$$

$$DS_1、DSZ_1\text{型}: m_d=3.92\times10-3d$$

$$DS_3、DSZ_3\text{型}: m_d=\sqrt{0.40+0.34\times10^{-4}d^2}$$

式中　d——各等级的最长视线长度，m。

按式（9-1）估算的结果应作如下调整：

① 当 $r\leqslant1$ 时，应至少采用单程观测；

② 当 $1<r\leqslant2$ 时，应采用往返观测或单程双测站观测；

③ 当 $2<r<4$ 时，应采用两次往返观测或正反向各按单程双测站观测；

④ 当 $r\leqslant1$ 时，各等级高程网的首次观测、复测以及各周期观测中的工作基点稳定性检测，对特级、一级应进行往返测，对二级、三级应进行单程双测站观测。从第二次观测开始，对特级宜按往返或单程双测站观测，对一、二、三级可按单程观测。但任一等级的支线必须作往返或单程双测站观测。

2. 水准观测的有关技术参数应符合表 9-2 规定

3. 水准观测的限差应符合表 9-3 的规定

4. 使用的水准仪、水准标尺在项目开始前和结束后应进行检验，项目进行中也应定期检验

检验应按现行国家水准测量规范的规定执行。检验后应符合下列要求：

1）i 角对用于特级水准观测的仪器不得大于 10″，对用于一、二级水准观测的仪器不得大于 15″，对用于三级水准观测的仪器不得大于 20″。补偿式自动安平水准仪的补偿误差 D_a 绝对值不得大于 0.2″。

2）水准标尺分划线的分米分划线误差和米分划间隔真长与名义长度之差，对线条式因瓦合金标尺不应大于 0.1mm，对区格式木质标尺不应大于 0.5mm。

5. 水准观测作业的要求

1）应在标尺分划线成像清晰和稳定的条件下进行观测。不得在日出后或日落前约半小时、太阳中午前后、风力大于四级、气温突变时以及标尺分划线的成像跳动而难以照准时进行观测。晴天观测时，应用测伞为仪器遮蔽阳光。

2）作业中应经常对水准仪及水准标尺的水准器和 i 角进行检查。当发现观测成果出现异常情况并认为与仪器有关时，应及时进行检验与校正。

3）每测段往测与返测的测站数均应为偶数，否则应加入标尺零点差改正。由往测转向返测时，两标尺应互换位置，并应重新整置仪器。在同一测站上观测时，不得两次调焦。转动仪器的倾斜螺旋和测微鼓时，其最后旋转方向，均应为旋进。

4）对各周期观测过程中发现的相邻观测点高差变动迹象、地质地貌异常、附近建筑物基础和墙体裂缝等情况，应做好记录，并画出草图。

6. 水准观测成果的重测与取舍的要求

1）凡超出表 9-3 规定限差的成果，均应进行重测。

2）测站观测限差超限，应立即重测；当迁站后发现超限时，应从水准点或稳固可靠的已知点开始重测。

3）测段往返测高差不符值超限，应先就可靠程度较小的往测或返测进行整测段重测。若重测高差与同方向原测高差的较差未超限，且其中数与另一单程原测高差的不符值亦未超限时，则取此中数作为该单程的高差结果；若同向超限，而与另一单程高差未超限，则取用重测结果；若重测高差或同方向两高差中数与另一单程高差的较差超出限差时，则须重测另一单程。当出现同向不超限而异向超限的分群现象时，应进行具体分析，并选择有利观测时间或缩短视距再进行重测，直至符合限差要求为止。

4）单程双测站所测高差较差超限时，可只重测一个单线，并与原测结果中符合限差的一个单线取中数采用；若重测结果与原测结果均符合限差时，则取三次结果的中数；当重测结果与原测两个单线结果均超限时，则须再重测一个单线。

5）附合路线或环线闭合差超限时，应先就路线上可靠程度较小的某些测段进行重测，当重测后仍不符合限差时，则应重测该路线上的其余有关测段。

6）在已测路线上，检测已测测段高差之差超限时，应按规定的观测方法继续往前检测，以确定稳固可靠的已测点作为联测点。

7. 静力水准测量的技术要求应符合表 9-4 的规定

8. 静力水准测量作业的规定

1）观测前向连通管内充水时，不得将空气带入，可采用自然压力排气充水法或人工排气充水法进行充水。

2）连通管应平放在地面上，当通过障碍物时，应防止连通管在垂直方向出现 Ω 形而形成滞气“死角”。连通管任何一段的高度都应低于蓄水罐底部，但最低不宜低于 20cm。

3）观测时间应选在气温最稳定的时段，观测读数应在液体完全呈静态下进行。

4）测站上安置仪器的接触面应清洁、无灰尘杂物。仪器对中误差不应大于 2mm，倾斜度不应大于 10′。使用固定式仪器时，应有校验安装面的装置，校验误差不应大于±0.05mm。

5）宜采用两台仪器对向观测。条件不具备时，亦可采用一台仪器往返观测。每次观测，可取 2~3 个读数的中数作为一次观测值。读数较差限值，视读数设备精度而定，一般为 0.02~0.04mm。

9.2.3 电子测距三角高程测量

1）对水准测量确有困难的测区和二、三级高程控制测量，可用电子测距三角高程测量。对于更高精度或特殊的高程控制测量确需采用三角高程测量时，应进行详细设计，并制作专用觇牌和必要的配件。三角高程测量专用觇牌及配件如下。

① 三角高程测量觇牌可按图 9-6 的形式制作：

② 三角高程测量量高杆可按图 9-7 的形式制作：

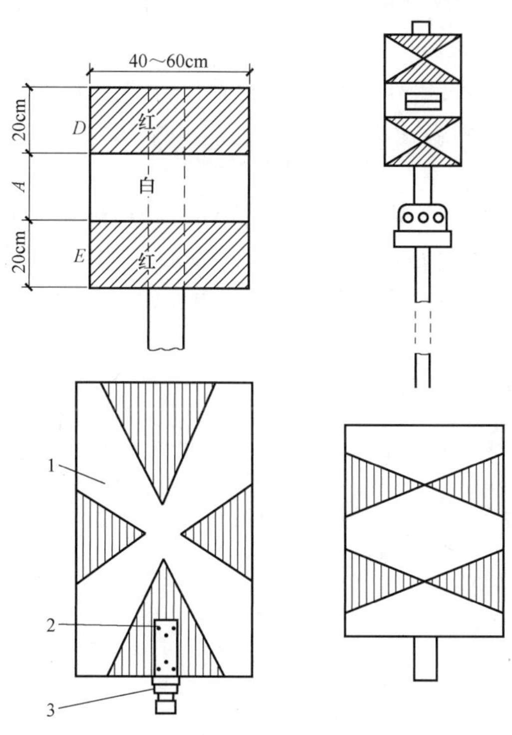

图 9-6 三角高程测量觇牌

1—觇板 2—螺钉 3—牌座

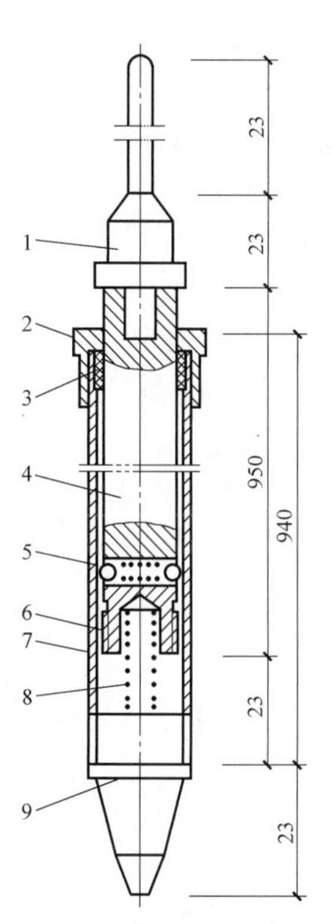

图 9-7 三角高程测量量高杆形式

1—觇座 2—标杆 3—加强管 4—标杆腔 5—连接件 6—固定器 7—管壁 8—标杆刻度 9—锥体螺旋

2）电子三角高程测量的其视线长度一般不大于 300m，最长不得超过 500m，视线垂直角不得超过 10°，视线高度和离开障碍物的距离不得小于 1.5m。

3）三角高程测量可布置为每一照准点安置仪器（以下简称每点设站）进行对向观测；也可布置为两照准点中间安置仪器（以下简称中间设站）的路线。中间设站时，应采用单程双测法，在特制觇牌的两个照准目标高度上分两组观测，以避免粗差并消减垂直度盘和测微器的分划系统性误差，同时按 9.7.2 观测数据的验算与处理第 3 条的规定评定每千米偶然中误差（mm）。中间设站法的前后视线长度之差，对于二级不得超过 15m，三级不得超过 $d/10$（d 为视线长度）。前后视距累差，对于二级不超过 30m，三级不超过 100m。

4）三角高程测量施测的主要技术要求应符合下列规定：

① 三角高程测量边长的测定，应采用符合表 9-9 规定的相应精度档次的测距仪往返观测各两测回。当采取中间设站时，前、后视各观测两测回。测距的各项限差和要求应符合本书 9.3.3 节的要求。

② 垂直角观测应采用觇牌为照准目标，按要求采用中丝双照准法观测。中间设站分两组观测时，垂直角观测的顺序宜为：

第一组：后视→前视→前视→后视；

第二组：前视→后视→后视→前视。

每次照准后视或前视时，一次正倒镜完成该分组测回数的 1/2。中间设站观测的垂直角总测回数应等于每点设站往返观测的垂直角总测回数。垂直角观测，宜在日出后一小时至日落前一小时的期间内目标成像清晰稳定时进行。阴天的全天或晴天的 14~19 时为最有利观测时段。

③ 仪器高、觇标高应在观测前后用经过检验的量杆或钢尺各量测一次，精确读至 0.5mm，当较差不大于 1mm 时取用中数。二级宜用解析法测定仪器高。采用中间设站时可不用量仪器高。

④ 测定边长和垂直角时，由于所用测量作业仪器的不同，测距仪光轴和经纬仪照准轴可能不共轴，同时在不同觇牌高度上分两组观测垂直角时必须进行归算。首先，应将观测边长归算到垂直角观测照准线上，再将第二组垂直角归算到第一组垂直角观测视线上，才能计算和比较两组高差。

5）三角高程测量高差的计算及其限差应符合以下规定：

① 单向观测时应按式（9-2）计算高差：

$$h = D\tan\alpha_V + \frac{1-K}{2R}D^2 + i - v \tag{9-2}$$

式中 D——三角高程测量边的水平距离，单位为 m；

h——三角高程测量边两端点的高差，单位为 m；

α_V——观测垂直角；

K——当地的大地折光系数；

R——地球平均曲率半径，单位为 m；

i——仪器高，单位为 m；

v——觇牌高，单位为 m。

② 中间设站观测时应按式（9-3）计算高差：

$$h=(D_1\tan\alpha_1-D_2\tan\alpha_2)+\left(\frac{D_1^2-D_2^2}{2R}\right)-\left(\frac{D_1^2}{2R}K_1-\frac{D_2^2}{2R}K_2\right)-(v_1-v_2) \tag{9-3}$$

式中 下脚标1、2——分别表示后视和前视标号；

α_1、α_2——观测的垂直角；

D_1、D_2——水平距离，单位为m；

K_1K_2——当地的大地折光系数；

R——地球平均曲率半径，单位为m；

v_1、v_2——觇牌高，单位为m。

③ 三角高程测量的限差按表9-1的要求执行。

表9-1 三角高程测量的限差 （单位：mm）

等级	附合路线或环线闭合差	检测已测边高差之差
二级	$\leqslant\pm4\sqrt{L}$	$\leqslant\pm6\sqrt{D}$
三级	$\leqslant\pm12\sqrt{L}$	$\leqslant\pm18\sqrt{D}$

注：D为测距边边长，以km为单位；L为附合路线或环线长度，以km为单位。

9.2.4 质量标准

1. 水准观测的有关技术参数的规定

水准观测的视线长度、前后视距差和视线高度应符合表9-2的规定。

表9-2 水准观测的视线长度、前后视距差和视线高度 （单位：m）

等级	视线长度	前后视距差	前后视距累积差	视线高度
特级	≤10	≤0.3	≤0.5	≥0.5
一级	≤30	≤0.7	≤1.0	≥0.3
二级	≤50	≤2.0	≤3.0	≥0.2
三级	≤75	≤5.0	≤8.0	三丝能读数

注：当采用电子水准仪观测时，前视或后视的水平视线应不低于0.7m。

2. 水准观测的限差

水准观测的限差应符合表9-3的规定。

表9-3 水准观测的限差 （单位：mm）

等级		基辅分划读数之差	基辅分划所测高差之差	往返较差及附合或环线闭合差	单程双测站所测高差较差	检测已测测段高差之差
特级		0.15	0.2	$\leqslant0.1\sqrt{n}$	$\leqslant0.07\sqrt{n}$	$\leqslant0.15\sqrt{n}$
一级		0.3	0.5	$\leqslant0.3\sqrt{n}$	$\leqslant0.2\sqrt{n}$	$\leqslant0.45\sqrt{n}$
二级		0.5	0.7	$\leqslant1.0\sqrt{n}$	$\leqslant0.7\sqrt{n}$	$\leqslant1.5\sqrt{n}$
三级	光学测微法	1.0	1.5	$\leqslant3.0\sqrt{n}$	$\leqslant2.0\sqrt{n}$	$\leqslant4.5\sqrt{n}$
	中丝读数法	2.0	3.0			

注：1. 当采用电子水准仪观测时，基辅分划的读数应为对同一面的两次读数。
2. 表中n为测站数。

3. 静力水准观测技术要求

静力水准观测技术要求见表 9-4。

表 9-4 静力水准观测技术要求 （单位：mm）

等级	特级	一级	二级	三级
仪器类型	封闭式	封闭式 敞口式	敞口式	敞口式
读数方式	接触式	接触式	目视式	目视式
两次观测高差较差	±0.1	±0.3	±1.0	±3.0
环线及附合路线闭合差	$\pm0.1\sqrt{n}$	$\pm0.3\sqrt{n}$	$\pm1.0\sqrt{n}$	$\pm3.0\sqrt{n}$

注：n 为高差个数。

4. 电子三角高程测量的限差

电子三角高程测量的限差应符合表 9-5 的规定。

表 9-5 电子三角高程测量的限差 （单位：mm）

等级	附合路线或环线闭合差	检测已测边高差之差
二级	$\leqslant\pm4\sqrt{L}$	$\leqslant\pm6\sqrt{D}$
三级	$\leqslant\pm12\sqrt{L}$	$\leqslant\pm18\sqrt{D}$

注：D 为测距边边长，以 km 为单位；L 为附合路线或环线长度，以 km 为单位。

9.3 平面控制

9.3.1 网点布置

1. 平面基准点、工作基点的布设应符合以下规定：

1）对于建筑物的施工测量（包含各等级位移观测），基准点不得少于 3 个（包括方位定向点），工作基点可根据需要设置。

2）基准点、工作基点应便于检核校验。

3）当使用 GPS 测量方法进行平面或三维控制测量时，基准点位置还应满足以下要求：

① 便于安置接收设备和操作。

② 视场内障碍物的高度角不宜超过 15°。

③ 离电视台、电台、微波站等大功率无线电发射源的距离不小于 200m；离高压输电线和微波无线电信号传送通道的距离不得小于 50m；附近不应有强烈反射卫星信号的大面积水域或大型建筑物等。

④ 通视条件好，有利于其他测量手段联测。

⑤ 选点时应尽可能使测站附近的小环境与周围的大环境保持一致，无热源，以减少气象元素的代表性误差。

2. 平面基准点、工作基点标志的型式及埋设应符合下列规定：

1）对特级、一级及有需要的二级位移观测的基准点、工作基点，应建造观测墩或埋设专门观测标石，并应根据使用仪器和照准标志的类型，顾及观测精度要求，配备强制对中装置，强制对中装置的对中误差不应超过±0.1mm。

2）照准标志应具有明显的几何中心或轴线，并应符合图像反差大、图案对称、相位差小和本身不变形等要求。根据点位不同情况可选用重力平衡球式标、旋入式杆状标、直插式觇牌、屋顶标和墙上标等形式的标志。观测墩及重力平衡球式照准标志的形式，可按本节施工工艺的规定执行。

① 水平位移观测墩应按图9-8的规格埋设：

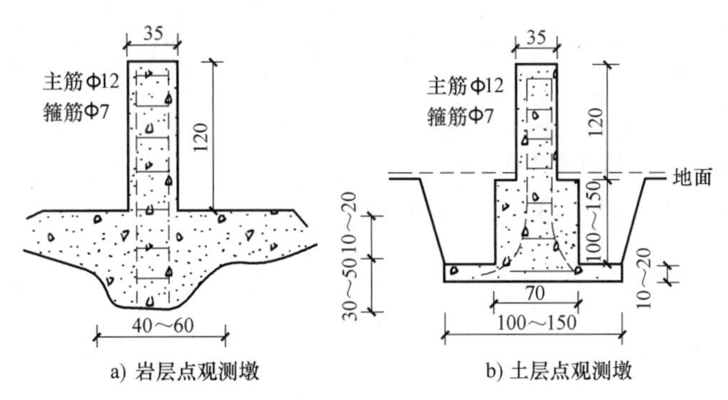

图9-8　水平位移观测墩

② 重力平衡球式照准标志应按图9-9规格埋设：

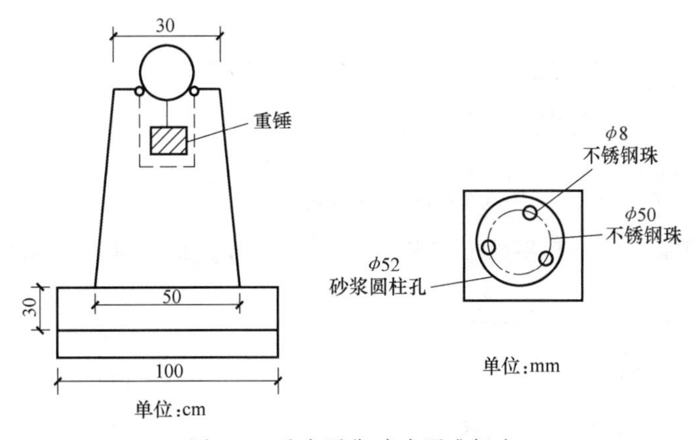

图9-9　重力平衡球式照准标志

3）对用作基准点的深埋式标志、兼作高程基准的标石和标志以及特殊土地区或有特殊要求的标石、标志及其埋设应另行设计。

3. 平面控制测量可采用三角测量、三边测量、边角测量、导线测量和GPS测量等形式；三维控制测量可使用GPS测量及边角测量、导线测量和电子测距三角高程测量的组合方法。

4. 除特级控制网和其他大型、复杂工程变形控制网应经专门设计论证外，对于一、二、三级平面控制网，其技术要求应符合以下规定：

1）三角网、三边网、边角网、GPS网应符合表9-6的相关规定：

2）各等级测角、测边平面控制网宜布设为近似等边三角形网。其三角形内角不应小于30°，当受地形或其他条件限制时，个别角可放宽，但不应小于25°。边角网具有测角和测边精度的互补特性，可不受网形影响。在边角组合网中应以测边为主，加测部分角度，并合理配置测角和测边的精度。

表 9-6 平面控制网技术要求

等级	平均边长 /m	测角中误差 /(″)	测距中误差 /mm	最弱边边长相对中误差
一级	200	±1.0	±1.0	1∶200000
二级	300	±1.5	±3.0	1∶100000
三级	500	±2.5	±10.0	1∶50000

注：1. 最弱边边长相对中误差中未计及基线边长误差影响。
2. 有下列情况之一时，不宜按本规定采用：
① 最弱边边长中误差不同于表列规定时；
② 实际平均边长与表列数值相差较大时。

3）导线测量的技术要求应符合表 9-7 的规定：

表 9-7 导线测量技术要求

等级	导线最弱点点位中误差/mm	导线长度 /m	平均边长 /m	测边中误差 /mm	测角中误差 /(″)	导线全长相对闭合差
一级	±1.4	$750C_1$	150	$\pm 0.6C_2$	±1.0	1∶100000
二级	±5.2	$1000C_1$	200	$\pm 2.0C_2$	±2.0	1∶45000
三级	±15.0	$1250C_1$	250	$\pm 6.0C_2$	±5.0	1∶17000

注：1. C_1、C_2 为导线类别系数。对附合导线，$C_1=C_2=1$；对独立单一导线，$C_1=1.2$，$C_2=2$；对导线网，导线长度系指附合点与结点或结点间的导线长度，取 $C_1 \leqslant 0.7$、$C_2=1$。
2. 有下列情况之一时，不宜按本规定采用：
① 导线最弱点点位中误差不同于表列规定时。
② 实际平均边长与导线长度对比表列规定数值相差较大时。

5. 对于三维控制测量，其平面位置和高程应分别符合平面基准点和高程基准点的布设和测量规定。

9.3.2 水平角测量

1. 各等级水平角观测的技术要求

1）水平角观测的方法。水平角观测宜采用方向观测法，当方向数不多于 3 个时，可不归零；特级、一级网点亦可采用全组合测角法。导线测量中，当导线点上只有两个方向时，应按左、右角观测；当导线点上多于两个方向时，应按方向观测法观测。方向观测法与全组合测角法的操作程序，应按国家现行三角测量和精密导线测量规范的规定执行。

2）水平角观测的测回数，应按要求的测角精度、使用的仪器类型及观测条件确定。亦可按经验公式（9-4）、式（9-5）估算：

$$m_\beta = \pm\sqrt{(K \cdot m_\alpha)^2 + m_H^2/n} \tag{9-4}$$

$$n = 1/\sqrt{\left[\left(\frac{m_\beta}{m_\alpha}\right)^2 - K^2\right]} \tag{9-5}$$

式中 n——测回数，对于全（整个）组合测角法取方向权值 nm 的 1/2 为测回数（m 为测站的方向数）。

m_α——各测站平差后一测回方向中误差的平均值，单位为（″）。

m_β——按闭合差计算的测角中误差，（″）；

K——系统误差影响系数，一般为0.5~0.9。

m_α 可根据仪器类型、读数和照准设备、外界条件以及操作的严格与熟练程度，在下列数值范围内选取：

DJ_{05}型仪器0.4~0.52；

DJ_1 型仪器0.8~1.02；

DJ_2型仪器1.6~2.02。

在将式（9-4）、式（9-5）估算结果凑整取值时，对方向观测法与全组合测角法应顾及光学经纬仪观测度盘位置编制要求；对导线观测应取偶数，当估算后 $n<2$ 时，应按2测回观测。

2. 各等级水平角观测的限差应符合下列要求：

方向观测法的限差应符合表9-8的规定。

表9-8　方向观测法限差　　（单位：″）

仪器类别	两次照准目标读数差	半测回归零差	一测回内2C互差	同一方向值各测回互差
DJ_{05}	1.5	4	8	4
DJ_1	4	5	9	6
DJ_2	6	8	13	8

注：1. DJ_{05}为一测回水平方向中误差不超过±0.52的经纬仪。

2. 当照准方向的垂直角超过±3°时，该方向的2C互差可按同一观测时间段内相邻测回进行比较，其差值仍按表中规定。

3. 测角网的三角形最大闭合差，不应大于 $2\sqrt{3}m_\beta$ 导线测量每测站左、右角闭合差，不应大于 $2m_\beta$；导线的方位角闭合差，不应大于 $2\sqrt{n}m_\beta$（n 为测站数）。

3. 各等级水平角观测作业工艺要求：

1）使用的经纬仪，项目开始前应进行检验，项目进行中也应定期检验。

2）观测应在通视良好、成像清晰稳定时进行。晴天的日出、日落和中午前后不宜观测。作业中仪器不得受阳光直接照射，气泡居中如超过一格，应在测回间重新整置仪器。当视线过于靠近吸热、放热强烈的地形地物时，应选择阴天或有风但不影响仪器稳定的时间进行观测。当需削减时间性水平折光影响时，应按不同时间段观测。

3）控制网观测宜采用双照准法，在半测回中每个方向连续照准两次，并各读数一次。每站观测中，应避免二次调焦，当观测方向的边长悬殊较大、有关方向应调焦时，宜采用正倒镜同时观测法，此时可不考虑两倍视准误差2C变动范围。对于大倾斜方向的观测，应严格控制水平气泡偏移，当垂直角超过3°时，应进行仪器竖轴倾斜改正。

9.3.3　距离测量

1. 电子测距仪测量距离的技术要求，除特级和其他有特殊要求的边长须专门设计确定外，对一、二、三级位移观测的距离测量应按表9-9的规定执行。

表 9-9　电子测距的技术要求

等级	仪器精度档次/mm	每边最少测回数		一测回读数间较差限值/mm	单程测回间较差限值/mm	气象数据测定的最小读数		往返或时段间较差限值
		往	返			温度/(℃)	气压/(mmHg)	
一级	£ 1	4	4	1	1.4	0.1	0.1	$\sqrt{2}(a+b\cdot D\cdot 10^{-6})$
二级	£ 3	4	4	3	5.0	0.2	0.5	
三级	£ 5	2	2	5	7.0	0.2	0.5	
四级	£ 10	4	4	10	15.0	0.2	0.5	

注：1. 仪器精度档次，系根据仪器标称精度（$a+b\cdot D\cdot 10^{-6}$），以各等级平均边长 D 代入计算的测距中误差划分。
2. 一测回是指照准目标一次、读数 4 次的过程。
3. 时段是指测边的时间段，如上午、下午和不同的白天。

2. 电子测距作业工艺要求。

1）使用的测距仪，项目开始前应进行检验，项目进行中应定期检验。

2）测距应在成像清晰、气象条件稳定时进行。阴天、有微风时可全天观测。晴天最佳观测时间为日出后一小时左右和日落前一小时左右。雷雨前后、大雾、大风、雨、雪天和大气透明度很差时，不应进行观测。晴天作业时应对测距仪和反光镜打伞遮阳，严禁将仪器照准头对准太阳，不宜顺、逆光观测。

3）测线离地面或障碍物宜在 1.3m 以上，测站不应设在电磁场影响范围之内。在测站上，因基座倾斜引起的偏差应加入置平改正。

4）当一测回中读数较差超限时，应重测整测回。当测回间较差超限时，可重测 2 个测回，然后去掉一大一小取平均。如重测后测回差仍超限，应重测该测距边的所有测回。当往返测或不同时段较差超限时，应分析原因，重测单方向的距离。如重测后仍超限，应重测往、返两方向或不同时段的距离。

3. 电子测距仪测量距离的技术要求，除特级和其他有特殊要求的边长须专门设计确定外，对一、二、三级位移观测的距离测量应按表 9-10 的规定执行，并应符合质量标准的要求。

表 9-10　距离丈量的技术要求

等级	尺别	作业尺数	丈量总次数	定线最大偏差/mm	尺段高差较差/mm	读数次数	最小估读值/mm	最小温度读数/℃	同尺各次或同段各尺的较差/mm	成果取值精度/mm	各项改正后的各次或各尺全长较差/mm
一级	因瓦尺	2	4	20	3	3	0.1	0.5	0.3	0.1	$25\sqrt{D}$
二级	因瓦尺	1 2	4 2	30	5	3	0.1	0.5	0.5	0.1	$30\sqrt{D}$
	钢尺	2	8	50	5	3	0.5	0.5	1.0	0.1	
三级	钢尺	2	6	50	5	3	0.5	0.5	2.0	1.0	$50\sqrt{D}$

注：1. 表中 D 是以 100m 为单位计的长度。
2. 表列规定所适应的边长丈量相对中误差为：一级 1/200000，二级 1/100000，三级 1/50000。

1）因瓦尺、钢尺在使用前应进行检定。丈量二级边长的钢尺，检定精度不应低于尺长的 1/200000；丈量三级边长的钢尺，检定精度不应低于尺长的 1/100000。

2）各等级边长测量应采用往返悬空丈量方法。使用的垂锤、弹簧秤和温度计，均应进行检定。丈量时，引张拉力重量应与检定时相同。

3）自然条件对丈量精度有较大影响（如下雨、尺的横向有二级以上风，作业时温度超过检定膨胀系数温度范围等）时不应进行丈量。

4）网的起算边或基线宜选成尺长的整倍数。用零尺段时，应改变拉力或进行拉力改正。

5）安置轴杆架或引张架时应使用经纬仪定线。尺段高差可采用水准仪中丝法往返测或单程双测站观测。所测温度应接近尺温。

6）丈量结果应加入尺长、温度、倾斜改正，因瓦尺还应加入悬链线不对称、分划尺倾斜等改正。

9.3.4 GPS 测量

1. 选用 GPS 接收机，应根据需要并符合表 9-11 的规定。

表 9-11 GPS 接收机的选用

级别	一级	二、三级
接收机类型	双频或单频	双频或单频
标称精度	£（10mm+2′10−6′*d*）	£（10mm+5′10−6′*d*）
观测量至少有	L1 载波相位	L1 载波相位
同步观测接收机数	≥3	≥2

2. GPS 接收机的检验应符合以下规定：

（1）新购置的 GPS 接收机应按规定进行全面检验后使用。GPS 接收机的全面检验应包括以下内容：

1）一般检视。

① GPS 接收机及天线的外观良好，型号正确；

② 各种部件及其附件应匹配、齐全和完好；

③ 需紧固的部件不得松动和脱落；

④ 设备使用手册和后处理软件操作手册及磁（光）盘应齐全。

2）通电检验。

① 有关信号灯工作应正常；

② 按键和显示系统工作应正常；

③ 利用自测试命令进行测试；

④ 检验接收机锁定卫星时间的快慢，接收信号强弱及信号失锁情况。

3）试测检验前，还应检验。

① 天线或基座圆水准器和光学对中器是否正确；

② 天线高量尺是否完好，尺长精度是否正确；

③ 数据传录设备及软件是否齐全，数据传输性能是否完好；

④ 通过实例计算，测试和评估数据后处理软件。

（2）GPS 接收机在完成一般检视和通电检验后，应在不同长度的标准基线上进行以下测试：

1）接收机内部噪声水平测试；

2）接收机天线相位中心稳定性测试；

3）接收机野外作业性能及不同测程精度指标测试；

4）接收机频标稳定性检验和数据质量的评价；

5）接收机高低温性能测试；

6）接收机综合性能评价等。

（3）GPS接收机测试检验的方法和具体技术要求，应符合国家现行有关GPS测量规范的规定。

（4）不同类型的GPS接收机参加共同作业时，应在已知高差的基线上进行比对测试，超过相应等级限差时不得使用。

（5）GPS接收机或天线受到强烈撞击后，或更新接收机部件及更新天线与接收机的匹配关系后，应按新购买仪器做全面检验。

（6）只有按照相关技术规范、规程等进行检验、检定合格的GPS接收机，方可用于变形测量作业。

3. GPS观测的准备工作应符合以下规定：

（1）GPS接收机在开始观测前，应进行预热和静置，具体要求按接收机操作手册进行。

（2）采用强制对中器安置GPS接收机天线，并将天线的安置方位做好标记。在位移观测的全过程中，各观测点所使用的天线应尽量固定不变，天线的安置方位也应尽量保持一致，以减低GPS接收机天线相位中心偏移对观测成果的影响。

4. GPS观测作业应符合以下规定：

（1）观测组必须严格遵守调度命令，按规定的时间进行作业。

（2）经检查接收机电源、电缆和天线等各项联结无误，方可开机。

（3）开机后经检验有关指示灯与仪表显示正常后，方可进行自测试并输入测站、观测单元和时段等控制信息。

（4）接收机启动前与作业过程中，应随时逐项填写测量手簿中的记录项目。

（5）每时段观测开始及结束前各记录一次观测卫星号、天气状况、实时定位经纬度和大地高、PDOP值等。每时段气象观测应不少于两次。一次在时段开始时，一次在时段结束时。时段长度超过2h时，应每当UTC（协调世界时）整点时增加观测记录上述内容一次，夜间放宽到4h。

（6）气象观测所用通风干湿表需悬挂在测站附近，与天线相位中心大致等高度处。悬挂地点应通风良好，避开阳光直接照射，便于读数。空盒气压表可置于测站附近地面，其读数应顾及至天线相位中心高度，加入相应的高度修正。当测站附近的小环境与周围的大环境不一致时，可在合适的地方量测气象元素，然后加上高差修正化为天线相位中心处的气象元素。

（7）每时段开始、结束时，均需量测天线高一次，方法是：用天线高量测杆或小钢卷尺从厂家规定的天线高量测基准面彼此相隔120°的三个位置分别量取至天线墩中心标志面的垂直距离，互差应小于2mm，取平均值为天线高 h。

（8）观测员应细心操作，观测期间应防止接收设备震动，并应防止人员和其他物体碰动天线或阻挡信号。

(9) 观测期间，不得在天线附近 50m 以内使用电台，10m 以内使用对讲机。

(10) 天气太冷时，接收机应适当保暖。天气很热时，接收机应避免阳光直接照晒，确保接收机正常工作。在雷电、风暴天气，不宜进行 GPS 测量。

(11) 一时段观测过程中不允许进行以下操作：

1) 接收机关闭又重新启动；

2) 进行自测试；

3) 改变卫星仰角限；

4) 改变数据采样间隔；

5) 改变天线位置；

6) 按动关闭文件和删除文件等功能键。

(12) 在 GPS 快速静态定位测量中，同一观测单元期间：

1) 参考站观测不能中断；

2) 参考站和流动站采样间隔要相同，不能变更。

5. 经认真检查，所有规定作业项目均已全面完成，并符合要求，记录与资料完整无误，且将点位保护好以后，方可迁站。

9.3.5 质量标准

1. 平面控制测量的精度应符合以下规定：

(1) 测角网、测边网、边角网、导线网或 GPS 网的最弱边边长中误差，不应大于所选等级的观测点坐标中误差。

(2) 工作基点相对于邻近基准点的点位中误差，不应大于相应等级的观测点点位中误差（点位中误差约定为坐标中误差的$\sqrt{2}$倍，下同）。

(3) 用基准线法测定偏差值的中误差，不应大于所选等级的观测点坐标中误差。

2. 当观测成果超出限差时，应按下列规定进行重测：

(1) 当 $2C$ 互差或各测回互差超限时，应重测超限方向，并联测零方向。

(2) 当归零差或零方向的 $2C$ 互差超限时，应重测该测回。

(3) 在方向观测法一测回中，当重测方向数超过所测方向总数的 1/3 时，应重测该测回。

(4) 在一个测站上，采用方向观测法，当基本测回重测的方向测回数超过全部方向测回总数的 1/3 时，应重测该测站的全部方向；采用全组合测角法，当重测的测回数超过全部基本测回数的 1/3 时，应重测该测站。

(5) 基本测回成果和重测成果均应记入手簿。重测与基本测回结果不取中数，每一测回只取用一个符合限差的结果。

(6) 全组合测角法，当直接角与间接角互差超限时，在满足本条 (4) 要求，即不超过全部基本测回数 1/3 的前提下，可重测单角。

(7) 当三角形闭合差超限而重测时，应进行认真分析，选择有关测站重测。

3. 电子测距仪测量距离的质量标准要求，除特级和其他有特殊要求的边长须专门设计确定外，对一、二、三级位移观测的距离测量应按《建筑变形测量规范》(JGJ 8—2016) 中表 1.3.3.1-1 的规定执行，并应符合下列要求：

（1）根据具体情况，测距边除按往返观测外，亦可采用不同时段观测代替往返观测。

（2）往返测或时间段较差，应将斜距换算到同一水平面上方可进行比较。

（3）测距时使用的温度计和气压计，应同测距仪检定时使用的一致。

（4）气象数据应在每边观测时进行两端测定，取用两端的平均值。所测气象元素的互差，温度不应超过1℃，气压不应超过10mmHg。

（5）测距边两端点的高差，对一、二级边可采用三级水准测量测定，对三级边可采用三角高程法测定（应考虑大气折光和地球曲率对垂直角观测值的影响）。

（6）测距边归算到水平距离时，应在观测的斜距中加入气象、加常数、乘常数（必要时顾及周期误差）改正后，换算至测距仪与反光镜的平均高程面上。

9.4 多层建筑施工测量

9.4.1 轴线定位测设

1. 施工测量前的应做好准备工作

（1）熟悉设计图纸

特别是建筑平面图纸是施工测量的主要依据，测设前应充分熟悉建筑物各种有关的设计图纸，便于了解施工建筑物与相邻地物的相互关系，以及建筑物本身的内部尺寸和技术要求等，测设时必须准确计算所测设的各种定位数据；测设所需要的图纸有：

1）总平面图。在总平面图上，可以看到或计算设计建筑物与原有建筑物或测量控制点的三维坐标、BM点及相互之间的平面尺寸和高差，作为测设建筑物总体位置的依据，但要注意用地红线、道路红线及高压线等是否符合法律、法规及规范的要求。

2）建筑平面图。在建筑平面图中，就可以看到建筑物的首层、标准层等各楼层的总尺寸，以及内部各定位轴线之间的关系尺寸，这是施工测设建筑物的细部轴线的依据。

3）基础平面图。在基础平面图上，可以看到基础边线（基础横断面的形状和大小）及不同基础部位的设计标高等，这是轴线定位及测设基础轴线的主要数据。

4）基础详图。基础详图是基础施工开挖边线及轴线控制的重要依据。在基础详图中，可以看到基础横断面的形状和大小、立面尺寸和设计标高。

5）建筑物的立面图和剖面图。在建筑物的立面图和剖面图中，可以看到基础、门窗、地坪、楼梯平台、楼板、屋架和屋面等设计高程，这些高程通常是以±0.000为起算点相对高程，这是测设建筑物各部位高程的主要依据。

（2）现场踏勘

全面查看施工现场的地物、地貌的情况，搞清楚施工场地上的平面控制点和水准点的分布情况，以便根据现有条件编制施工测量方案。

（3）施工场地整理

达到“三通一平”，并对施工场地上的平面控制点和水准点进行检核，以便进行准确无误的测设工作。

（4）制定测设方案和内业计算测设数据

根据图纸设计要求，现场踏勘情况制定测设方案，包括测设方法、测设步骤、测设数据、绘制测设简图等。测设数据可以通过计算机 MICROSOFTEXCEL 来计算，也可以采用 AUOTCAD 应用电子图直接得出所要测设控制点的坐标。

(5) 仪器的检验

对测设所使用的仪器和工具必须经过当地技术监督部门鉴定合格，且在有效期内，方可使用。

施工测量前的准备工作，是为了保证测量结果满足工程测量技术规范，见表 9-12。

表 9-12 建筑物施工放样的主要技术要求

建筑物结构特征	测距时相对中误差	测角中误差/mm	测站高差中误差/mm	施工水平面高程中误差/mm	竖向传递轴线点中误差/mm
钢结构、装配式混凝土结构、建筑物高度 100～120m 或跨度 30～36m	1/20000	5	1	6	4
15 层房屋或建筑物高度 60～100m 或跨度 18～30m	1/10000	10	2	5	3
5～15 层房屋或建筑物高度 15～60m 或跨度 6～18m	1/5000	20	2.5	4	2.5
5 层房屋或建筑物高度 15m 或跨度 6m 以下	1/3000	30	3	3	2
木结构、工业管线或公路铁路专线	1/2000	30	5		
土工竖向整平	1/1000	45	10		

2. 轴线定位测设

(1) 建筑物的定位

建筑物的定位，将建筑物四周外廓主要轴线交点测设在地面上，作为基础放线和细部放样的依据。

1) 根据控制点定位。依据高级控制点来测设建筑物定位点的坐标，使用不同的测量设备，采用不同的方法进行测设；使用全站仪按照操作程序可以直接放样出定位点，但使用经纬仪必须通过内业计算采用极坐标法、直角坐标法、角度交会法等才能进行测设。

2) 根据建筑方格网和建筑基线定位。如施工场地已有建筑方格网或建筑基线时，利用内业计算的数据或设计坐标，可直接采用直角坐标法进行定位。但必须是同一坐标系内，且建筑轴线平行于坐标轴，否则，进行坐标转换。

(2) 建筑物的放线

建筑物的放线。根据已定位的建筑物轴线交点桩（角桩），测设出建筑物满足施工的各轴线的交点桩（或称中心桩），然后，延长到安全的地方（基槽外，并考虑人工或是机械开挖的工作面），并做好标志。

1) 设置轴线控制桩。一般设置在基槽外安全处 2～4m，经纬仪或全站仪定向、定距，打下木桩，桩顶钉上小钉，准确标出轴线位置，并浇注混凝土保护（图 9-10）。如附近有建筑物或围墙，亦可把轴线投测到建筑物或围墙上，用红三角油漆做出标志，以代替轴线控制桩。为各施工阶段恢复轴线提供依据，最好采用经纬仪或全站仪恢复轴线，达到更高的测量精度。

2）龙门板设置。在建筑物四角和隔墙两端，距基槽开挖边界线2m以外处，设置龙门桩。龙门桩设置要牢固，龙门桩的外侧面应与基槽平行，并在龙门板轴线位置上定小钉，便于挂线恢复轴线。

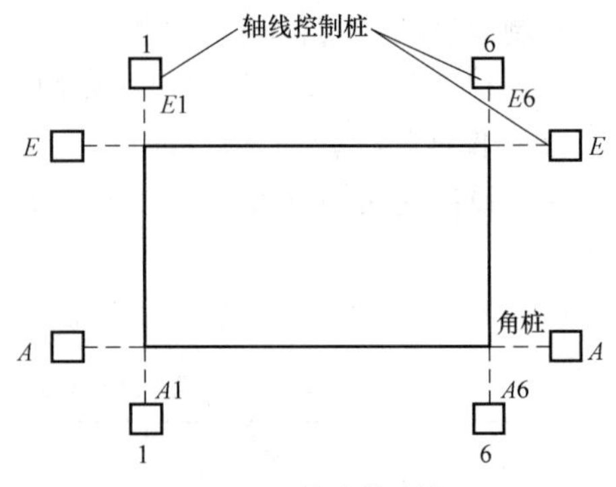

图 9-10　轴线控制桩

【例 9-1】 如图 9-11 所示，1 号楼为已有建筑物，2 号楼为待建建筑物（8 层、6 跨）A1、E1、E6、A6 点建筑物定位点的放样步骤如下。

1）用钢卷尺紧贴于 1 号楼外墙边 MP、NQ 边各量出 2m（距离大小根据实地地形而定，一般为1～4m），得 a、b 两点，打入桩，桩顶钉上铁钉标志，以下类同。

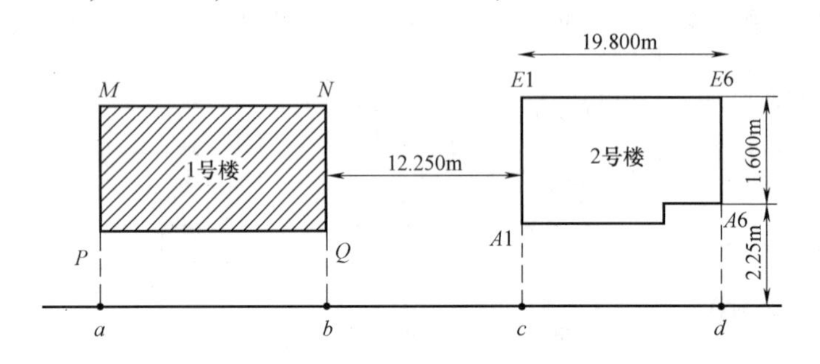

图 9-11　建筑物定位

2）把经纬仪安置于 a 口点，瞄准 b 点，并从 b 点沿 ab 方向量出 12.250m，得 c 点，再继续量 19.800m，得 d 点。

3）将经纬仪安置在 c 点，瞄准 d 点，水平度盘读数配置到 0°00′00″，顺时针转动照准部，当水平度盘读数为 90°00′00″时，锁定此方向，并按距离放样法沿该方向用钢尺量出 2.25m 得 A1 点，再继续量出 11.600m，得 E1 点。

将经纬仪安置在 d 点，同法测出 A6、E6。则 A1、E1、E6、A6 四点为待建建筑物外墙轴线交点。检测各桩点间的距离，与设计值相比较，其相对误差不超过 1/2500，用经纬仪检测四个拐角是否为直角，其误差不超过 40″。

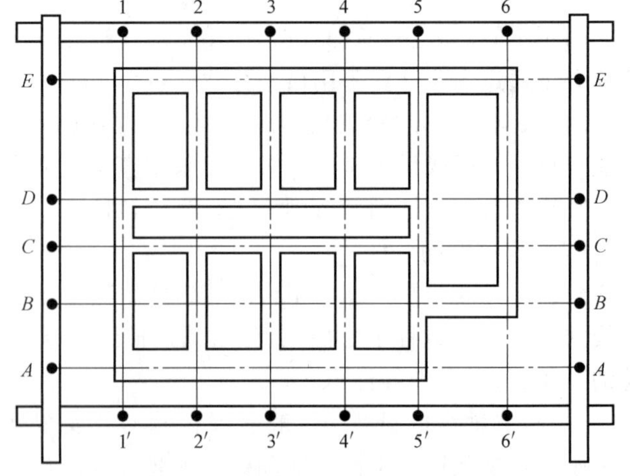

图 9-12　轴线控制点及龙门框布图

4）放样建筑物其他轴线的交点桩（简称中心桩），如图 9-12 中 A2、A3、A4、A5、B5、B6 等各点为中心桩。其放样方法与角桩点相似，即以角桩为基础，用经纬仪和钢尺放样出来。

9.4.2　建筑施工测量

1. 开挖深度和垫层标高控制

建筑施工中的高程测设，又称抄平。

1）设置水平桩。为了控制基槽的开挖深度，当将要挖到槽底设计标高时，应用水准仪或全站仪根据相对标高（地面上±0.000点），在槽壁上测设一些水平小木桩（称为水平桩），使木桩的上表面离槽底的设计标高为一固定值（如0.500m）。

为了施工时使用方便，一般在槽壁各拐角处、深度变化处和基槽壁上每隔4～5m，测设一水平桩，达到施工要求（图9-13）。

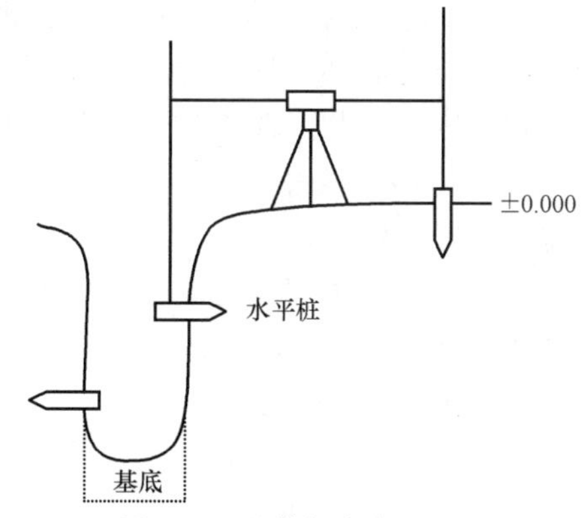

图9-13　基槽深度施工测量

2）水平桩是控制挖槽深度、修平槽底和打基础垫层的依据。

2. 垫层轴线的投测

基础垫层做好后，根据轴线控制桩或龙门板上的轴线钉，用经纬仪、全站仪、拉绳挂锤球的方法等，把轴线投测到垫层上，并用墨线弹出墙中心线和基础边线，作为砌筑基础的依据。

3. 基础墙标高的控制

1）基础墙的标高可以用皮数杆来控制（图9-14），皮数杆是一根木制的杆子，在杆上事先按照设计尺寸，将砖、灰缝厚度画出线条，并标明±0.000、防潮层、预留洞口的标高位置。

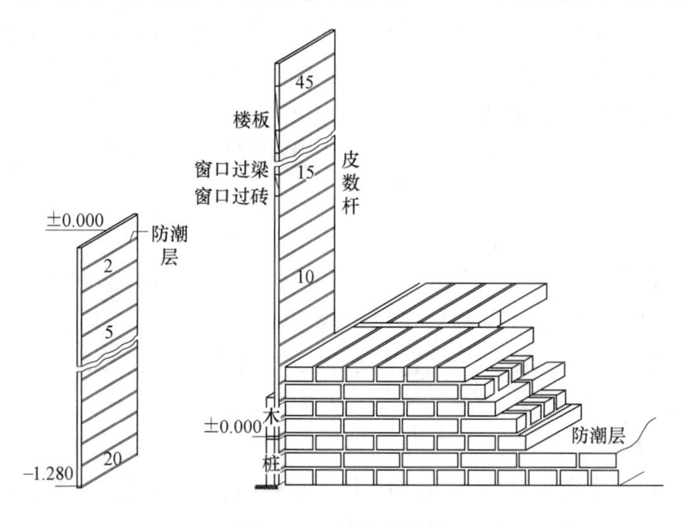

图9-14　基础皮数杆

2）钢筋混凝土的基础，可以采用全站仪或水准仪将标高测设于模板。

3）基础施工结束后，应检查基础面的标高是否符合设计要求，可用水准仪测出基础面上若干点的高程和设计高程比较，允许误差为±5mm。

4. 墙体施工测量

（1）墙体轴线测设

① 利用轴线控制桩或龙门板上的轴线和墙边线标志，用全站仪或水准仪将轴线投测到基础面上或防潮层上。

② 用墨线弹出墙中线和墙边线。

③ 检查外墙轴线交角是否是直角。

④ 把墙轴线延伸并画在外墙基础上，作为轴线传递的依据。

⑤ 把门、窗和其他洞口的边线，也在外墙基础上标定出来。

（2）墙体各部位标高控制

在墙体施工中，墙身各部位标高通常也是用皮数杆控制。

① 在墙身皮数杆上，根据设计尺寸，按砖、灰缝的厚度画出线条，并标明±0.000、门、窗、楼板等的标高位置。

② 墙身皮数杆的设立与基础皮数杆相同，使皮数杆上的±0.000标高与房屋的室内地坪标高相吻合。在墙的转角处，每隔4~5m设置一根皮数杆。

③ 当墙身砌至1m以后，就在室内、外墙身上定出+0.500m的标高线，作为该层地面施工和室内装修用的+50线。

5. 建筑物的轴线投测

在多层建筑墙身砌筑过程中，为了保证建筑物的垂直度符合规范要求，轴线传递将是关键，而用吊锤球、经纬仪、垂准仪等方法将轴线投测到各层楼板边缘、柱顶上或楼板内就可达到垂直度要求，则采用经纬仪、垂准仪精度更高。

（1）吊锤球法

采用重2kg的锤球悬吊在楼板层或柱顶边缘处（便于弹墨线），当锤球尖对准基础面上的轴线标志且锤球稳定时，立即在楼板层或柱顶边缘处的位置上画出标志点。各轴线的端点投测完后，用钢尺检核各轴线间的尺寸，符合精度要求后，可以进行下道工序的施工，并采用此方法将轴线自下而上逐层传递。

吊锤球法简便易行，不受施工场地限制，一般能保证施工质量。但当有风或建筑物较高时，投测误差较大，应采用经纬仪投测法。

（2）经纬仪投测法

在轴线延长线上的控制桩上安置经纬仪，精确整平后，瞄准基础墙面上的轴线标志，用盘左、盘右分中投点法，将轴线投测到楼层边缘或柱顶上。将所有端点投测到楼板上之后，用钢尺检核其尺寸，相对误差应符合规范要求；经检查合格后，才能在楼层板上进行细部轴线的弹线及下道工序的施工。

6. 建筑物的高程传递

多层建筑施工中，按施工顺序由下层向上层传递高程，以便控制楼板、门窗、洞口等标高符合设计要求。高程传递的方法有以下几种：

（1）利用皮数杆传递高程

一般建筑物可用墙体皮数杆传递高程。

（2）悬吊钢尺法

用悬挂钢尺代替水准尺，钢尺下端挂一重锤，使钢尺处于铅垂状态，用水准仪在下面与上面楼层分别读数，按水准测量原理把高程传递上去。这个方法精度高，使用于多层、高层的高程传递。

9.5 高层建筑施工测量

9.5.1 施工控制网测设

1. 平面控制网的测设

高层建筑物的平面控制网是根据复核后的红线桩或平面控制坐标点应用全站仪来测设的，平面控制网的控制轴线包括建筑物的主要轴线，并根据基坑开挖深度进行放坡，计算出距四边轴线的距离并考虑距边坡的安全距离，在四角处设置永久控制桩，其做法详图 9-15。

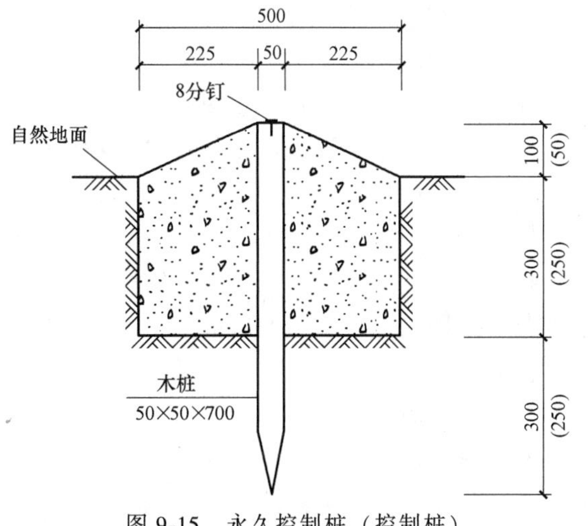

图 9-15　永久控制桩（控制桩）

控制桩之间必须相互透视，并在控制网上加密控制桩，组成封闭图形，其量距精度要求较高，应符合本书 9.3.5 的规定。

2. 高程控制网的测设

可采用水准测量和电磁波测距三角高程测量。高程控制网测量等级应按四等。

准测量所使用的仪器及水准尺，应符合下列规定：

① 水准仪视准轴与水准管轴的夹角，DS1 型不应超过 15″；DS3 型不应超过 20″。

② 水准尺上的米间隔平均长与名义长之差，对于因瓦水准尺，不应超过 0.15mm，对于双面水准尺，不应超过 0.5mm。

③ 二等水准测量采用补偿式自动安平水准仪时，其补偿误差 $\Delta\alpha$ 不应超过 0.2″。水准点应选在土质坚硬、便于长期保存和使用方便的地点。墙水准点应选设于稳定的建筑物上，点位应便于寻找、保存和引测，水准点布设在其周围至少应有 3 个水准点。

9.5.2 主轴线定位及测定

根据建立起的平面控制网对建筑物的主轴线进行定位控制，一般在控制网上加密轴线控制桩，其定位方法采用全站仪的放样程序进行放样，也可以用 J_2 经纬仪定向，钢尺量距，采用直角坐标法，将轴线控制桩精确测定后，在目标点用 50×50×800 木桩，打入与地面平，在以木桩为圆心，以 250mm 为半径，高 500mm 处用混凝土浇注加以保护。

9.5.3 施工中竖向测量

1. 轴线传递

高层建筑物施工测量中的关键问题是控制垂直度，就是将建筑物的基础轴线准确地向高层引测，并保证各层相应轴线位于同一竖直面内，控制竖向偏差，使轴线向上投测的偏差值在规范许可内。轴线向上投测时，要求竖向误差在每层内不超过 3mm，建筑全高累计误差值不应超过 $2H/10000$（H 为建筑物总高度），且不应大于：$H \leqslant 30$m 时，5mm；30m$<H\leqslant$

60m 时，10mm；60m<H≤90m 时，15mm；90m<H≤120 时，20mm；120m<H≤150m 时，25mm；H>150m 时，30mm。

高层建筑物轴线的竖向投测，可分为外控法和内控法两种：

（1）外控法

外控法是在建筑物外部，利用经纬仪，根据建筑物轴线控制桩来进行轴线的竖向投测，亦称作“经纬仪引桩投测法”。此法需要有较好的场地条件。

在建筑物底部投测轴线位置。

高层建筑的基础工程完工后，将经纬仪安置在轴线控制桩上，把建筑物主轴线精确地投测到建筑物的底部，并设立标志，以供下一步施工与向上投测之用。

① 向上投测轴线。随着建筑物不断升高，要逐层将轴线向上传递，将经纬仪安置在轴线控制桩，严格整平仪器，用望远镜瞄准建筑物底部已标出的轴线标志，用盘左和盘右分别向上投测到每层楼板上，并取其中点作为该层轴线的投设点。

② 采用弯管目镜投测轴线。当建筑物升到一定高度时，经纬仪向上投测的仰角增大，观测操作不方便。因此，在经纬仪上配用弯管目镜就可以直接投测，且精度高，但必须用盘左和盘右分别向上投测，然后取中点作为该层轴线的投测点。

【例 9-2】 如图 9-16 所示的高层建筑。先在离建筑物较远处（1.5 倍以上建筑物高度）建立轴线控制桩；如图 9-16 所示的 A、B 位置。然后在相互垂直的两条轴线控制桩上安置经纬仪，盘左照准轴线标志，固定照准部，仰倾望远镜，照准楼边或柱边标定一点。再用盘右同样操作一次，又可定出一点，如两点不重合，取其中点即为轴线端点，如 $C1_{中}$ 点、$C_{中}$ 点，两端点投测完之后，再弹墨线标明轴线位置。

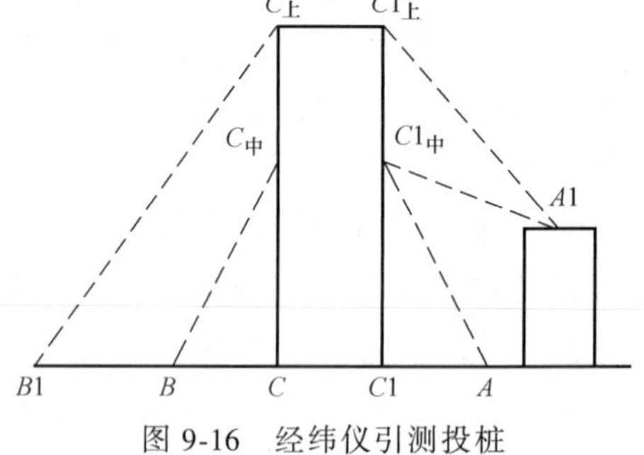

图 9-16　经纬仪引测投桩

当楼层逐渐增高时，望远镜的仰角愈来愈大，操作不方便，投测精度将随仰角增大而降低。此时，可将原轴线控制桩引测到附近大楼的屋顶上，如 A1 点，或更远的安全地方，如 B1 点。再将经纬仪搬至 A1 或 B1 点，继续向上投测。

（2）内控法

内控法是在建筑物内首层平面设置轴线控制点，并预埋标志，以后在各层楼板相应位置上预留 200mm×200mm 的传递孔，在轴线控制点上直接采用激光铅垂仪法，通过预留孔将其点位垂直投测到任一楼层接收靶上，在接收靶上进行测量放线。

内控法轴线控制点的设置：在基础施工完毕后，在首层平面上，适当位置设置与轴线平行的辅助轴线。辅助轴线距轴线 500～1000mm 为宜，并在辅助轴线交点处埋设标志。

（3）激光铅垂仪法

1）在首层轴线控制点上安置激光铅垂仪，利用激光器底端（全反射棱镜端）所发射的激光束进行对中，通过调节基座整平螺旋，使管水准器气泡严格居中。

2）在上层施工楼面预留孔处，放置接收靶。

3）接通激光电源，启辉激光器发射铅直激光束，通过发射望远镜调焦，使激光束会聚成红色耀目光斑，并旋转 360°投射到接收靶上，然后取中，作为放样点，即为轴线控制点在该楼面上的投测点，并在预留孔四周做出标记。

2. 高程传递

高层建筑物施工中，宜采用传递高程的方法。

悬吊钢尺法。在楼梯间悬吊钢尺，钢尺下端挂一重锤，使钢尺处于铅垂状态，用水准仪分别在下面、上面楼层分别读数，按水准测量原理把高程传递上去。

9.6　单层厂房施工测量

9.6.1　施工控制网测设

1. 施工控制网的设计

根据建筑方格网，结合图纸上给出的坐标，选定与厂房柱列轴线或设备基础轴线相平行的两条纵、横轴线作为主轴线，且垂直距离应满足安全要求，即控制网边线距建筑物四边主轴线的距离要满足安全要求，计算出控制网四角的坐标。

2. 施工控制网的测设

测设控制网时，首先根据场区方格网或测量控制点，将控制网四角点的坐标编号并输入全站仪内，利用放样程序把四角点的坐标测设于地面，并做永久性控制桩。测定控制网各边时，应按一定间距测设一些控制桩，称为距离指标桩，距离指标桩的间距是厂房柱子间距的整数倍且要考虑伸缩缝的尺寸，但不宜超过50m。使指标桩位于厂房柱行列轴线或主要设备中心线方向上。

厂房与一般民用建筑相比，它的柱子多、轴线多，且施工精度要求高，因而对于每幢厂房还应在建筑方格网的基础上，再建立满足厂房特殊精度要求的厂房矩形控制网，作为厂房施工的基本控制网。如图9-17描述了建筑方格网、厂房矩形控制网以及厂房车间的相互位置关系。

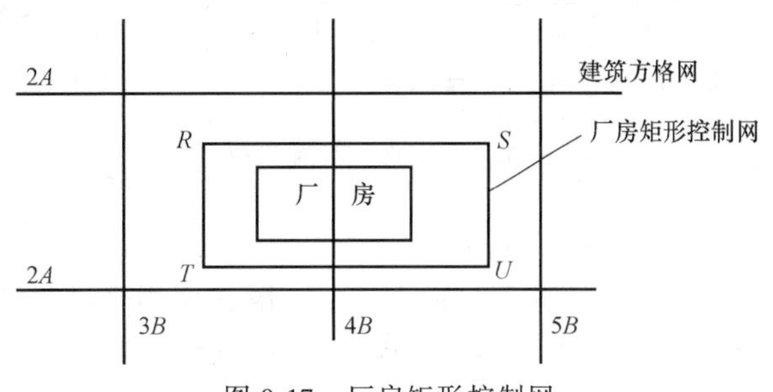

图9-17　厂房矩形控制网

厂房矩形控制网是依据已有建筑方格网按直角坐标法来建立的，其边长误差小于1/10000，各角度误差小于±10″。

9.6.2　结构施工测量

1. 柱列轴线测设

根据厂房平面图上所标注的柱间距和跨度尺寸，用钢尺或应用全站仪沿矩形控制网各边测出各柱列轴线控制点的位置，并打入大木桩与地面水平，桩顶用小钉标示出点位，周围浇注混凝土保护，作为柱基测设和施工安装的依据。丈量时可根据矩形边上相邻的两个距离指标桩，采用内分法测设。

图9-18所示是一个柱列轴线与桩基测设，并作好标志。其放样方法是：在矩形控制桩上安置经纬仪，如T端点安置经纬仪，照准另一端点U，确定此方向线，根据设计距离，严

格放样轴线控制桩。依次放样全部轴线控制桩，并逐桩检测。

2. 柱基测设（图 9-19）

将两台经纬仪安置在两条互相垂直的柱列轴线的轴线控制桩上，沿轴线方向交会出每一个柱基中心点的位置（即两轴的交点），根据基础剖面图、平面图、大样图所注尺寸考虑开挖深度及宽度，在距柱基开挖边线 1~2m 处，打入四个定位小木桩，在桩顶钉上小钉标示中线方向，供修坑立模之用。同法可放出全部柱基。再按基础平面图和大样图所注尺寸，顾及基坑放坡宽度，用特制的角尺放出基坑开挖边界，并撒出白灰线以便开挖。在进行柱基测设时，应注意柱列轴线不一定都是柱基中心线。而立模、吊装等均用中心线，此时应将柱列轴线平移，定出柱子中心线，量出基坑开挖边线，并撒上石灰线，便可以开挖。

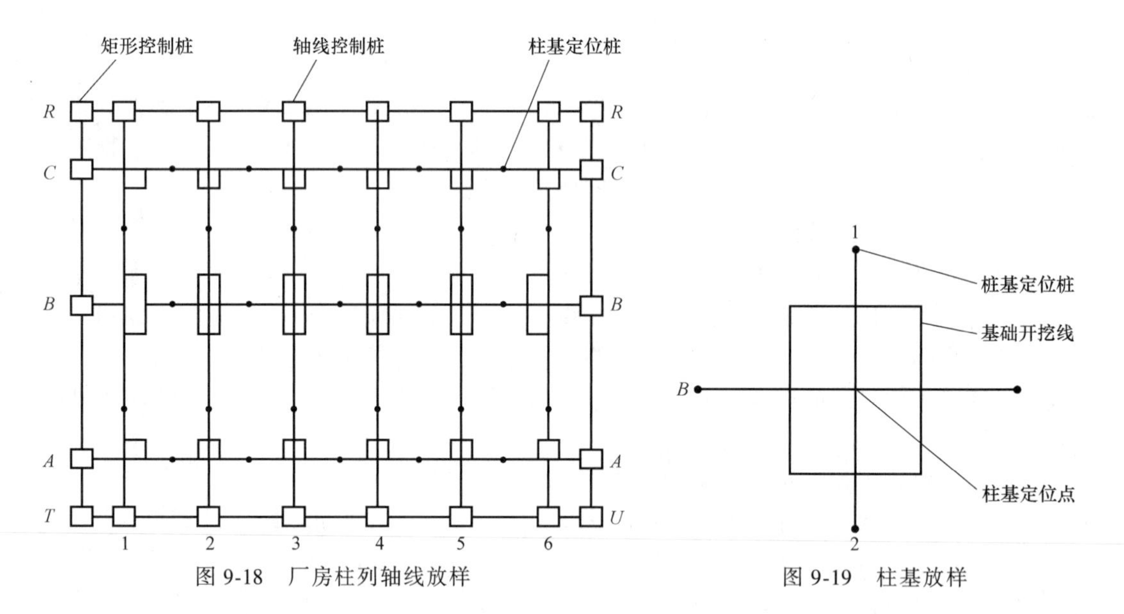

图 9-18 厂房柱列轴线放样　　图 9-19 柱基放样

3. 柱基施工测量

1）当基坑挖到接近设计标高时，应用全站仪或经纬仪在基坑四壁离坑底设计标高 0.5m 处测设几个水平控制桩，作为控制坑底标高的依据。

2）在基坑内测设垫层的标高，在坑底设置小木桩，使桩顶高程等于垫层的设计标高。

3）基础垫层浇注好后，根据柱列轴线桩用拉线的方法，用吊锤球把柱基中心轴线投到垫层上，并弹出墨线，用红漆画出标记，作为柱基立模和布置钢筋的控制线。

4）立模板时，将模板底边对准垫层上柱基中心轴线控制的模板定位线，并用锤球检查模板是否竖直，然后用全站仪或水准仪将柱基的设计标高测设到模板的内壁上。

4. 厂房预制构件安装测量

（1）柱子安装测量

吊装前的准备工作。

① 柱身弹线及投测柱列轴线。

a. 柱身弹线。柱子在吊装前，应先将每根柱子按轴线位置进行编号，并在柱身的三个侧面上弹出柱中心定位线，在每条线的上端和靠近杯口处画上小三角形“▶”标志，以供校正时照准。

b. 在杯形基础拆模以后，由柱列轴线控制桩用经纬仪把柱列轴线投测在杯口顶面上，并弹上墨线，用红漆“▶”画上标志，作为吊装柱子时确定轴线方向的依据。当柱列轴线不通过柱子中心线时，应在杯形基础顶面上加弹柱子中心线（图 9-20）。

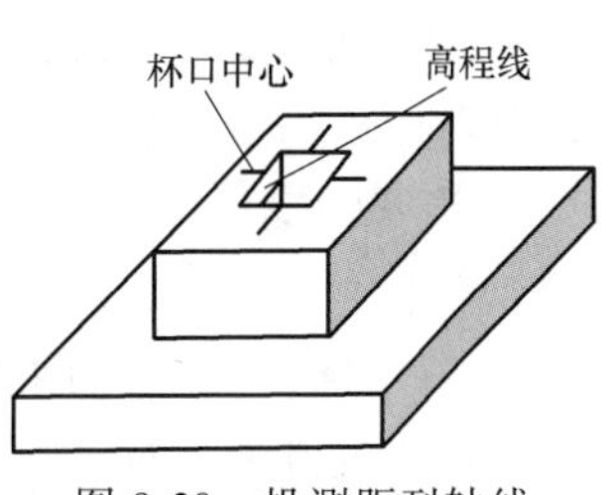

图 9-20 投测距列轴线

c. 在杯口内壁，用水准仪测设一条-0.500mm 标高线，并用“▼”表示。并用以检查杯底标高是否符合设计要求，然后根据厚度不同采用细石混凝土（厚度≥30mm）或 1∶2 水泥砂浆（厚度<30mm）在杯底找平。

② 柱子安装的精度要求。

a. 柱子中心线应与相应的柱列轴线保持一致，其允许偏差为±5mm。

b. 牛腿顶面及柱顶面的实际标高应与设计标高一致，其允许误差为：当柱高≤5m 时，不得大于±5mm；当柱高 > 5m 时，不得大于±8mm。

c. 柱身垂直允许误差：当柱高≤5m 时，不得大于±5mm；当柱高 5～10m 时，不得大于±10mm；当柱高超过 10m 时，限差为柱高的 1‰，但不得大于 20mm。

③ 柱子吊装时的测量工作。

a. 为了保证柱子的三维坐标符合设计要求，将柱子吊起使柱子中心线对准杯口中心线，然后放入柱基杯口中，用木楔或钢楔暂时固定，其偏差值不能超过±3mm。

b. 当柱子立稳后，立即用水准仪检测柱身上的±0.00m 标高线，是否符合设计要求，其允许误差为±3mm。

c. 柱身垂直度校正（图 9-21）：校正时，用两台经纬仪分别安置在相互垂直的柱列纵、横轴线上，距离柱子为柱高的 1.5 倍处，用望远镜照准部十字丝竖丝瞄准柱底中线，固定照准部后缓慢抬高望远镜，观测柱身上的中心标志或所弹的中心墨线，若与十字丝竖丝重合，则柱子在此方向是竖直的；若不重合，则应调整使柱子垂直，直到两台经纬仪的十字丝竖丝均与柱子中心线重合为止，然后在杯口与柱子的隙缝中浇灌混凝土，以固定柱子位置。

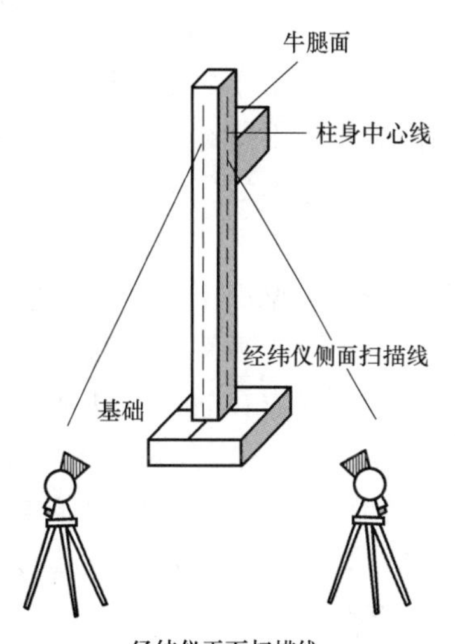

图 9-21 柱身垂直度校正

d. 为了适应现代化的施工，保证柱子吊装质量，通常把成排的柱子都竖起来，然后才进行校正。此时，经纬仪安置在轴线的一侧，一次可校正几根柱子，要求仪器偏离中心轴线 2m 以内，且视准轴与轴线的夹角在 15°以内。此时应注意要瞄准柱底中线。对于截面变化的柱子，其柱身中心标点不在同一面上，则应将仪器安置在纵、横轴线方向上分别进行校正。

④ 柱子垂直校正的注意事项。

a. 垂直校正柱子用的经纬仪必须经过鉴定，鉴定合格后才能使用。因为在校正柱子垂直时，往往只用盘左或盘右观测，仪器横轴不垂直于竖轴产生的误差对此产生很大影响。

b. 操作经纬仪时，应注意使照准部的水准管气泡严格居中。

c. 校正时，除注意柱子垂直度外，还应随时检查柱子中心线是否对准杯口柱列轴线标志，以防柱子吊装就位后，产生水平位移。

d. 当安装变截面的柱子时，经纬仪必须安置在轴线上进行垂直校正，否则容易产生差错。

e. 在日照下校正柱子的垂直度，必须考虑温度的影响。因为柱子受太阳照射后，阴面与阳面形成温度差，柱子会向温度较小的一面（阴面）弯曲，使柱顶产生水平位移，一般可达2~5mm，细长柱子可达30mm。故垂直校正工作宜在阴天或早、晚时进行。柱长小于9m时，一般不考虑温差影响

（2）吊车梁吊装测量

1）吊车梁吊装测量的主要控制工作。保证牛腿面上梁的中心线与吊车轨道的中心线在同一竖直面内，以及梁面标高与设计标高一致。

2）准备工作。用墨线弹出吊车梁中心线和吊车梁两端中心线，然后将吊车轨道中心线投到牛腿面上。

3）吊装测量。在地面上测设出与吊车梁中心线相平行距离为定值的吊装测量辅助线，将经纬仪安置于辅助线的一个端点，瞄准另一端点，仰起望远镜，即可将吊车梁中心线投测到每根柱子的牛腿面上并弹以墨线；最后，根据牛腿面上的中心线和梁端中心线，将吊车梁安装在牛腿上。

4）标高控制。吊车梁安装完后，应检查其标高，可将水准仪安置在吊车梁上，在柱子侧面测设+0.500m标高线，检查梁面标高是否正确，其误差应在±3mm，否则，在梁下用铁板垫块调整梁面标高，使之符合设计要求。

（3）吊车轨道安装测量

在安装吊车轨道前，须对梁上的中心线进行检测，此项检测方法与吊车梁吊装测量方法相同，采用平行线法。首先在地面上从吊车轨道中心线向厂房纵轴线内垂直方向量出长度，得平行线；然后安置经纬仪于平行线一端，瞄准另一端点，固定照准部，高起望远镜投测。在梁上扶尺人员移动横放的木尺，当视线对准尺子的米分划线时（平移尺寸），尺子的零点分划线应与梁面上的中心线重合。如不重合应予以改正，可用撬杠移动吊车梁，使吊车梁中心线间距等于平移尺寸为止。吊车轨道按中心线安装就位后，可将水准仪安置在吊车梁上，水准尺直接放在轨顶上进行检测，每隔2m测一点高程，与设计高程相比较，其误差应在±3mm以内。最后用钢尺检查吊车轨道间距，误差应在±3mm之内。

【例9-3】 图9-22为吊车梁及吊车轨道安装测量的例子，首先利用厂房中心线*A1A1*，根据设计轨道间距在地面上放样出吊车轨道中心线*A′A′*和*B′B′*。然后分别安置经纬仪于吊车中线的一个端点*A′*上，瞄准另一个端点*A′*，仰倾望远镜，即可将吊车轨道中线投测到每根柱子的牛腿面上并弹以墨线。吊装前，要检查预制柱、梁的施工尺寸以及牛腿面到柱底长度，看是否与设计要求相符，如不相符且相差不大时，可根据实际情况及时做出调整，确保吊车梁安装到位。吊装时使牛腿面上的中心线与梁端中心线对齐，将吊车梁安装在牛腿上。吊装完后，还需要检查吊车梁的高程，可将水准仪安置在地面上，在柱子侧面放样50cm的标高线，再用钢尺从该线沿柱子侧面向上量出到梁面的高度，检查梁面标高是否正确，然后在梁下用钢板调整梁面高程。

安装吊车轨道前，一般须先用平行线法对梁上的中心线进行检测。如图9-22所示，首

先在地面上从吊车轨道中心线向厂房中线方向量出长度 α（1m），得平行线 $A''A''$和 $B''B''$。然后安置经纬仪于平行线一端点 A''，上，瞄准另一端点，固定照准部，仰起望远镜进行投测。此时另一人在梁上移动横放的木尺，当视线正对准尺上一米刻划线时，尺的零点应与梁面上的中线重合。如不重合应予以改正，可用撬杠移动吊车梁，使瞄准6点吊车轨道中线到 $A''A''$（或 $B''B''$）的间距等于1m为止。

吊车轨道按中心线安装就位后，可将水准仪安置在吊车梁上，水准尺直接放在轨道顶上进行检测，每隔3m测一点高程，并与设计高程相比较，误差在3mm以内。还需要用钢尺检查两吊车轨道间的跨距，并与设计跨距相比较，误差在5mm以内。

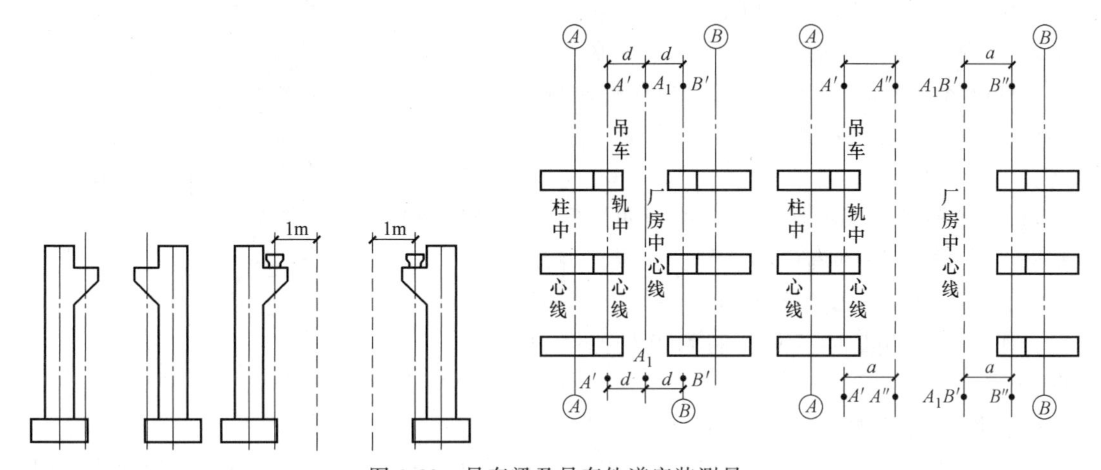

图9-22　吊车梁及吊车轨道安装测量

5. 烟囱、水塔施工测量

烟囱、水塔均是一种特殊构筑物，其特点是基础面积小，筒身长，抗倾覆性能差。因此不论是砖结构还是钢混结构，施工测量时必须严格控制筒身中心的垂直偏差，以保证烟囱的垂直度。当烟囱高度 $H>100$m 时，筒身中心线的垂直偏差应不超 $3H/10000$，烟囱圆环的直径偏差值不得大于30mm。

（1）烟囱的定位

1）施工以前，首先按施工平面图要求，根据场地平面控制网，在施工现场定出烟囱的中心点位置。

2）做出以中心点位置为交点的两条相互垂直的定位轴线。

3）在施工过程中检查烟囱的中心点位置，可在轴线上多设置几个控制桩，各控制桩到烟囱中心点的距离，视烟囱高度而定，一般为烟囱高度的1~1.5倍。

【例9-4】　图9-23为一烟囱的定位测量的例子，首先按设计要求，利用与已有控制点或建筑物的尺寸关系，在实地定出基础中心 O 的位置。在 O 点安置经纬仪，定出两条相互垂直的直线 AB、CD，使 A、B、C、D 各点至 O 点的距离为构筑物的1.5倍左右。另在离开基础开挖线外2m左右标定 E、G、F、H 四个定位小桩，使它们分别位于相应的 AB、CD 直线上。

以中心点 O 为圆心，以基础设计半径 r 与基坑开挖时放坡宽度 b 之和为半径（$R=r+\sigma$），在地面画圆，撒上灰线，作为开挖的边界线。

（2）基础施工测量

基坑的开挖方法依施工场地的实际情况及烟囱底部半径加上基坑放坡宽度而定。一般采用大开挖，其方法如下。

1）以烟囱的中心点位置为圆心以烟囱底部半径加上基坑放坡宽度为半径在地面上画圆，并撒灰线，以标明开挖边线。

2）在开挖边线外侧的定位轴线方向上加密四个定位控制桩，作为修复基础中心用。

3）当基坑挖快到设计标高时，采用水准仪按照水准测量原理在坑的四壁测设高程控制桩，作为检查基坑开挖深度和浇注钢筋混凝土垫层标高。

4）浇注钢筋混凝土时，根据加密四个定位控制桩，在基础垫层烟囱中心点处，埋设铁桩并用经纬仪把烟囱中心投到铁桩上，并刻上“+”字丝，作为筒身施工时竖向控制和半径控制的依据。

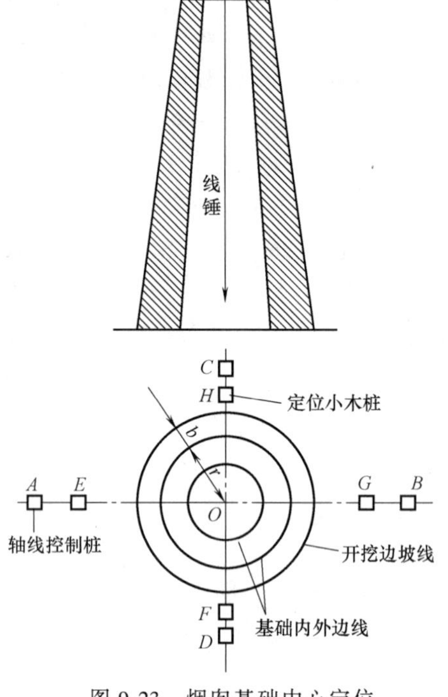

图 9-23　烟囱基础中心定位

（3）筒身施工测量

1）引测筒身中心线。在烟囱筒身施工中，必须每提升一次模板或施工作业面高度时，都要用吊线锤或激光铅垂仪，将烟囱中心垂直引测到施工的作业平面上，以此为依据，随时检查作业面的中心是否和构筑物的中心在同一铅垂线上。

2）方法。在施工作用面上设置吊线尺（图 9-24），吊线尺用长约等于烟囱筒脚直径的木方子制成，以中间为零点，向两头刻注厘米分划，吊线尺中心下用细钢丝悬吊 8~12kg 的垂球（重量依高度而定），逐渐移动木方，当垂球尖对准基础中心控制点时，固定横向方木，用一根带有刻度的旋转尺杆在作业面上检查施工的偏差，并在正确的位置上进行施工。

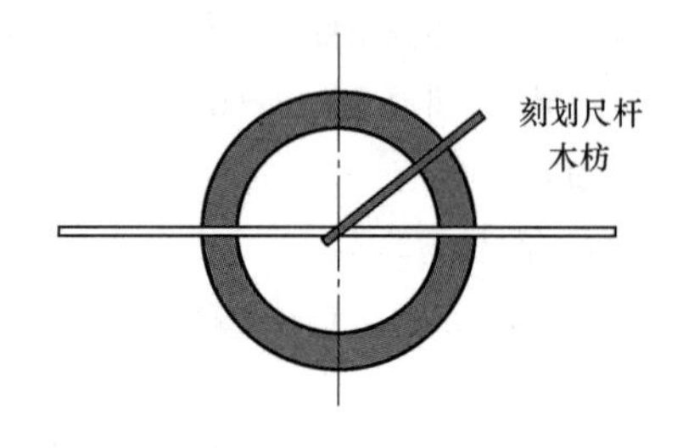

图 9-24　吊线尺

3）轴线控制。当筒体每升高 10m 左右，要用经纬仪检查一次。检查时把经纬仪安置在控制桩上，瞄准相应定位桩，把各轴线投测到施工面上并做标记，然后按标记拉两根小线绳，其交点即为烟囱中心点。定出中心点后，与垂球引测的中心点相比较，以作检核。如果有偏差，应立即纠正，无误后，方可继续施工。

4）中心点的控制。对高大的钢筋混凝土烟囱，采用激光铅垂仪进行烟囱垂直定位。定位时，将激光铅垂仪安置在烟囱底部的中心点标志上，在作业层平面中央安置接收靶，每次模板滑升前后各进行一次观测。观测人员根据在接收靶上得到滑模中心点对铅垂线的偏离进行调整滑模位置，以确保中心位置的正确。

5）测量仪器的检验和校正。在施工测量过程中要经常对仪器进行激光束的垂直度检验和校正，以保证施工质量。

6）筒体外壁坡度的控制。为了保证筒体坡度符合设计要求，一般采用收坡尺来检查外壁坡度，收坡尺的外形如图 9-25 所示，两侧的斜边是严格按设计的筒壁斜度制作的。使用时，把斜边贴靠在筒身外壁上，如垂球线恰好通过下端缺口，则说明筒壁的收坡符合设计要求。

7）筒体标高的控制。烟囱筒身标高测设是先用水准仪在烟囱外壁上测设出+0.5m 标高线（或任意整分米），然后从该标高线起，用钢尺竖直量距，以控制烟囱砌筑或钢筋混凝土浇注的高度。

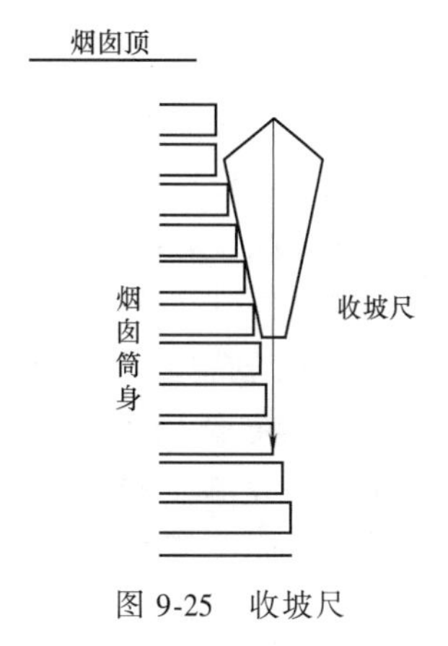

图 9-25　收坡尺

9.6.3　管道施工测量

1. 施工前的测量准备工作

1）施工前，要收集和熟悉管道测量所需的设计图纸等有关资料，了解管道与地下管网及其他建筑物的相互关系。认真核对设计图纸，特别是标高一定不能在交叉处出现矛盾现象；了解精度要求和工程进度安排等，还要深入施工现场，熟悉地形，找出交点桩、里程桩和 BM 水准点的位置。

2）恢复中线。若设计阶段在地面上标定的中线位置就是施工时所需要的中线位置，且各桩点保护完好，也要进行校核，无误后，方可使用；若有部分桩点丢、损或施工的中线位置有所变动，则应根据设计坐标采用全站仪重新测设新点并加以保护。

3）施工控制桩的测设。为了便于恢复管道的中线及其他构筑物的中点，在安全地方设置施工控制桩。

① 中线控制桩的测设。中线控制桩可设置在管道起止点和各转折点处的延长线上，如果管道直线比较长的情况下，可以在中线一侧的基坑边线外侧 1~2m 安全处设一排与中线平行的控制桩。

② 附属构筑物控制桩的设置。附属构筑物控制桩设置在管道中心线的垂直线上，恢复附属构筑物的位置时，通过两控制桩拉细线，细线与中线的交点即是。

③ 加密水准点。为了在施工过程中便于引测高程，应根据设计阶段布设的水准点，利用水准测量原理及等级要求，沿线附近每隔约 150m 增设临时水准点。

2. 地下管道施工测量

管道中线控制桩定出后，就可按设计的开槽宽度，在地面上钉上边桩，沿开挖边线撒出灰线，以作为开挖的界线，槽口开挖宽度，视管径大小、埋设深度以及土质情况确定。

1）坡度板法。坡度板是用来控制中线和构筑物平面位置、高程，沿中线每隔 10~20m 以及检查井处应各设置一块，并编桩号。中线测设时，根据中线控制桩，用全站仪或经纬仪将管道中线投测到坡度板上，并钉小钉标定其位置称其中线钉。各坡度板中线钉的连线向下的投影即为管道的中线。在连线上挂垂球，可将中线位置投测到管槽内，以控制管道中线。为了控制管槽开挖深度，应根据附近的水准点，用水准仪测出各坡度板顶的高程。根据管道设计的坡度，计算该处管道的设计高程。则坡度板顶与管道设计高程之差就是从坡度板顶向下开挖的深度，统称下返数。下返数往往不是一个整数，并且各坡度板的下返数都不一致，施工、检查很不方便。为使下返数成为一个整数 C，必须计算出每一坡度板顶向上或向下量的高差调整数 H。其公式为：

$$H = C - (H_1 - H_2) \tag{9-6}$$

式中 H_1——坡度板顶高程；

H_2——管底设计高程。

根据计算出的高差调整数 H，来控制管道坡度和高程，便可随时检查槽底是否挖到设计高程。如挖深超过设计高程，绝不允许回填土，只能加厚垫层。

2）平行轴腰桩法。当现场条件不便采用坡度板时，对精度要求较低的管道，可采用平行轴腰桩法测设施工控制标志。开挖之前，在管道中线一侧或两侧设置一排平行于管道中线的轴线桩，桩位应落在开挖槽边线以外，如图9-26所示。平行轴线桩离管道中心线为 a，各桩间距 20m 左右，各附属构筑物位也相应地在平行线上设桩。

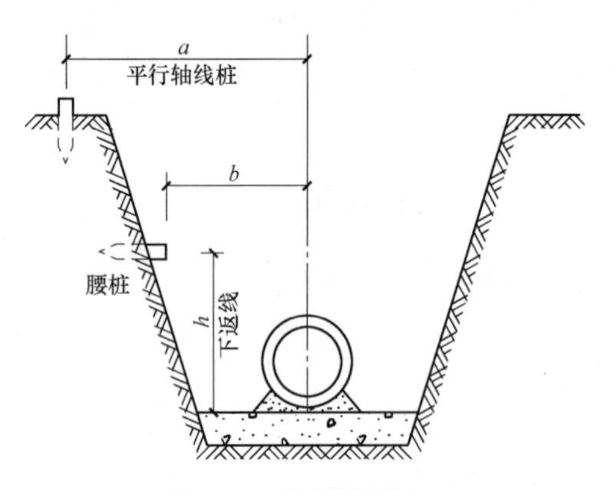

图 9-26　平行轴腰桩法

为了控制管底高程及管槽中心线，以地面上的平行轴线桩为依据，在高于槽底约 1m 左右的槽沟坡上打一排与平行轴线桩相对应的桩，它们与管道中线的距离为 b，这排桩称为腰桩，如图 9-26 所示：

用水准仪测设各腰桩的高程，腰桩高程到管底设计高程的差为下返数 h，施工时，便可检查是否挖到管底设计高程及是否偏离控制管道的中心线。

3. 架空管道施工测量

架空管道中心线的测设与地下管道相同。架空管道支架的基础开挖测量工作和基础模板的定位，与厂房柱子基础的测设工作相同。架空管道安装测量与厂房构件安装测量大致相同。每个支架的中心桩在开挖基础时均被挖掉，为此必须将其位置引测到互为垂直方向的四个定位桩上。根据定位桩就可确定开挖边线，进行基础施工。

4. 顶管施工测量

当地下管道需要穿越铁路、公路或重要建筑物时，为了保证正常的交通运输和避免重要建筑物拆迁，往往不允许从地表开挖沟槽，此时常采用顶管施工方法。这种方法是在管道两端事先挖好操作坑，在坑内安装导轨，将管筒放在导轨上，用顶镐将管筒沿中线方向顶入土中，然后将管内的土方挖出来。因此，顶管施工测量主要是控制好顶管的中线方向、高程和坡度。

1）中线测量。先挖好顶管工作坑，根据地面上测设的中心控制桩，用经纬仪将中心线引测到坑下，在坑底前后和坑壁设置中线标志，将经纬仪安置在靠近顶管工作坑后壁的中线点上，后视顶管工作坑前壁的中线点，则经纬仪视线的方向即为顶管的设计方向。在管顶内前端水平放置一把尺子，尺上标明中心点，该中心点与顶管中心一致。每顶进 0.4～1m 时，应用全站仪或经纬仪依据中心线对管顶进方向进行校正。如果使用激光经纬仪则沿中线发射一条可见光束，可以直接对管道顶进的方向进行校正。

2）高程测设。

① 在工作坑内设置临时水准点并将水准仪安置在工作坑内，以临时水准点为后视点，在管内待测点上竖一根小于管径的标尺为前视点，将所测得的高程与设计高程进行比较，即可得到顶管高程和坡度的校正数据。

② 在顶管施工过程中，为了保证施工质量，每顶进 0.5m，就需要进行一次中线测量和高程测量。距离小于 50m 的顶管，可按上述方法进行测设。当距离较长时，应分段施工，应每隔 100m 设置一个工作坑，采用对顶的施工方法，在贯通面上管子错口不得超过 25mm。若有条件，在顶管施工过程中，可采用激光经纬仪和激光水准仪进行红光导向，可直接控制管顶施工中的方向、高程和坡度。有利于加快施工进度，保证施工质量。

9.6.4　设备安装测量

1. 设备安装测量的内容

按照施工测量技术要求，将机械设备安放和固定在设计位置上，并对机械设备进行清洗、调整和试运转，使之具备投产或使用条件的施工过程，还包括接触轨（三轨）铺设测量或接触网安装测量、隔断门安装测量、行车信号、线路标志、站台及大厅装饰等安装测量。

2. 安装测量的目的

设备安装工艺过程中的重要工作是安装测量，它的目的是调整设备的中心线、平整度和标高，使三者的安装测量误差达到设备安装规范之内。

3. 安装基准线和基准点的确定

设备安装前应确定纵向和横向基准线（中心线）和基准高程点，作为设备定位的依据。

4. 安装基准线和基准点，应按下列程序进行确定。

1）采用经纬仪、水准仪检查原施工单位移交的基础结构的中心线或安装基准线及标高。其精度是否符合规范规定的要求，否则应协同相关单位予以校正。

2）根据已校正的中心线与标高点，测出基准线的端点和基准点的标高。

3）根据所测原施工单位移交的基准线和基准点，检查基础或结构相关位置、标高和距离等是否符合安装要求。平面位置安装基准线对基础实际轴线（如无基础时则与厂房墙或柱的实际轴线或边缘线）的距离偏差不得超过±15mm。如核对后需调整基准线或基准点时，应根据有关部门的正式决定来调整。

5. 平面安装基准线的设置形式

安装基准线一般都是采用直线来控制，根据两点决定一直线法则，只要定出两个基准中心线，就构成一条基准线了，平面安装基准线有纵横两条直线进行控制。

（1）基准线的形式

测定了基准中心点后，就可以根据点来放线。放出的线一般有下列几种形式：

1）画墨线法。在设备安装要求不高的地方采用木工通常用的这种方法。这种方法误差较大，一般在 2mm 以上，而且距离长时不容易划。

2）经纬仪投点。将经纬仪架设在一端点，后视另一点，仰起望远镜，用红铅笔在该直线上画点，点间的距离、部位可根据需要自己确定，此法精度高，速度快，适合现代化施工。

3）拉线法。拉线法是安装中放平面位置基准线常用的方法。

（2）拉线的工具和要求

1）拉线用的线一般采用钢丝，钢丝的直径可为0.3~0.8mm，视拉线的距离而定。线一般拉在空中，为了确定所拉线的位置，必须吊线锤才能保证精度。

2）吊线锤。线锤是定中心用的，轴线外系有细线，使线锤的锤尖对准中心点，然后进行引测。

3）线架。为固定所拉的线用的，线架在所拉线的两端。其形式可以是固定的，也可以是移动式的，只要稳固即可。线架上必须具备两个装置：一为拉紧装置，另一为调心装置，通过螺母螺杆的相对运动调整滑轮（线通过滑轮槽架设）的左右位置，以达到改变所拉线位置的目的。

（3）线与副线的检查

1）基准线的正交度检查对现场组装和连续生产线上的设备，应检查安装基准线的正交角正交度的容差在规范内。

2）副线的间距检查。当设备由若干部分组装时，测设若干副线。副线与基准线间距的测定容差应在规范内。

3）根据基准线与副线的端点投测中间点或挂线点的容差为±0.5mm。

6. 设备安装测量时，应记录安装测量数据，填写安装测量日志，并应将竣工图和测量数据等整理成册存档。

7. 设备安装期间设备标高基准点设置与沉降观测

（1）设备标高基准点设置

标高基准点的设置一般有两种方式：

1）简单的标高基准点作为独立设备安装基准点。可在设备基础或附近墙、柱上适当部位处分别用油漆画上标记，然后根据附近水准点（或其他标高起点）用水准仪测出各标记具体数值，并标明在标记附近。其标高的测定容差为±3mm，安装基准点多于一个时，其任意两点间高差的容差为1mm。

2）预埋标高基准点设置在设备连续生产线上时，应用钢制标高基准点，可采用直径为19~25mm杆长不小于50mm的铆钉，牢固地埋设在基础表面（应在靠近基础边缘处，不能在设备下面），钉的球形头露出基础表面10~14mm。

观测点埋设位置距离被测设备应尽量靠近，并且应设在容易测量的地方。相邻安装基准点高差的误差应在0.5mm以内。

（2）设备安装期间的沉降观测方法与要求

连续生产的设备基础，沉降观测采用二等水准测量方法。其要求应按下列规定进行：

1）水准测量所使用的仪器及水准尺，应符合下列规定：

① 水准仪视准轴与水准管轴的夹角：DS1型不应超过15″；DS3型不应超过20″。

② 水准尺上的米间隔平均长与名义长之差，对于因瓦水准尺，不应超过0.15mm；对于双面水准尺，不应超过0.5mm。

③ 二等水准测量采用补偿式自动安平水准仪时，其补偿误差$\Delta\alpha$不应超过0.2″。

2）水准点应选在土质坚硬、便于长期保存和使用方便的地点。墙水准点应选设于稳定的建筑物上，点位应便于寻找、保存和引测。

3）每隔适当距离埋设一个观测点（最好每一基础选一点），与起算水准点组成水准环线，往返各测一次，每次环形闭合差不应超过±0.5$n$mm（n为测站数），并进行平差计算。

4）对于埋设在基础上的观测点，在埋设之后就开始第一次观测，随后在设备安装期间应连续进行观测，连续生产线上的沉降应进行定期观测（一般每周观测一次），独立设备的观测点，沉降观测由安装工艺设计确定。

9.7　数据处理及竣工图

9.7.1　一般规定

1. 当建筑变形观测结束后，应依据测量误差理论和统计检验原理对获得的观测数据及时进行处理，计算变形量，必要时还应对观测点的变形进行几何分析，做出物理解释。

2. 建筑变形测量的计算和分析应符合以下规定。

（1）对各项观测数据，应进行认真的检查和验算，剔除超限的观测值，并对存在的系统误差进行补偿改正。

（2）对于多期观测成果，其平差计算应建立在一个统一的基准上。

（3）应根据平差计算结果，合理地评定观测成果的精度和质量。

（4）变形分析中，应合理地区分观测误差与变形信息。

（5）必要时，应根据多期成果，对变形状态和趋势做出合理的分析和预测。

3. 变形测量成果计算和分析中的数据取位应符合表9-13的规定。

表9-13　观测成果计算和分析中的数据取位要求

等级	角度/(″)	边长/mm	坐标/mm	高程/mm	沉降值/mm	位移值/mm
一、二级	0.01	0.1	0.1	0.01	0.01	0.1
三级	0.1	0.1	0.1	0.1	0.1	0.1

注：特级变形测量的数据取位，根据需要确定。

9.7.2　观测数据的验算与处理

1. 水准测量的验算项目与限差应符合的规定

1）按水准网环线闭合差w_i（mm）由式（9-7）计算每测站所测高差中数中误差m_w（mm）：

$$m_w = \pm\sqrt{\frac{1}{N}\left[\frac{ww}{n}\right]} \tag{9-7}$$

式中　N——水准环数；

n——各环线的测站数；

w——水准网环线闭合差。

计算所得的m_w值不得超过方案设计所选用变形测量等级所规定的精度要求（即测站高差中误差）。

2）按测段往返测高差不符值 Δi（mm）由式（9-8）计算每测站所测高差中数中误差 $m\Delta$（mm）：

$$m_{\mathrm{v}}=\pm\sqrt{\frac{1}{4N}\left[\frac{\Delta\Delta}{n}\right]} \tag{9-8}$$

式中　N——测段数；

n——各测段的测站数。

计算所得的 $m\Delta$ 值不应超过所选用变形测量等级所规定的精度要求（即测站高差中误差）的 1/2。

3）测段往返测高差不符值、附合线路或环线的闭合差，均不应超过 $\pm2.0m_0\sqrt{n}$ 。测段单程双测站所测高差的不符值不应超过 $\pm1.4m_0\sqrt{n}$。此处的 m_0 为相应等级的每测站高差中误差，n 为测站数。

2. 电子测距三角高程测量的验算项目与限差应符合的要求

1）每点设站对向观测时，每公里高差中误差的偶然中误差可根据在一测站同一方向两个不同目标高度上观测的两组垂直角观测值，按式（9-9）计算每公里高差中数的偶然中误差 $m\Delta_1$：

$$m\Delta_1=\pm\frac{1}{4}\sqrt{\frac{1}{N_1}\left[\frac{\Delta\Delta}{S^2}\right]} \tag{9-9}$$

式中　Δ——往测（或返测）时用观测的斜距和两组垂直角计算的两组高差之差单位为 mm；

N_1——对向观测的边数；

S——观测的边长，单位为 km。

2）中间设站时，两组高差中数的每公里偶然中误差 $m\Delta_2$ 按式（9-10）计算：

$$m\Delta_2=\pm\sqrt{\frac{1}{4N_2}\left[\frac{\Delta\Delta}{L^2}\right]} \tag{9-10}$$

式中　Δ——每一测站计算的两组高差之差，单位为 mm；

N_2——中间设站数；

L——每站前后视距之和，单位为 km。

3. 三角测量的验算项目与限差应符合的要求

1）测角网的三角形闭合差 $w('')$ 不应超过三角形最大闭合差，不应大于 $2\sqrt{3}m_\beta$ 导线测量每测站左、右角闭合差，不应大于 $2m_\beta$；导线的方位角闭合差，不应大于 $2\sqrt{n}m_\beta$（n 为测站数）。其测角中误差 m_β 应按式（9-11）计算：

$$m_\beta=\pm\sqrt{\left[\frac{ww}{3n}\right]} \tag{9-11}$$

式中　n——三角形个数。

计算所得的 m_β 值不应超过方案设计所选用的测角精度。

2）在测站上，按方向观测法所测一测回方向值中误差 m_a 与 n 个测回方向值中数中误差 M_a，应分别按式（9-12）和式（9-13）计算：

$$m_n=\pm\sqrt{\frac{[\sigma\sigma]}{t}} \tag{9-12}$$

$$M_a=\frac{m_a}{\sqrt{n}} \tag{9-13}$$

式中 $t=(n-1)(m-1)$

$$[\sigma\sigma]=[vv]-\frac{1}{m}\Sigma[v]^2$$

σ——各方向观测值与其平均值之差，单位为（″）；

m——方向数；

n——测回数。

4. 三边测量的验算项目和限差应符合的规定

边长用电子测距仪进行往返观测时，单位权中误差 μ 和任一边的实际测距中误差 m_{Di}，应分别按式（9-14）和（9-15）计算：

$$\mu=\pm\sqrt{\frac{p\Delta\Delta}{2n}} \tag{9-14}$$

$$m_{Di}=\pm\mu\sqrt{\frac{1}{p_i}} \tag{9-15}$$

式中 Δ——往、返测距离的差，单位为 mm；

n——测距的边数；

p_i——距离测量的先验权，令 $p_i=1/\sigma_{Di}^2$，σ_{Di}为任一边测距的先验中误差，按测距仪的标称精度计算。

当网中的边长相差不大时，可按式（9-16）计算平均测距中误差 m_{Di}。

$$m_{Di}=\pm\sqrt{\frac{[\Delta\Delta]}{2n}} \tag{9-16}$$

计算所得的 m_{Di}值不应超过方案设计所要求的测距中误差。

5. 导线测量的检验项目和限差应符合的要求

1）导线测站圆周角（左右角）闭合差 m_Σ，不应超过规程的规定限差。其测角中误差 m_β 应按式（9-17）计算：

$$m_\beta=\pm\sqrt{\frac{1}{N}\left[\frac{f_\beta f_\beta}{n}\right]} \tag{9-17}$$

式中 N——f_β 的个数；

n——计算 f_β 时的测站数。

计算所得的 m_β 值不应超过方案设计所要求的测角中误差。

2）导线边长用电磁波测距仪往返测的测距中误差 m_{Di}应按式（9-15）或式（9-16）计算。

6. 边长丈量的检验项目和限差应符合的要求

1）用因瓦尺丈量的全长中误差 m_Σ(mm) 应按式（9-18）计算：

$$m_\Sigma=\pm\sqrt{m_1^2+m_2^2+m_3^2+m_4^2} \tag{9-18}$$

式中 m_1——边长量线中误差，单位为 mm；

m_2——轴杆头水准测量所引起的误差，单位为 mm；

m_3——温度膨胀系数测定所引起的误差，单位为 mm；

m_4——标准长度误差所引起的误差，单位为 mm。

计算所得的 m_Σ 值不应大于方案设计要求的全长中误差。

2）用钢尺丈量的全长中误差 m_Σ(mm）应按式（9-19）计算：

$$m_\Sigma = \pm\sqrt{m_1^2+m_2^2+m_4^2} \tag{9-19}$$

计算所得的 m_Σ 值不应大于方案设计要求的全长中误差。

3）钢尺尺长检定中误差 m_j（mm）应按式（9-20）计算：

$$m_j = \pm\frac{\sqrt{m_\delta^2+m_L^2}}{n} \tag{9-20}$$

式中 m_δ——比长基线全长中误差，单位为 mm；

m_L——钢尺所量比长基线的名义长度中误差，单位为 mm；

n——尺段数。

计算所得的 m_j 值不应低于规程规定的有关检定精度。

7. GPS 观测基线向量的解算应符合的规定

1）基线解算前，应按规范、技术设计及时对外业全部资料全面检查和验收，并将外业观测的气象数据换算成适合于处理软件所需要的单位。当采用不同类型接收机时，应将观测数据转换成同一格式。

2）根据外业施测的精度要求和实际情况、软件的功能和精度，可采用多基线解或单基线解。解算时，每个同步观测图形只能选定一个起算点。当采用快速静态定位测量时，以观测单元为单位制定解算方案。

8. GPS 外业数据的检核应符合的规定

1）同一时段观测值的数据采用率，其值宜大于 80%。

2）特级基线外业预处理和一级以下各级 GPS 网基线处理，复测基线的长度较差 d_s，两两比较应满足式（9-21）的要求：

$$d_s \leqslant 2\sigma \tag{9-21}$$

式中 σ——相应级别规定的精度（按该级别固定误差、比例误差及实际平均边长计算的标准差，以下各式同）。

3）GPS 网所有的同步环闭合差，均应满足式（9-22）的要求：

$$\begin{aligned} W_X &\leqslant \sqrt{3}\sigma/5 \\ W_Y &\leqslant \sqrt{3}\sigma/5 \\ W_X &\leqslant \sqrt{3}\sigma/5 \end{aligned} \tag{9-22}$$

4）GPS 网外业基线预处理结果，其独立异步环或附合路线坐标闭合差应满足式（9-23）的要求：

$$\begin{aligned} W_X &\leqslant 2\sqrt{n}\sigma \\ W_Y &\leqslant 2\sqrt{n}\sigma \\ W_Z &\leqslant 2\sqrt{n}\sigma \\ W_S &\leqslant 2\sqrt{3n}\sigma \end{aligned} \tag{9-23}$$

9.7.3　观测结果的平差计算

1. 在检查和验算合格的基础上，应对变形观测数据进行平差计算。平差计算应使用严密的方法和经验证合格的软件系统来进行。

2. 变形测量平差计算应符合以下规定：

1）当基准点单独构网时，每期变形观测后，应利用其中稳定的基准点作为起算点对观测网进行平差计算。每次对基准点进行复测后，应对其单独进行平差计算。

2）当基准点与观测点统一构网时，每期变形观测后，应利用其中稳定的基准点对观测成果进行统一的平差计算。

3）基准点稳定性的检验应符合 10.5.1 变形分析第 2 条的规定。

4）对于单周期的建筑物主体和基础倾斜观测、单周期的挠度观测以及裂缝观测等，可按照《建筑变形测量规程》（JGJ 8—2016）的相应规定计算变形量。

3. 对于各类控制网，其平差计算的单位权中误差、最弱点高程或平面位置中误差、最弱高差或最弱边长中误差等应符合《建筑变形测量规程》（JGJ 8—2016）规定的相应等级的精度要求。

4. 对于 GPS 网，其平差应符合以下规定：

1）GPS 网无约束平差。

① 在基线向量检核符合要求后，以三维基线向量及其相应方差——协方差阵作为观测信息，以一个点的 WGS-84 系三维坐标作为起算依据，进行 GPS 网的无约束平差。无约束平差应提供各点在 WGS-84 系下的三维坐标，各基线向量三个坐标差观测值的改正数、基线长度、基线方位及相关的精度信息。

② 无约束平差中，基线向量的改正数绝对值（$V_{\Delta X}$、$V_{\Delta Y}$、$V_{\Delta Z}$）应满足式（9-24）。

$$
\begin{aligned}
V_{\Delta X} &\leqslant 3\sigma \\
V_{\Delta Y} &\leqslant 3\sigma \\
V_{\Delta Z} &\leqslant 3\sigma
\end{aligned}
\tag{9-24}
$$

式中，σ 为相应级别规定的精度（按该级别固定误差、比例误差及实际平均边长计算的标准差，以下各式同）。

2）GPS 网约束平差。

① 利用无约束平差后的可靠观测值，可选择在 WGS-84 坐标系、地方独立坐标系下进行三维约束平差或二维约束平差。平差中，对已知点坐标、已知距离和已知方位，可以强制约束，也可加权约束。

② 平差结果应输出在相应坐标系中的三维或二维坐标、基线向量改正数、基线边长、方位、转换参数及其相应的精度信息。

③ 约束平差中，基线向量的改正数与无约束平差结果的同名基线相应改正数的较差（$\mathrm{d}V_{\Delta X}$、$\mathrm{d}V_{\Delta Y}$、$\mathrm{d}V_{\Delta Z}$）应满足式（9-25）。

$$
\begin{aligned}
\mathrm{d}V_{\Delta X} &\leqslant 2\sigma \\
\mathrm{d}V_{\Delta Y} &\leqslant 2\sigma \\
\mathrm{d}V_{\Delta Z} &\leqslant 2\sigma
\end{aligned}
\tag{9-25}
$$

否则，认为作为约束的已知坐标、已知距离、已知方向中存在一些误差较大的值应采用自动或人工的方法剔除这些误差较大的约束值，直至上式满足。

9.7.4 竣工图编制

1. 总平面及交通运输竣工图

1）应绘出地面的建筑物、构筑物、公路、铁路、地面排水沟渠、树木绿化等设施。

2）矩形建筑物、构筑物在对角线两端外墙轴线交点，应注明2点以上坐标。

3）圆形建筑物、构筑物，应注明中心坐标及接地外半径。

4）所有建筑物都应注明室内地坪标高。

5）公路中心的起终点、交叉点，应注明坐标及标高，弯道应注明交角、半径及交点坐标，路面应注明材料及宽度。

6）铁路中心线的起终点、曲线交点，应注明坐标，在曲线上应注明曲线的半径、切线长、曲线长、外矢矩、偏角等元素；铁路的起终点、变坡点及曲线的内轨轨面应注明标高。

2. 给水、排水管道竣工图

1）给水管道。应绘出地面给水建筑物、构筑物及各种水处理设施。在管道的结点处，当图上按比例绘制有困难时，可用放大详图表示。管道的起终点、交叉点、分支点，应注明坐标；变坡处应注明标高；变径处应注明管径及材料；不同型号的检查井，应绘详图。

2）排水管道。应绘出污水处理构筑物、水泵站、检查井、跌水井、水封井、各种排水管道、雨水口、排出水口、化粪池以及明渠、暗渠等。检查井应注明中心坐标、出入口管底标高、井底标高、井台标高。管道应注明管径、材料、坡度。对不同类型的检查井应绘出详图。此外，还应绘出有关建筑物及铁路、公路。

3. 动力、工艺管道竣工图

1）应绘出管道及有关的建筑物、构筑物，管道的交叉点、起终点，应注明坐标及标高、管径及材料。

2）对于地沟埋设的管道，应在适当地方绘出地沟断面，表示出沟的尺寸及沟内各种管道的位置。此外，还应绘出有关的建筑物、构筑物及铁路、公路。

4. 输电及通信线路竣工图

1）应绘出总变电所、配电站、车间降压变电所、室外变电装置、柱上变压器、铁塔、电杆、地下电缆检查井等。

2）通信线路应绘出中继站、交接箱、分线盒（箱）、电杆、地下通信电缆入孔等。

3）各种线路的起终点、分支点、交叉点的电杆应注明坐标；线路与道路交叉处应注明净空高。

4）地下电缆应注明深度或电缆沟的沟底标高。

5）各种线路应注明线径、导线数、电压等数据，各种输变电设备应注明型号、容量。

6）应绘出有关的建筑物、构筑物及铁路、公路。

5. 综合管线竣工图

1）应绘出所有的地上、地下管道，主要建筑物、构筑物及铁路、道路。

2）在管道密集处及交叉处，应用剖面图表示其相互关系。

3）其他工程的竣工总图，应按该工程的要求编绘。

第10章 Chapter 10 建筑物变形测量

10.1 建筑物变形测量概述

10.1.1 建筑物变形测量规程的概念

随着国民经济及社会的快速发展，我国城市化进程越来越快，大型及超大型建筑越来越多，城市建筑向高空和地下两个空间方向拓展，往往要在狭窄的场地上进行深基坑的垂直开挖。在开挖过程中，周围高大建筑物以及深基坑土体自身的重力作用，使得土体自身及其支护结构产生失稳、裂变、坍塌等，从而对周围建筑物及地基产生影响；另外，随着建筑施工过程中荷载的不断增加，会使深基坑从负向受压变为正向受压，进而对正在施工的建筑物自身下沉和周围建筑物及地基产生影响。因此，在深基坑开挖和施工中，都应对深基坑的支护结构和周边环境进行变形监测。

建筑物在施工过程中，随着荷载的不断增加，不可避免地会产生一定量的沉降。沉降量在一定范围内是正常的，不会对建筑物安全构成威胁，超过一定范围即属于沉降异常。其一般表现形式为沉降不均匀、沉降速率过快及累计沉降量过大。

建筑物沉降异常是地基基础异常变形的反映，会对建筑物的安全产生严重影响，或使建筑物产生倾斜，或造成建筑物开裂，甚至造成建筑物整体坍塌。因此，在建筑施工过程中和建筑物最初交付的使用阶段，定期观测其沉降变化是非常重要的。当建筑物主体结构差异沉降过大时，还要对其进行倾斜观测和挠度观测。

变形测量就是对建（构）筑物及其地基或一定范围内岩体和土体的变形（包括水平位移、沉降、倾斜、挠度、裂变等）所进行的测量工作。变形测量的意义是，通过对变形体的动态监测，获得精确的观测数据，并对监测数据进行综合分析，及时对基坑或建筑物施工过程中的异常变形可能造成的危害做出预报，以便采取必要的技术措施，避免造成严重后果，这就需要采取支护结构对基坑边坡土体加以支护，了解变形的机理对下一阶段的设计和施工具有指导意义。

10.1.2 变形测量的特点与技术要求

在建筑物主体结构施工中，变形测量的主要内容是建筑物的沉降、倾斜、挠度和裂缝观测。在深基坑施工中，变形测量的内容主要包括：支护结构顶部的水平位移监测；支护结构沉降监测；支护结构倾斜观测；邻近建筑物、道路、地下管网设施的沉降、倾斜和裂缝监测。

变形监测要求及时对观测数据进行分析判断，对深基坑和建筑物的变形趋势做出评价，起到指导安全施工和实现信息施工的重要作用。

变形测量应遵照《建筑变形测量规范》（JGJ8—2016）开展工作。

变形测量按不同的工程要求分为四个等级。现将主要精度要求列入表 10-1 中。

表 10-1　变形测量的等级划分及精度要求

变形测量等级	垂直位移测量		水平位移测量	适用范围
	变形点高程中误差/mm	相邻变形点高差中误差/mm	变形点的点位中误差/mm	
一等	±0. 3	±0. 1	±1. 5	变形特别敏感的高层建筑、高耸构筑物、工业基础、重要古建筑、精密工程设施等
二等	±0. 5	±0. 3	±3. 0	变形比较敏感的高层建筑、高耸构筑物、古建筑、重要工程设施和重要建筑场地的滑坡监测等
三等	±10	±0. 5	±6. 0	一般性的高层建筑、高耸构筑物、工业建筑、滑坡监测等
四等	±2. 0	±1. 0	±12. 0	观测精度要求较低的建筑物、构筑物和滑坡监测等

10. 2　沉降观测

10. 2. 1　建筑物沉降观测

1. 建筑物沉降观测应测定建筑物及地基的沉降量、沉降差和沉降速度，并计算基础倾斜、局部倾斜、相对弯曲和构件倾斜。

2. 沉降观测点的布设应能全面反映建筑物及地基变形特征，并顾及地质情况和建筑结构特点。点位宜选设在下列位置：

（1）建筑物的四角、大转角处和沿外墙每 10~15m 处或每隔 2~3 根柱基上。

（2）高低层建筑物、新旧建筑物、纵横墙等交接处的两侧。

（3）建筑物裂缝和沉降缝两侧、基础埋深相差悬殊处、人工地基与天然地基接壤处、不同结构的分界处和填挖方分界处。

（4）宽度大于或等于 15m 或小于 15m 而地质复杂以及膨胀土地区的建筑物，在承重内隔墙中部设内墙点，在室内地面中心及四周设地面点。

（5）邻近堆置重物处、受振动有显著影响的部位及基础下的暗浜（沟）处。

（6）框架结构建筑物的每个或部分柱基上或沿纵横轴线设点。

（7）筏形基础、箱形基础底板或接近基础的结构部分之四角处及其中部位置。

（8）重型设备基础和动力设置基础的四角、基础型式或埋深改变处以及地质条件变化处两侧。

（9）电视塔、烟囱、水塔、油罐、炼油塔、高炉等高耸建筑物，沿周边在与基础轴线相交的对称位置上布点，点数不少于 4 个。

3. 沉降观测的标志可根据不同的建筑结构类型和建筑材料，采用墙（柱）标志、基础标志和隐蔽式标志等形式。各类标志的立尺部位应加工成半球形或有明显的凸出点，并涂上防腐剂。标志的埋设位置应避开如雨水管、窗台线、暖气片、暖水管、电气开关等有碍设标与观测的障碍物，并应视立尺需要离开墙（柱）面和地面一定距离。隐蔽式沉降观测点标志的形式可按图10-1规格埋设。当采用静力水准测量方法进行沉降观测，观测标志的形式及其埋设，应根据采用的静力水准仪的型号、结构、读数方式以及现场条件确定。标志的规格尺寸设计，应符合仪器安置的要求。

沉降观测点标志的形式如下。

（1）隐蔽式沉降观测标志应按图10-1、图10-2或图10-3的规格埋设。

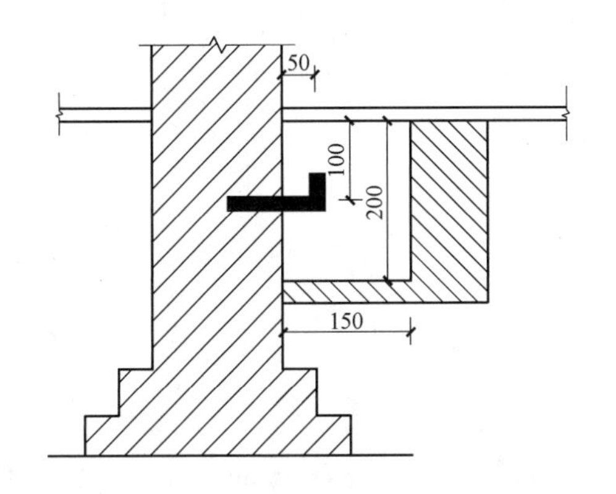

图10-1　窨井式标志（适用于建筑物内部埋设）

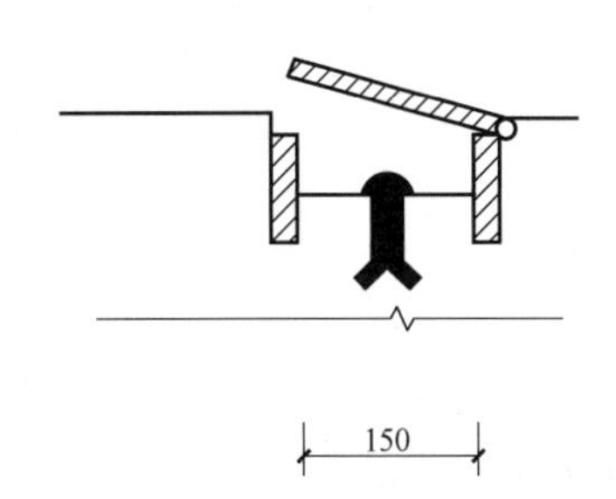

图10-2　盒式标志（适用于设备基础上埋设）

（2）基坑回弹标志的埋设，可按下列步骤与要求进行：

1）辅助杆压入式标志应按图10-4所示埋设，其步骤应符合下列要求：

① 回弹标志的直径应与保护管内径相适应，可取长约20cm的圆钢一段，一端中心加工成半球状（$r = 15 \sim 20$mm），另一端加工成楔形。

② 钻孔可用小口径（如127mm）工程地质钻机，孔深应达孔底设计平面以下数厘米。孔口与孔底中心偏差不宜大于3/1000，并应将孔底清除干净。

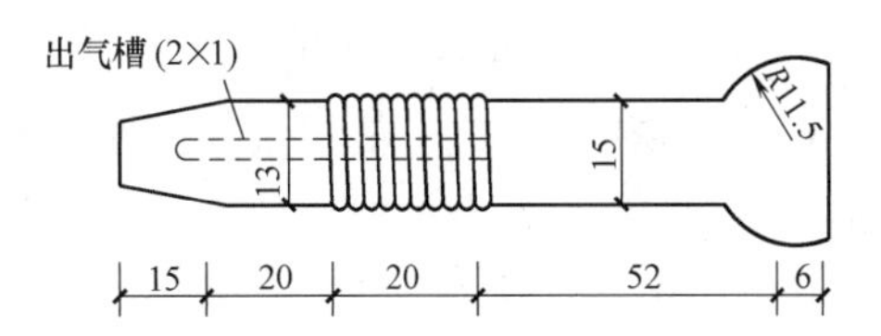

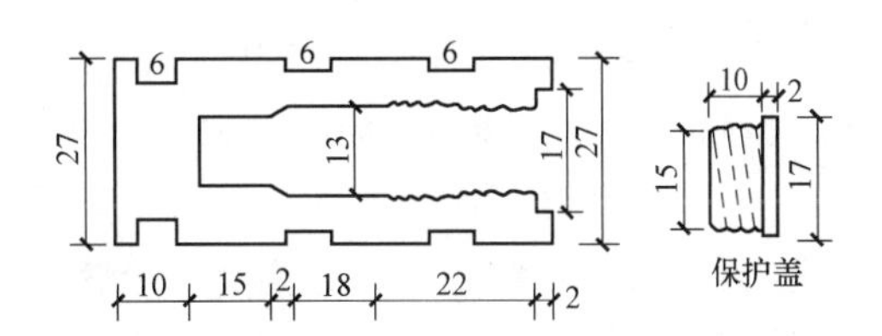

图10-3　螺栓式标志（适用于墙体埋设）

③ 图10-4a为回弹标落底。应将回弹标套在保护管下端顺孔口放入孔底。

④ 图10-4b为利用辅助杆将回弹标压入孔底。不得有孔壁土或地面杂物掉入，应保证观测时辅助杆与标头严密接触。

⑤ 图10-4c为观测前后示意图。先将保护管提起约10cm，在地面临时固定，然后将辅助杆立于回弹标头即行观测。测毕，将辅助杆与保护管拔出地面，先用白灰回填约厚50cm，再填素土至填满全孔，回填应小心缓慢进行，避免撞动标志。

2）钻杆送入式标志应采用图10-5的形式，其埋设应符合下列要求：

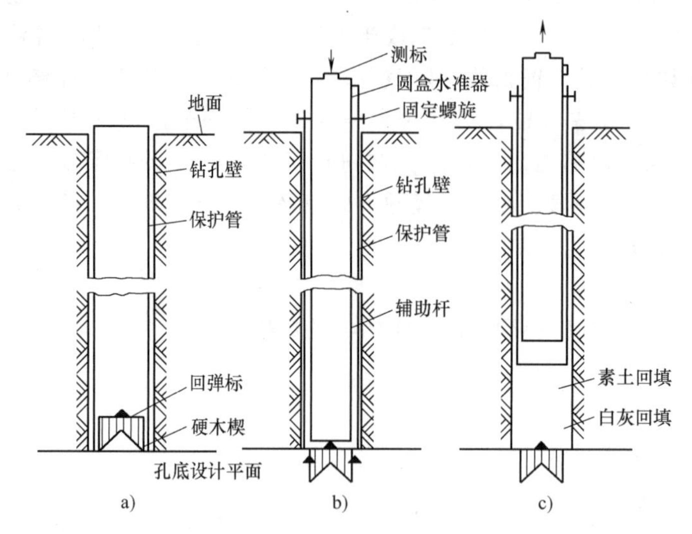

图 10-4　辅助杆压入式标志

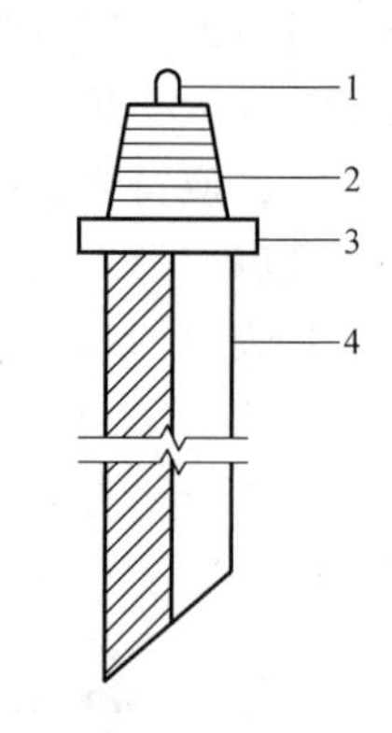

图 10-5　钻杆送入式标志
1—标头　2—连接钻杆反丝扣
3—连接圆盘　4—标身

① 标志的直径应与钻杆外径相适应。标头可加工成 ϕ20mm 高 25mm 的半球体；连接圆盘可用 ϕ100mm、厚 18mm 钢板制成；标身可由断面尺寸为 50mm×50mm×5mm、长 400~500mm 的角钢制成，图 10-5 所示四部分应焊接成整体。

② 钻孔要求与埋设辅助杆压入式标志相同。

③ 当用磁锤观测时，孔内应下套管至基坑设计标高以下，提出钻杆卸下钻头，换上标志打入土中，使标头进至低于坑底面 20~30cm 以防开挖基坑时被铲坏。然后，拧动钻杆使与标志自然脱开，提出钻杆后即可进行观测。

④ 当用电磁探头观测时，在上述埋标过程中可免除下套管工序，直接将电磁探头放入钻杆内进行观测。

（3）直埋式标志可用于浅基坑（深度在 10m 内）配合探井成孔使用。标志可用一段 ϕ20~24mm、长约 400mm 的圆钢或螺纹钢制成，一端加工成半球状，另一端锻成尖状。探井口径要小，直径不应大于 1m，挖深应至基坑底部设计标高以下约 10cm 处，标志可直接打入至其顶部低于坑底设计标高数厘米为止，即可观测。

地基土分层沉降观测标志的埋设，可按下列步骤与要求进行：

1）测标式标志应按图 10-6 所示埋设，其步骤应符合下列要求：

① 测标长度应与点位深度相适应，顶端应加工成半球形并露出地面，下端为焊接的标脚，埋设于预定的观测点位置。

② 钻孔时，孔径大小应符合设计要求，并须保持孔壁铅垂。

③ 图 10-6a 为在钻孔中下标志，下标志时须用活塞将套管（长约 50mm）和保护管挤紧。

④ 图 10-6b 为标志落底。测标、保护管和套管三者应整体徐徐放入孔底，如钻孔较深（即测杆较长），应在测标与保护管之间加入固定滑轮，避免测标在保护管内摆动。

⑤ 图 10-6c 为用保护管压标脚入土示意图。整个标脚应压入孔底面以下，如遇孔底土质坚硬，可用钻机钻一小孔后再压入标脚。

⑥ 图 10-6d 为保护管的提升、定位示意图。标志埋好后，用钻机卡住保护管提起 30～50cm，即在提起部分和保护管与孔壁之间的空隙内灌砂，以提高标志随所在土层活动的灵敏性。最后，用定位套箍将保护管固定在基础底板上，用以保护管测头随时检查保护管在观测过程中有无脱落情况。

2）磁铁环式标志应按图 10-7 所示设置，并符合下列要求：

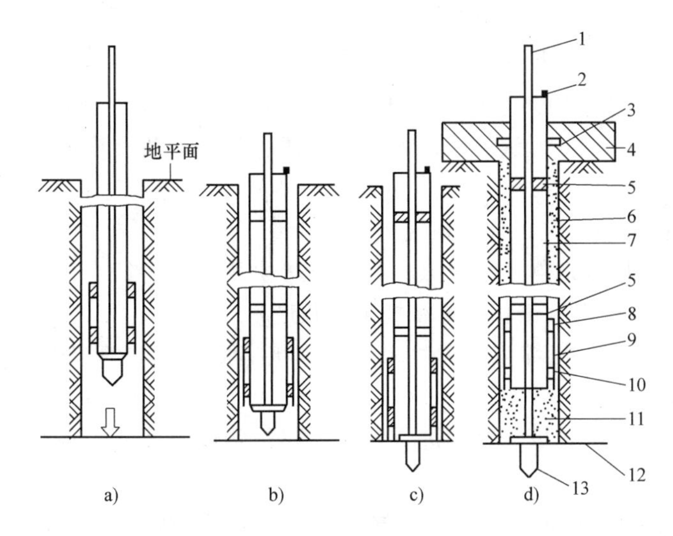

图 10-6　测标式标志埋设步骤

1—测标　2—保护管测头　3—定位套管　4—基础底板　5—滑轮　6—钻孔壁　7—保护管　8—上塞线　9—套管　10—下塞线　11—灌砂　12—埋土层底面　13—标脚

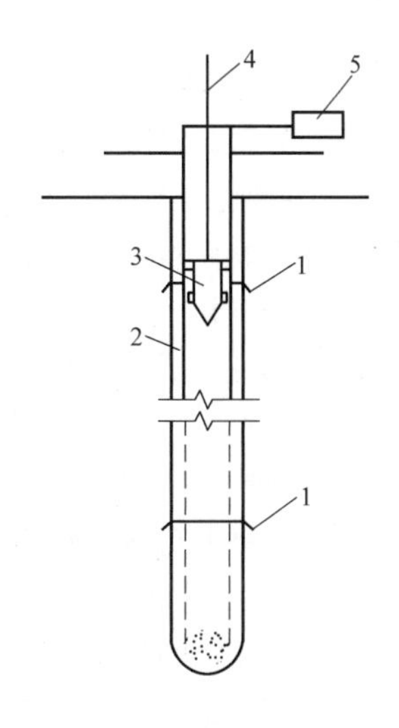

图 10-7　磁铁环式标志设置

1—磁铁环　2—保护管　3—探测头　4—钢尺　5—指示器

① 钻孔要求与埋设测标式标志相同。遇到土质松软的地层，应下套管或用泥浆护壁。

② 成孔后，将保护管放入，保护管可逐节连接直至预定的最低部观测点位置。然后稍许拔起套管，在保护管与孔壁间用膨胀黏土球填充，并捣实。

③ 用专用工具将磁铁环套在保护管外送至填充的黏土面上，用力压环，迫使环上的三角爪插入土中。然后，将套管拔到上一预埋磁铁环的深度，并用膨胀黏土球填充钻孔，按上述方法埋设第二个磁铁环。按此进行直至完成最上土层的磁铁环埋设。

④ 在淤泥地层内埋设时，应另行设计标志规格，可采用其密度与泥土相当的捆扎泡沫塑料铁皮环形标志。

（4）沉降观测点的施测精度应按《建筑变形测量规范》（JGJ 8—2016）的规定确定。未包括在水准线路上的观测点，应以所选定的测站高差中误差作为精度要求施测。

（5）沉降观测的周期和观测时间应按下列要求并结合实际情况确定：

1）建筑物施工阶段的观测，应随施工进度及时进行。一般建筑可在基础完工后或地下室砌完后开始观测，大型、高层建筑可在基础垫层或基础底部完成后开始观测。观测次数与间隔时间应视地基与加荷情况而定，民用建筑可每加高 1～5 层观测一次，工业建筑可按不同施工阶段（如回填基坑、安装柱子和屋架、砌筑墙体、设备安装等）分别进行观测。如建筑物均匀增高，应至少在增加荷载的25%、50%、75%和100%时各测一次。施工过程中如暂停工，在停工时及重新开工时应各观测一次。停工期间可每隔2~3个月观测一次。

2）建筑物使用阶段的观测次数，应视地基土类型和沉降速度大小而定。除有特殊要求者外，可在第一年观测3~4次，第二年观测2~3次，第三年后每年观测1次，直至稳定为止。

3）在观测过程中，如有基础附近地面荷载突然增减、基础四周大量积水、长时间连续降雨等情况，均应及时增加观测次数。当建筑物突然发生大量沉降、不均匀沉降或严重裂缝时，应立即进行逐日或几天一次的连续观测。

4）沉降是否进入稳定阶段应由沉降量与时间关系曲线判定。对一级工程，若最后三个周期观测中每周期沉降量不大于$2\sqrt{2}$倍测量中误差可认为已进入稳定阶段。对其他等级观测工程，若沉降速度小于0.01~0.04（mm/d）可认为已进入稳定阶段，具体取值宜根据各地区地基土的压缩性确定。

（6）沉降观测点的观测方法和技术要求应符合下列规定：

1）对二级、三级观测点，除建筑物转角点、交接点、分界点等主要变形特征点外，可允许使用间视法进行观测，但视线长度不得大于相应等级规定的长度。

2）观测时，仪器应避免安置在有空气压缩机、搅拌机、卷扬机等振动影响的范围内，塔式起重机等施工机械附近也不宜设站。

3）每次观测应记载施工进度、增加荷载量、仓库进货吨位、建筑物倾斜裂缝等各种影响沉降变化和异常的情况。

（7）每周期观测后，应及时对观测资料进行整理，计算观测点的沉降量、沉降差以及本周期平均沉降量和沉降速度。根据需要，可按下列公式计算变形特征值：

1）基础倾斜α：

$$\alpha=(S_i-S_j)/L \tag{10-1}$$

式中 S_i——基础倾斜方向端点i的沉降量，单位为mm；

S_j——基础倾斜方向端点j的沉降量，单位为mm；

L——基础两端点（i，j）间的距离，单位为mm。

2）基础局部倾斜α：

按式（10-1）计算。但此时，取砌体承重结构沿纵墙6~10m内基础上两观测点（i，j）的沉降量为S_i、S_j，两点（i，j）间的距离为L。

3）基础相对弯曲f_c：

$$f_c=[2S_k-(S_i+S_j)]/L \tag{10-2}$$

式中 S_k——基础中点k的沉降量，单位为mm；

S_i、S_j——基础端点i、j的沉降量，单位为mm；

L——i与j点间的距离，单位为mm。

注：弯曲量以向上凸起为正，反之为负。

4）柱基间起重机轨道等构件的倾斜：

按式（10-1）计算。

（8）观测工作结束后，应提交下列成果：

1）沉降观测成果表。

2）沉降观测点位分布图及各周期沉降展开图。

3）u-t-s（沉降速度-时间-沉降量）曲线图。

4）p-t-s（荷载-时间-沉降量）曲线图（可视需要提交）。

5）建筑物等沉降曲线图。

6）沉降观测分析报告。

10.2.2　基坑回弹观测

1. 基坑回弹观测应测定深埋大型基础在基坑开挖后，由于卸除基坑土自重而引起的基坑内外影响范围内相对于开挖前的回弹量。

2. 布设回弹观测点位，应根据基坑形状及地质条件以最少的点数能测出所需各纵横断面回弹量为原则，并符合以下规定：

（1）对于矩形基坑，应在基坑中央纵（长边）、横（短边）轴线上布设，其间隔纵向每8～10m、横向每3～4m布设一点。对其他图形不规则的基坑，可与设计人员商定。

（2）基坑外的观测点，应在所选坑内方向线的延长线上距基坑深度1.5～2倍距离内布置。

（3）当所选点位遇到旧地下管道或其他构筑物时，可将观测点移至与之对应方向线的空位上。

（4）在基坑外相对稳定且不受施工影响的地点，应选设工作基点及为寻找标志用的定位点。

3. 回弹标志应埋入基坑底面以下20～30cm，根据开挖深度和地层土质情况，可采用钻孔法或探井法埋设。根据埋设与观测方法，可采用辅助杆压入式、钻杆送入式或直埋式标志。回弹标志的埋设可按本节相关规定执行。

4. 回弹观测的精度可按《建筑变形测量规范》（JGJ 8—2016）规定以给定或预估的最大回弹量为变形允许值进行估算后确定，但最弱观测点相对邻近工作基点的高差中误差不得大于±1.0mm。

5. 回弹观测路线应组成起讫于工作基点的闭合或附合路线。

6. 回弹观测不应少于3次，其中第一次应在基坑开挖之前，第二次在基坑挖好之后，第三次在浇筑基础混凝土之前。当基坑挖完至基础施工的间隔时间较长时，亦应适当增加观测次数。

7. 基坑开挖前的回弹观测，宜采用几何水准测量配以铅垂钢尺读数的钢尺法。较浅基坑的观测，可采用几何水准测量配辅助杆垫高水准尺读数的辅助杆法。观测设备与作业应符合以下规定：

（1）钢尺在地面的一端，应用三脚架、滑轮和重锤牵拉。在孔内的一端，应配以能在读数时准确接触回弹标志头的装置。观测时可配挂磁锤。当基坑较深、地质条件复杂时，可用电磁探头装置观测。当基坑较浅时，可用挂钩法，此时标志顶端应加工成弯钩状。

（2）辅助杆宜用空心两头封口的金属管制成，顶部应加工成半球状，并于顶部侧面安置圆盒水准器，杆长以放入孔内后露出地面20～40cm为宜。

（3）测前与测后应对钢尺和辅助杆的长度进行检定。长度检定中误差不应大于回弹观测站高差中误差的1/2。

(4) 每一测站的观测可按先后视水准点上标尺面，再前视孔内尺面的顺序进行，每组读数 3 次，以反复进行两组作为一测回。每站不应少于两测回，并同时测记孔内温度。观测结果应加入尺长和温度的改正。

8. 基坑开挖后的回弹观测，可先在坑底一角埋设一个临时工作点，使用与基坑开挖前相同的观测设备和方法，将高程传递到坑底的临时工作点上。然后细心挖出各回弹观测点，按所需观测精度，用几何水准测量方法测出各观测点的标高。为了防止回弹点被破坏，应挖见一点测一点，当全部点挖见后，在统一观测一次。

9. 观测工作结束后，应提交下列成果：

(1) 回弹观测点位平面布置图。

(2) 回弹量纵、横断面图。

(3) 回弹观测成果表。

10.2.3 基础土分层沉降观测

1. 分层沉降观测应测定高层和大型建筑物地基内部各分层土的沉降量、沉降速度以及有效压缩层的厚度。

2. 分层沉降观测点应在建筑物地基中心附近约 2m 见方或各点间距不大于 50cm 的较小范围内，沿铅垂线方向上的各层土内布置。点位数量与深度应根据分层土的分布情况确定，每一土层应设一点，最浅的点位应在基础底面下不小于 50cm 处，最深的点位应在超过压缩层理论厚度处或设在压缩性低的砾石或岩石层上。

3. 分层沉降观测标志的埋设应采用钻孔法，埋设要求可按本书第 10.2.2 节的规定执行。

4. 分层沉降观测精度可按分层沉降观测点相对于邻近工作基点（基准点）的高差中误差不大于±1.0mm 的要求设计确定。

5. 分层沉降观测应按周期用精密水准仪测出各标顶的高程，计算出沉降量。

6. 分层沉降观测应从基坑开挖后基础施工前开始，直至建筑物竣工后沉降稳定时为止。观测周期可参照本书第 10.2.2 节建筑物沉降观测的规定确定。首次观测应至少在标志埋好 5d 后进行。

7. 观测工作结束后，应提交下列成果：

(1) 分层标点位置图。

(2) 分层沉降观测成果表。

(3) 各土层 p-s-z（荷载–沉降–深度）曲线图（可视需要提交）。

10.2.4 建筑场地沉降观测

1. 建筑场地沉降观测应分别测定建筑物相邻影响范围内的相邻地基沉降与建筑物相邻影响范围外的场地地面沉降。

2. 建筑场地沉降点位的选择应符合如下规定：

1) 相邻地基沉降观测点可选在建筑物纵、横轴线或边线的延长线上，亦可选在通过建筑物重心轴线的延长线上。其点位间距应视基础类型、荷载大小及地质条件以能测出沉降的零点线为原则进行确定。点位可在以建筑物基础深度 1.5~2.0 倍距离为半径的范围内，由外墙附近向外由密到疏布设。

2）场地地面沉降观测点，应在相邻地基沉降观测点布设线路之外的地面上均匀布点。具体可根据地质地形条件选用平行轴线方格网法、沿建筑物四角辐射网法或散点法布设。

3. 建筑场地沉降点标志的类型及埋设应符合如下规定：

1）相邻地基沉降观测点标志可分为用于监测安全的浅埋标与用于结合科研的深埋标两种。浅埋标可采用普通水准标石或用直径25cm左右的水泥管现场浇筑，埋深1~2m；深埋标可采用内管外加保护管的标石形式，埋深应与建筑物基础深度相适应，标石顶部应埋入地面下20~30cm，并砌筑带盖的窨井加以保护。

2）场地地面沉降观测点的标志与埋设，应根据观测要求确定，可采用浅埋标。

4. 建筑场地沉降观测可采用几何水准测量方法进行。水准路线的布设、观测精度及其他技术要求可按本书10.2.2节建筑物沉降观测的有关规定执行。

5. 建筑场地沉降观测的周期，应根据不同任务要求、产生沉降的不同情况以及沉降速度等因素具体分析确定，并符合以下规定：

1）对于基础施工相邻地基沉降观测，在基坑降水时和基坑土开挖中每天应观测一次；混凝土底板浇筑完10d以后，可每2~3d观测一次，直至地下室顶板完工和水位恢复；此后可每周观测一次至回填土完工。

2）对于主体施工相邻影响和场地沉降观测的周期可参照建筑物沉降观测的有关规定确定。

6. 观测工作结束后，应提交下列成果：

1）观测点平面布置图。

2）观测成果表。

3）相邻地基沉降的 *d-s*（距离-沉降）曲线图。

4）场地地面等沉降曲线图。

10.3　位移观测

10.3.1　建筑物主体倾斜观测

1. 建筑物主体倾斜观测应测定建筑物顶部相对于底部或各层间上层相对于下层的水平位移与高差，分别计算整体或分层的倾斜度、倾斜方向以及倾斜速度。对具有刚性建筑物的整体倾斜，亦可通过测量顶面或基础的相对沉降来间接确定。

2. 主体倾斜观测点位的布设应符合下列要求：

1）观测点应沿对应测站点的某主体竖直线，对整体倾斜按顶部、底部，对分层倾斜按分层部位、底部上下对应布设。

2）当从建筑物外部观测时，测站点或工作基点的点位应选在与照准目标中心连线呈接近正交或呈等分角的方向线上距照准目标1.5~2.0倍目标高度的固定位置处。当利用建筑物内竖向通道观测时，可将通道底部中心点作为测站点。

3）按纵、横轴线或前方交会布设的测站点，每点应选设1~2个定向点。基线端点的选设应顾及其测距或丈量的要求。

3. 主体倾斜观测点位的标志设置应符合下列要求：

1）建筑物顶部和墙体上的观测点标志可采用埋入式照准标志形式。当有特殊要求时，应专门设计。

2）不便埋设标志的塔形、圆形建筑物以及竖直构件，可以照准视线所切同高边缘认定的位置或用高度角控制的位置作为观测点位。

3）位于地面的测站点和定向点，可根据不同的观测要求，采用带有强制对中设备的观测墩或混凝土标石。

4）对于一次性倾斜观测项目，观测点标志可采用标记形式或直接利用符合位置与照准要求的建筑物特征部位，测站点可采用小标石或临时性标志。

4. 主体倾斜观测的精度可根据给定的倾斜量允许值，按《建筑变形测量规范》（JGJ 8—2016）的规定确定。当由基础倾斜间接确定建筑物整体倾斜时，基础相对沉降的观测精度应按《建筑变形测量规范》（JGJ 8—2016）的规定确定。

5. 当从建筑物或构件的外部观测主体倾斜时，宜选用以下经纬仪观测法：

1）投点法。观测时，应在底部观测点位置安置水平读数尺等量测设施。在每测站安置经纬仪投影时，应按正倒镜法以所测每对上下观测点标志间的水平位移分量，按矢量相加法求得水平位移值（倾斜量）和位移方向（倾斜方向）。

2）测水平角法。对塔形、圆形建筑物或构件，每测站的观测应以定向点作为零方向，以所测各观测点的方向值和至底部中心的距离，计算顶部中心相对底部中心的水平位移分量。对矩形建筑物，可在每测站直接观测顶部观测点与底部观测点之间的夹角或上层观测点与下层观测点之间的夹角，以所测角值与距离值计算整体的或分层的水平位移分量和位移方向。

3）前方交会法。所选基线应与观测点组成最佳构形，交会角宜在60°~120°。水平位移计算，可采用直接由两周期观测方向值之差解算坐标变化量的方向差交会法，亦可采用按每周期计算观测点坐标值，再以坐标差计算水平位移的方法。

6. 当利用建筑物或构件的顶部与底部之间一定竖向通视条件进行主体倾斜观测时，宜选用下列铅垂观测方法：

1）激光铅直仪观测法。应在顶部适当位置安置接收靶，在其垂线下的地面或地板上安置激光铅直仪或激光经纬仪，按一定周期观测，在接收靶上直接读取或量出顶部的水平位移量和位移方向。作业中仪器应严格置平、对中。

2）激光位移计自动记录法。位移计宜安置在建筑物底层或地下室地板上，接收装置可设在顶层或需要观测的楼层，激光通道可利用楼梯间梯井，测试室宜选在靠近顶部的楼层内。当位移计发射激光时，从测试室的光线示波器上可直接获取位移图像及有关参数，并自动记录成果。

3）正锤线法。锤线宜选用直径0.6~1.2mm的不锈钢丝，上端可锚固在通道顶部或需要高度处所设的支点上。稳定重锤的油箱中应装有黏性小、不冰冻的液体。观测时，由底部观测墩上安置的坐标仪、光学垂线仪、电感式垂线仪等量测设备，按一定周期测出各测点的水平位移量。

4）吊垂球法。应在顶部或需要的高度处观测点位置上，直接或支出一点悬挂适当重量的垂球，在垂线下的底部固定毫米格网读数板等读数设备，直接读取或量出上部观测点相对底部观测点的水平位移量和位移方向。

7. 当按相对沉降间接确定建筑物整体倾斜时，可选用下列方法：

1）倾斜仪测记法。可采用水管式倾斜仪、水平摆倾斜仪、气泡倾斜仪或电子倾斜仪进行观测。倾斜仪应具有连续读数、自动记录和数字传输的功能。监测建筑物上部层面倾斜时，仪器可安置在建筑物顶层或需要观测的楼层的楼板上；监测基础倾斜时，仪器可安置在基础面上，以所测楼层或基础面的水平角变化值反映和分析建筑物倾斜的变化程度。

2）测定基础沉降差法。可按第 10.2.2 节的规定，在基础上选设观测点，采用水准测量方法，以所测各周期的基础沉降差换算求得建筑物整体倾斜度及倾斜方向。

8. 当建筑物立面上观测点数量较多或倾斜变形量较大时，可采用近景摄影测量方法。

9. 主体倾斜观测的周期可视倾斜速度每 1~3 个月观测一次。当遇到基础附近因大量堆载或卸载、场地降雨长期积水等而导致倾斜速度加快时，应及时增加观测次数。施工期间的观测周期，可根据要求按第 10.2.2 节的规定确定。倾斜观测应避开强日照和风荷载影响大的时间段。

10. 倾斜观测工作结束后，应提交下列成果：

1）倾斜观测点位布置图。

2）观测成果表、成果图。

3）主体倾斜曲线图。

4）观测成果分析资料。

10.3.2　建筑物水平位移观测

1. 建筑物水平位移观测包括位于特殊性土地区的建筑物地基基础水平位移观测、受高层建筑基础施工影响的建筑物及工程设施水平位移观测以及挡土墙、大面积堆载等工程中所需的地基土深层侧向位移观测等，应测定在规定平面位置上随时间变化的位移量和位移速度。

2. 水平位移观测点的位置，对建筑物应选在墙角、柱基及裂缝两边等处；对地下管线应选在端点、转角点及必要的中间部位；对护坡工程应按待测坡面成排布点；对测定深层侧向位移的点位与数量，应按工程需要确定。

3. 水平位移观测点标志、标石的设置应符合下列要求：

1）建筑物上的观测点可采用墙上或基础标志；土体上的观测点可采用混凝土标志；地下管线的观测点应采用窨井式标志。

2）各种标志的形式及埋设，应根据点位条件和观测要求设计确定。

4. 水平位移观测的精度可根据《建筑变形测量规范》(JGJ 8—2016) 的规定来确定。

5. 当测量地面观测点在特定方向的位移时，可使用以下方法：

1）视准线法

① 小角法。基准线应按平行于待测的建筑物边线布置，角度观测的精度和测回数应按要求的偏差值观测中误差估算确定，距离可按 1/2000 的精度量测。

② 活动觇牌法。基准线离开观测点的距离不应超过活动觇牌读数尺的读数范围。在基准线一端安置经纬仪或视准仪，瞄准安置在另一端的固定觇牌进行定向，待活动觇牌的照准标志正好移至方向线上时读数。每个观测点应按确定的测回数进行往测与返测。

2）激光准直法

① 激光经纬仪准直法。可采用 DJ_2 型仪器配置氦-氖激光器的激光经纬仪及光电探测器或目测有机玻璃方格网板；当精度要求较高时，可采用 DJ_1 型仪器配置高稳定性氦-氖激光器的激光经纬仪及高精度光电探测系统。

② 衍射式激光准直系统。用于较长距离（如 1000m 之内）的高精度准直，可采用三点式激光衍射准直系统或衍射频谱成像及投影成像激光准直系统。对短距离（如数十米）的高精度准直，可采用衍射式激光准直仪或连续成像衍射板准直仪。

应用激光准直法时，点位布设与活动觇牌法的要求相同。激光仪器在使用前必须进行检校，使仪器射出的激光束轴线、发射系统轴线和望远镜照准轴三者重合（共轴），并使观测目标与最小激光斑重合（共焦）。

③ 测边角法。对主要观测点，可以该点为测站测出对应基准线端点的边长和角度，求得偏差值。对其他观测点，可选适宜的主要观测点为测站，测出对应其他观测点的距离与方向值，按坐标法求得偏差值。角度观测测回数与长度的丈量精度要求，应根据要求的偏差值观测中误差确定。

④ 采用基准线法测定绝对位移时，应在基准线两端各自向外的延长线上，埋设基准点或按检核方向线法埋设 4~5 个检核点。在观测成果的处理中，应计及根据基准点或稳定的检核点用视准线法观测基准线端点的偏差改正。

6. 测量观测点任意方向位移时，可视观测点的分布情况，采用前方交会法或方向差交会法、导线测量法或近景摄影测量等方法。单个建筑物亦可采用直接量测位移分量的方向线法，在建筑物纵、横轴线的相邻延长线上设置固定方向线，定期测出基础的纵向位移和横向位移。

7. 对于观测内容较多的大测区或观测点远离稳定地区的测区，宜采用三角、三边、GPS、边角及 GPS 与基准线法相结合的综合测量方法。

8. 测量土体内部或建筑结构侧向位移时，可采用测斜仪观测方法。测斜仪观测应符合下列要求：

1）测斜仪宜采用能连续进行多点测量的滑动式仪器。仪器包括测头、接收指示器、连接电缆和测斜导管四部分。测头可选用伺服加速度计式或电阻应变计式；接收指示器应与测头配套；电缆应有距离标记，使用时在测头重力作用下不应有伸长现象；测斜管的模量既要与土体模量接近，又不致因土压力而压偏导管，导槽须具高成型精度。

2）在观测点上埋设测斜管之前，应按预定埋设深度配好所需测斜管和钻孔或槽。连接测斜管时应对准导槽，使之保持在一直线上。管底端应装底盖，每个接头及底盖处应密封。埋设于结构（如基坑围护结构）中的测斜管，应绑扎在钢筋笼上，同步放入成孔或槽内，通过浇筑混凝土后固定在结构中；埋设于土体中的测斜管，应先用地质钻机成孔，将分段测斜管连接放入孔内，测斜管连接部分应密封处理，测斜管与钻孔壁之间空隙宜回填细砂或水泥与膨润土拌和的灰浆，配合比取决于土层的物理力学性能和水文地质情况。将测斜管吊入孔或槽内时，应使十字形槽口对准观测的水平位移方向。埋好管后，需停留一段时间，使测斜管与土体或结构固连为一整体。

3）观测时，可由管底开始向上提升测头至待测位置，或沿导槽全长每隔 500mm（轮距）测读一次，测完后，将测头旋转 180°再测一次。两次观测位置（深度）应一致，合起来作为一测回。每周期观测可测两测回，每个测斜导管的初测值，应测四测回，观测成果均取中数值。

9. 水平位移观测的周期，对于不良地基土地区的观测，可与一并进行的沉降观测协调考虑确定；对于受基础施工影响的有关观测，应按施工进度的需要确定，可逐日或隔数日观测一次，直至施工结束；对于土体内部侧向位移观测，应视变形情况和工程进展而定。

10. 观测工作结束后，应提交下列成果：

1）水平位移观测点位布置图。

2）观测成果表。

3）水平位移曲线图。

4）地基土深层侧向位移图（视需要提交）。

5）当基础的水平位移与沉降同时观测时，可选典型剖面，绘制两者的关系曲线。

6）观测成果分析资料。

10.3.3 基坑侧向位移观测

1. 基坑侧向位移观测应测定基坑围护结构桩墙顶水平位移和桩墙深层挠曲。

2. 基坑侧向位移观测点位的布设应符合下列要求：

1）沿基坑周边桩墙顶每隔10~15m布设一点。当采用测斜仪方法观测时，测斜管宜埋设在基坑每边中部及关键部位。

2）应用钢筋计、轴力计等物理测量仪表来电测基坑的主要结构的轴力、钢筋内力及监测基坑四周土体内土体压力、孔隙水压力时，应能反映基坑围护结构的变形特征。对变形较大的区域，应适当加密观测点位和增设相应仪表。

3）测站点宜布置在基坑围护的直角上。

3. 基坑侧向位移观测点的标石、标志及其埋设应符合下列要求：

1）侧向位移观测点宜布置在冠梁上，可采用铆钉枪射入铝钉，亦可钻孔埋设膨胀螺栓或用环氧树脂胶粘标志。

2）采用测斜仪方法观测时，测斜管宜布设在围护结构桩墙内或其外侧的土体内。埋设时将测斜管绑扎在钢筋笼上，同步放入成孔或槽内，通过浇筑混凝土后固定在桩墙中或外侧。测斜管的埋设深度与围护结构入土深度一致。

4. 位移测定可根据现场条件选用视准线法、测边角法、前方交会法和极坐标等方法与测斜仪配合使用时，可获得该点沿槽深的总体变形情况。测斜仪观测方法应符合本书第10.3.2节第8条的规定。

5. 基坑水平侧向位移观测的精度应根据基坑支护结构类型、基坑形状和深度、周边建筑及设施的重要程度、工程地质与水文地质条件和设计变形报警预估值等因素综合确定。

6. 基坑开挖期间2~3d观测一次，位移量较大时应每天1~2次，在观测中应视其位移速率变化，以能准确反映整个基坑施工过程中的位移及变形特征为原则相应地增减观测次数。

7. 基坑侧向位移观测结束后，应及时提交下列成果资料：

1）基坑位移观测点布置图。

2）观测记录和成果。

3）基坑位移曲线图。

4）基坑侧壁桩墙侧向位移曲线图。

5）观测成果分析资料。

10.4 裂缝和其他变形观测

10.4.1 裂缝观测

1. 裂缝观测应测定建筑物上的裂缝分布位置，裂缝的走向、长度、宽度及其变化程度。观测的裂缝数量视需要而定，主要的或变化大的裂缝应进行观测。

2. 对需要观测的裂缝应统一进行编号。每条裂缝至少应布设两组观测标志，一组在裂缝最宽处，另一组在裂缝末端。每组两个标志，分别位于裂缝两侧。

3. 裂缝观测标志，应具有可供量测的明晰端面或中心。观测期较长时，可采用镶嵌或埋入墙面的金属标志、金属杆标志或楔形板标志；观测期较短或要求不高时可采用油漆平行线标志或用建筑胶粘贴的金属片标志。当要求较高、需要测出裂缝纵横向变化值时，可采用坐标方格网板标志。使用专用仪器设备观测的标志，可按具体要求另行设计。

4. 对于数量不多、易于量测的裂缝，可视标志形式不同采用比例尺、小钢尺或游标卡尺等工具定期量出标志间距离求得裂缝变位值，或用方格网板定期读取“坐标差”计算裂缝变化值；对于较大面积且不便于人工量测的众多裂缝宜采用近景摄影测量方法；当需连续监测裂缝变化时，还可采用测缝计或传感器自动测记方法观测。

5. 裂缝观测的周期应视其裂缝变化速度而定。通常开始可半月测一次，以后一月左右测一次。当发现裂缝加大时，应增加观测次数，直至几天或逐日一次的连续观测。

6. 裂缝观测中，裂缝宽度数据应量至 0.1mm，每次观测应绘出裂缝的位置、形态和尺寸，注明日期，附必要的照片资料。

7. 观测结束后，应提交下列成果：

1）裂缝分布位置图。

2）裂缝观测成果表。

3）观测成果分析说明资料。

4）当建筑物裂缝和基础沉降同时观测时，可选择典型剖面绘制两者的关系曲线。

10.4.2 挠度观测

1. 挠度观测包括建筑物基础和建筑物主体以及墙、柱等独立构筑物的挠度观测，应按一定周期分别测定其挠度值及挠曲程度。

2. 建筑物基础挠度观测可与建筑物沉降观测同时进行。观测点应沿基础的轴线或边线布设，每一基础不得少于 3 点。标志设置、观测方法与第 10.2.1 节的沉降观测相同。

3. 挠度值及跨中挠度值应按下列公式计算：

1）挠度值 f_c（图 10-8）。

$$f_c = V_{S_{AE}} - \frac{L_a}{L_a + L_b} V_{S_{AB}} \qquad (10\text{-}3)$$

$$V_{S_{AE}} = S_E - S_A \qquad (10\text{-}4)$$

$$V_{S_{AB}}=S_B-S_A \quad (10\text{-}5)$$

式中 S_A——基础上 A 点的沉降量，单位为 mm；

S_B——基础上 B 点的沉降量，单位为 mm；

S_E——基础上 E 点的沉降量，单位为 mm；

L_a——AE 的距离，单位为 m；

L_b——EB 的距离，单位为 m。

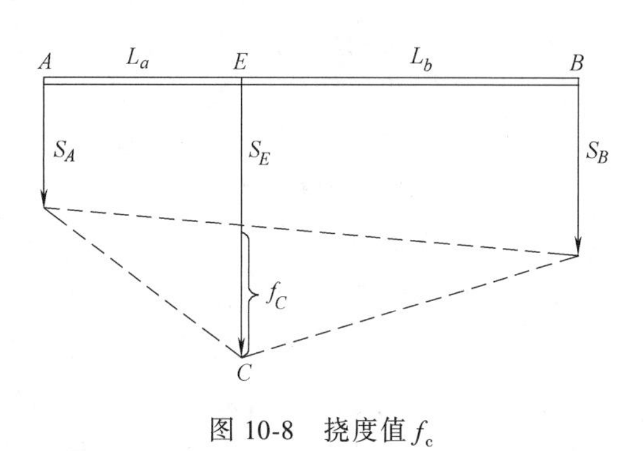

图 10-8 挠度值 f_c

2）跨中挠度值 f_z。

$$f_z=V_{S_{AE}}-\frac{1}{2}V_{S_{AB}} \quad (10\text{-}6)$$

4. 建筑物主体挠度观测，除观测点应按建筑物结构类型在各不同高度或各层处沿一定垂直方向布设外，其标志设置、观测方法按第 10.3.1 节的有关规定执行。挠度值由建筑物上不同高度点相对于底点的水平位移值确定。

5. 独立构筑物的挠度观测，除可采用建筑物主体挠度观测要求外，当观测条件允许时，亦可用挠度计、位移传感器等设备直接测定挠度值。

6. 挠度观测的周期应根据荷载情况并考虑设计、施工要求确定。观测的精度可按《建筑变形测量规范》（JGJ 8—2016）的有关规定确定。

7. 观测工作结束后，应提交下列成果：

1）挠度观测点布置图。

2）观测成果表与计算资料。

3）挠度曲线图。

4）观测成果分析说明资料。

10.4.3 日照变形观测

1. 日照变形观测应在高耸建筑物或单柱（独立高柱）受强阳光照射或辐射的过程中进行，应测定建筑物或单柱上部由于向阳面与背阳面温差引起的偏移量及其变化规律。

2. 日照变形观测点的选设应符合下列要求：

1）当利用建筑物内部竖向通道观测时，应以通道底部中心位置作为测站点，以通道顶部正垂直对应于测站点的位置作为观测点。

2）当从建筑物或单柱外部观测时，观测点应选在受热面的顶部或受热面上部的不同高度处与底部（视观测方法需要布置）适中位置，并设置照准标志，单柱亦可直接照准顶部与底部中心线位置；测站点应选在与观测点连线呈正交或近于正交的两条方向线上，其中一条宜与受热面垂直，距观测点的距离约为照准目标高度 1.5 倍的固定位置处，并埋设标石。

3. 日照变形的观测时间，宜选在夏季的高温天进行。一般观测项目，可在白天时间段观测，从日出前开始，日落后停止，每隔约 1h 观测一次。在每次观测的同时，应测出建筑物向阳面与背阳面的温度，并测定风速与风向。

4. 日照变形观测可根据不同观测条件与要求选用下列方法：

1）当建筑物内部具有竖向通视条件时，应采用激光铅直仪观测法。在测站点上可安置激光铅直仪或激光经纬仪，在观测点上安置接收靶。每次观测，可从接收靶读取或量出顶部观测点的水平位移值和位移方向，亦可借助附于接收靶上的标示光点设施，直接获得各次观测的激光中心轨迹图，然后反转其方向即为实测日照变形曲线图。

2）从建筑物外部观测时，可采用测角前方交会法或方向差交会法。对于单柱的观测，按不同量测条件，可选用经纬仪投点法、测顶部观测点与底部观测点之间的夹角法或极坐标法。按上述方法观测时，从两个测站对观测点的观测应同步进行。所测顶部的水平位移量与位移方向，应以首次测算的观测点坐标值或顶部观测点相对底部观测点的水平位移值作为初始值，与其他各次观测的结果相比较后计算求取。

5. 日照变形观测的精度，可根据观测对象的不同要求和不同观测方法，具体分析确定。用经纬仪观测时，观测点相对测站点的点位中误差，对投点法不应大于±1.0mm，对测角法不应大于±2.0mm。

6. 观测工作结束后，应提交下列成果：

1）日照变形观测点位布置图。

2）观测成果表。

3）日照变形曲线图。

4）观测成果分析说明资料。

10.4.4 风振观测

1. 风振观测应在高层、超高层建筑物受强风作用的时间段内同步测定建筑物的顶部风速、风向和墙面风压以及顶部水平位移，以获取风压分布、体型系数及风振系数。

2. 风速、风向观测，宜在建筑物顶部天面的专设桅杆上安置两台风速仪，分别记录脉动风速、平均风速及风向，并在距建筑物约100~200m距离的一定高度（如10~20m）处安置风速仪记录平均风速，以与建筑物顶部风速比较观测风力沿高度的变化。

3. 风压观测，应在建筑物不同高度的迎风面与背风面外墙上，对应设置适当数量的风压盒作传感器，或采用激光光纤压力计与自动记录系统，以测定风压分布和风压系数。

4. 顶部水平位移观测可根据要求和现场情况选用下列方法：

1）激光位移计自动测记法。

2）长周期拾振器测记法。将拾振器设在建筑物顶部天面中间，由测试室内的光线示波器记录观测结果。

3）双轴自动电子测斜仪（电子水枪）测记法。测试位置应选在振动敏感的位置，仪器的 x 轴与 y 轴（水枪方向）应与建筑物的纵、横轴线一致，并用罗盘定向，根据观测数据计算出建筑物的振动周期和顶部水平位移值。

4）加速度计法。将加速度传感器安装在建筑物顶部，测定建筑物在振动时的加速度，通过加速度积分求解位移值。

5）GPS实时动态差分测量法。将一台GPS接收机安置在距待测建筑物一段距离且相对稳定的基准站上，另一台接收机的天线安装在待测建筑物楼顶。接收机高度角5°以上范围应无建筑物遮挡或反射物。

6）经纬仪测角前方交会法或方向差交会法。此法适用于在缺少自动测记设备和观测要求不高时建筑物顶部水平位移的测定，但作业中应采取措施防止仪器受到强风影响。

5. 风振位移的观测精度，当采用自动测记法时，应视所用仪器设备的性能和精确程度要求具体确定；当采用经纬仪观测时，观测点相对测站点的点位中误差不应大于±15mm。

6. 由实测位移值计算风振系数 β 时，可采用下列公式计算：

$$\beta=(S+0.5A)/S \tag{10-7}$$

或

$$\beta=(S_s+S_d)/S_s \tag{10-8}$$

式中　S——平均位移值，单位为 mm；

A——风力振幅，单位为 mm；

S_s—静态位移，单位为 mm；

S_d—动态位移，单位为 mm。

7. 观测工作结束后，应提交下列成果：

1）风速、风压、位移的观测位置布置图。

2）各项观测成果表。

3）风速、风压、位移及振幅等曲线图。

4）观测成果分析说明资料。

10.4.5　建筑场地滑坡观测

1. 建筑场地滑坡观测应测定滑坡的周界、面积、滑动量、滑移方向、主滑线以及滑动速度，并视需要进行滑坡预报。

2. 滑坡观测点位的布设应符合下列要求：

1）滑坡面上的观测点应均匀布设。滑动量较大和滑动速度较快的部位，应适当多布点。

2）滑坡周界外稳定的部位和周界内比较稳定的部位，均应布设观测点。

3）主滑方向和滑动范围已明确时，可根据滑坡规模选取与十字形或格网形平面布点的方法；主滑方向和滑动范围不明确时，可根据现场条件，采用放射形平面布点的方法。观测点的布设应反映典型断面。

4）需要测定滑坡体深部位移时，应将观测点钻孔位置布设在主滑轴线上，并顾及对滑坡体上的局部滑动和可能具有的多层滑动面的观测。

5）已加固过的滑坡，应在其支挡锚固结构的主要受力构件上布设应力计和观测点。

6）采用 GPS 观测滑坡位移量时，观测点的布设除应符合本条其他款的要求外，还应符合第 9.3.4 节的有关规定。

3. 滑坡观测点位的标石、标志及其埋设应符合下列要求：

1）土体上的观测点，可埋设预制混凝土标石。根据观测精度要求，顶部的标志可采用具有强制对中装置的活动标志或嵌入加工成半球状的钢筋标志。标石埋深不宜小于 1m；在冻土地区，应埋至标准冻土线以下 0.5m。标石顶部须露出地面 20~30cm。

2）岩体上的观测点，可采用砂浆现场浇筑的钢筋标志。凿孔深度不宜少于 10cm，埋好后，标志顶部须露出岩体面约 5cm。

3）必要的临时性或过渡性观测点以及观测周期不长、次数不多的小型滑坡观测点，可埋设硬质大木桩，但顶部须安置照准标志，底部须埋至标准冻土线以下。

4）滑坡体深部位移观测钻孔应穿过潜在滑动面进入稳定的基岩面以下不少于2m。观测钻孔应铅直，孔径不少于110mm；侧斜管与孔壁之间的孔隙按本书10.3.2节第8条第2）款的相关规定。

5）采用GPS观测的观测点，其观测墩高不应小于1.5m。

4. 滑坡观测点的位移观测方法，可根据现场条件，按下列要求选用：

1）当建筑物较多、地形复杂时，宜采用以三方向交会为主的测角前方交会法，交会角宜在50°~110°，长短边不宜悬殊。也可采用测距交会法、测距导线法以及极坐标法。

2）对视野开阔的场地，当面积不大时，可采用放射线观测网法，从两个测站点上按放射状布设交会角在30°~150°的若干条观测线，两条观测线的交点即为观测点，每次观测时，以解析法或图解法测出观测点偏离两测线交点的位移量。当场地面积较大时，采用任意方格网法，其布设与观测方法与放射线观测网相同，但需增加测站点与定向点。

3）对带状滑坡，当通视较好时，可采用测线支距法，在与滑动轴线的垂直方向，布设若干条测线，沿测线选定测站点、定向点和观测点，每次观测时，按支距法测出观测点的位移量与位移方向。当滑坡体窄而长时，可采用十字交叉观测网法。

4）对于抗滑墙（桩）和要求较高的单独测线，可选用视准线法或激光准直法等基准线法作业。

5）对于可能有较大滑动的滑坡，除采用测角前方交会等方法外，亦可采用近景摄影测量方法同时测定观测点的水平和垂直位移。

6）滑坡体内深部测点的位移观测，可采用测斜仪观测方法，测斜仪观测应符合下列要求：

① 测斜仪宜采用能连续进行多点测量的滑动式仪器。仪器包括测头、接收指示器、连接电缆和测斜导管四部分。测头可选用伺服加速度计式或电阻应变计式；接收指示器应与测头配套；电缆应有距离标记，使用时在测头重力作用下不应有伸长现象；测斜管的模量既要与土体模量接近，又不致因土压力而压偏导管，导槽须具高成型精度。

② 在观测点上埋设测斜管之前，应按预定埋设深度配好所需测斜管和钻孔或槽。连接测斜管时应对准导槽，使之保持在一直线上。管底端应装底盖，每个接头及底盖处应密封。埋设于结构（如基坑围护结构）中的测斜管，应绑扎在钢筋笼上，同步放入成孔或槽内，通过浇筑混凝土后固定在结构中；埋设于土体中的测斜管，应先用地质钻机成孔，将分段测斜管连接放入孔内，测斜管连接部分应密封处理，测斜管与钻孔壁之间空隙宜回填细砂或水泥与膨润土拌和的灰浆，配合比取决于土层的物理力学性能和水文地质情况。将测斜管吊入孔或槽内时，应使十字形槽口对准观测的水平位移方向。埋好管后，需停留一段时间，使测斜管与土体或结构固连为一整体。

③ 观测时，可由管底开始向上提升测头至待测位置，或沿导槽全长每隔500mm（轮距）测读一次，测完后，将测头旋转180°再测一次。两次观测位置（深度）应一致，合起来作为一测回。每周期观测可测两测回，每个测斜导管的初测值，应测四测回，观测成果均取中数值。

④ 符合GPS观测条件和满足观测精度要求时，可采用GPS观测方法观测。

5. 滑坡观测点的高程测量可采用几何水准测量法，对困难点位可采用三角高程测量法。

观测路线均应组成闭合或附合网形。

6. 滑坡观测点的施测精度，除有特殊要求另行确定者外，高精度滑坡监测，可按《建筑变形测量规范》（JGJ 8—2016）中所列二级精度指标施测，其他的可按三级精度指标施测。

7. 滑坡观测的周期应视滑坡的活跃程度及季节变化等情况而定。在雨季每半月或一月观测一次，干旱季节可每季度观测一次。如发现滑速增快，或遇暴雨、地震、解冻等情况时，应及时增加观测次数。在发现有大滑动可能时，应立即缩短观测周期，必要时，每天观测一次或两次。

8. 滑坡预报应采用现场严密监视和资料综合分析相结合的方法进行。每次观测后，应及时整理绘制出各观测点的滑动曲线。当利用回归方程发现有异常观测值，或利用位移对数和时间关系曲线判断有拐点时，应在加强观测的同时，密切注意观察滑前征兆，并结合工程地质、水文地质、地震和气象等方面资料，全面分析，做出滑坡预报，及时报警以采取应急措施。观测工作结束后，应提交下列成果：

1）滑坡观测系统点位布置图。

2）观测成果表。

3）观测点位移与沉降综合曲线图。

4）观测成果分析资料。

5）滑坡预报说明资料。

10.5　变形测量成果整理与质量验收

10.5.1　变形分析

1. 建筑变形测量应对基准点的稳定性进行检验，并对观测点的变形状况做出分析。必要时，还应对变形测量结果进行物理解释。

2. 当基准点单独构网时，每次基准网复测后应对基准点的稳定性进行检验；当基准点与观测点统一构网时，每期变形观测后应对基准点的稳定性进行检验。在变形测量平差计算中，应利用稳定的基准点作为起算点。

3. 观测点变形的几何分析应确定观测点是否存在变动，应符合以下规定：

1）对于二、三级和部分一级变形观测项目：

① 对相邻两期观测成果，可依观测点的相邻两周期平差值之差与最大测量误差（取中误差的两倍）相比较进行，当平差值之差小于最大误差时，可认为观测点在这一周期内没有变动或变动不显著。

② 对多周期观测成果，如相邻周期平差值之差虽然很小，但呈现出一定的趋势，则应视为有变动。

2）对于特级和部分一级变形测量成果的几何分析，可按本书第 10.5.1 节第 2 条基准点稳定性检验的方法进行。

4. 变形的物理解释应确定变形与变形因子之间的函数关系，并对引起变形的原因做出分析和解释，以预报变形发展趋势。

10.5.2 变形观测成果整理与质量检查验收

1. 建筑变形测量在完成记录检查、成果计算和处理分析后，应按以下规定进行成果的整理：

1）原始观测记录的各项内容应填写齐全。当采用电子方式记录时，观测完毕后应打印输出，并进行检查和整理。

2）平差计算过程及成果、图表和各种检验、分析资料应完整、清晰、无误。

3）使用的图式符号规格应统一，内容应完整，注记应清楚。

4）原始记录、计算过程及最终成果均应由有关责任人签字，最终成果应加盖正式的成果专用章。

2. 根据变形测量任务的要求，可按周期提交以下变形测量中间成果

1）本次观测结果。

2）与上次观测结果之间的较差。

3）累计变形量。

4）简要说明。

3. 当变形测量任务全部完成或阶段性任务完成后，应提交下列综合成果资料，并及时进行归档：

1）施测方案或技术设计书。

2）控制点与观测点平面布置图。

3）标石、标志规格及埋设图。

4）仪器检验与校正资料。

5）观测记录。

6）平差计算、成果质量评定资料及成果表。

7）变形过程和变形分布图表。

8）技术报告。

4. 建筑变形测量技术报告应内容完整、重点突出、文理通顺、表达清楚、结论明确。技术报告书应包括以下内容：

1）项目概况。项目来源、观测目的和要求；地理位置、周边环境；项目完成的起始时间；实际完成的工作量及项目负责人、审核审定人等。

2）技术措施。变形测量作业依据的技术标准；采用的仪器设备及其检校情况；基准点及观测点的标志及其布设情况；变形测量等级；作业方法及数据处理方法；变形测量周期等。

3）精度统计及质量检验与评定结果。

4）需要说明的问题及处理措施。

5）变形分析结论与建议。

6）提交的成果清单。

7）附图、附表等。

5. 建筑变形测量的各项记录、计算数据及成果的组织、管理和分析宜通过建立专门变形测量数据处理与信息管理系统来进行管理。

1）对变形测量的各项起始数据、各周期观测记录和计算数据以及各种中间及最终成果宜建立相应的数据库。

2）变形测量数据处理与信息管理系统应具备以下基本功能：

① 数据的输入、输出和格式转换。

② 变形测量点信息的管理。

③ 变形测量控制网起算数据管理及观测、检测数据的处理与分析。

④ 各周期原始观测记录和计算数据的管理。

⑤ 变形测量数据的验算、处理及平差计算。

⑥ 变形分析。

⑦ 各种报表和分析图表的生成及可视化。

⑧ 系统用户管理及安全管理。

6. 质量检查验收

1）建筑变形测量应实行两级检查、一级验收制度，并符合以下规定：

① 对于所有变形观测记录和计算结果应进行100%的两级检查。

② 对于变形测量最终成果，应在两级检查的基础上进行验收。

③ 只有验收合格的成果才能提交使用。

④ 检查验收情况应形成记录，并进行归档。

2）质量检查验收应依据以下规定：

① 项目委托书或合同书及双方商定的其他文字记录。

② 技术设计书或施测方案。

③ 依据的技术标准。

④ 施测单位质量管理文件。

3）当质量检查验收中发现不符合项时，应提出处理意见，立即返回作业部门进行纠正。纠正后的成果应再次进行检查验收，直至合格为止。

4）质量检查验收应包括以下内容：

① 执行技术设计书及技术标准情况。

② 使用仪器设备的精度等级和检定情况，记录、计算软件的测试情况。

③ 基准点、变形点的布设情况。

④ 观测周期执行情况，观测过程一致性，观测方法、操作程序正确性情况。

⑤ 基准点稳定性检测情况。

⑥ 测站观测限差、闭合差、精度统计限差情况。

⑦ 记录完整准确性、记录项目齐全性及整齐美观情况。

⑧ 观测数据的各项改正情况。

⑨ 计算过程的正确性、资料整理的完整性、精度统计和质量评定的合理性情况。

⑩ 提交成果的正确性、可靠性、完整性及数据的符合性情况。

⑪ 技术报告书内容的完整性、统计数据的准确性、结论的可靠性情况。

⑫ 成果签署的完整性和符合性情况等。

参考文献

[1] 中国有色金属工业协会. 工程测量规范：GB 50026—2007 [S]. 北京：中国计划出版社，2008.

[2] 中华人民共和国住房和城乡建设部. 建筑变形测量规范：JGJ 8—2016 [S]. 北京：中国建筑工业出版社，2016.

[3] 严莘稼，李晓莉，邹积亭. 建筑测量学教程 [M]. 北京：中国测绘出版社，2007.

[4] 周建郑. 工程测量：测绘类 [M]. 2 版. 郑州：黄河水利出版社，2010.

[5] 罗志清. 测量学 [M]. 昆明：云南大学出版社，2006.

[6] 林玉祥. 控制测量技术 [M]. 北京：中国电力出版社，2009.

[7] 胡伦坚. 建筑工程施工工艺手册 [M]. 北京：机械工业出版社，2007.